现代建筑总承包施工技术丛书

现代改扩建工程总承包施工技术

中建三局第二建设工程有限责任公司　主编

U0343079

中国建筑工业出版社

图书在版编目（CIP）数据

现代改扩建工程总承包施工技术/中建三局第二建设工程有限责任公司主编. —北京：中国建筑工业出版社，2016.3

（现代建筑总承包施工技术丛书）

ISBN 978-7-112-20418-2

Ⅰ.①现… Ⅱ.①中… Ⅲ.①建筑物-改建-工程施工②建筑物-扩建-工程施工 Ⅳ.①TU746.3

中国版本图书馆 CIP 数据核字（2017）第 029986 号

本书主要讲述了现代改扩建工程的总承包施工技术。全书共分为 8 章，深入浅出地介绍了现代改扩建工程现状，现代改扩建工程业主需注意事项，现代改扩建工程施工总承包管理，运营状态下超高层建筑改扩建工程施工，纯钢结构烂尾写字楼建筑改扩建工程施工，临地铁超高层公寓建筑改扩建工程施工，隔震图书馆建筑改扩建工程施工，工程案例等内容。

本书适合广大建筑施工企业的管理人员、技术人员阅读使用。

* * *

责任编辑：岳建光　张伯熙
责任设计：李志立
责任校对：焦　乐　张　颖

现代建筑总承包施工技术丛书
现代改扩建工程总承包施工技术
中建三局第二建设工程有限责任公司　主编

*

中国建筑工业出版社出版、发行（北京海淀三里河路 9 号）
各地新华书店、建筑书店经销
北京红光制版公司制版
北京市安泰印刷厂印刷

*

开本：787×1092 毫米　1/16　印张：22¼　字数：535 千字
2017 年 5 月第一版　2017 年 11 月第二次印刷
定价：**65.00** 元
ISBN 978-7-112-20418-2
（29962）

《现代改扩建工程总承包施工技术》
编 委 会

顾 问	陈华元	易文权			
主 任	张 琨				
副 主 任	樊涛生	刘自信			
委 员	刘 波	范先国	屠孝军	邹战前	商汉平
	刘会军	周必成	黄安平	李辉进	徐国政
	郑承红				
主 编	刘 波				
副 主 编	任慧军	饶 淇	王良波		
编写人员	邓亚宏	李金生	张 鹏	徐宗研	余博元
	腰康杰	李 丰	陈木林	邵 峰	李浩浩
	袁 虎	帅贞建	杜 琳	陈新安	王祥志
	彭建锋	吴 敏	魏开雄	罗锦良	王 震
	欧阳恒	龙传尧	王海江	林 木	

中建三局第二建设工程有限责任公司简介

中建三局第二建设工程有限责任公司 1954 年成立于重庆，1973 年从贵州移师湖北，现总部设在湖北省武汉市，是世界 500 强企业——中国建筑工程总公司旗下重要骨干成员。

公司注册资本 3.6 亿元，目前在全国 20 多个省（市、自治区）承担施工任务，并在印度尼西亚、也门、科威特、越南、柬埔寨、巴基斯坦等国家和地区承担工程建设、总包管理等业务。现有员工 7000 余人，各类专业技术人员 3924 名，国家一级注册建造师 300 余名，造价师、会计师、审计师等各类注册执业资格人员 118 名，中级专业技术职称 630 人，高级职称人员 383 人，全国工程建设优秀项目经理 76 人。

企业资质：

房屋建筑施工总承包特级；

房屋建筑工程施工总承包壹级、市政公路工程施工总承包壹级、机电安装工程施工总承包壹级；

电力施工总承包贰级、化工石油施工总承包贰级；

地基与基础工程专业承包壹级、装修装饰工程专业承包壹级、钢结构工程专业承包壹级、高耸构筑物工程专业承包壹级、环保工程专业承包壹级、机电设备安装工程专业承包壹级、建筑幕墙工程专业承包壹级、桥梁工程专业承包贰级、隧道工程专业承包贰级、消防设施工程专业承包壹级、防水防腐保温工程专业承包壹级、模板脚手架专业承包不分等级；

建筑设计专业甲级、人防设计专业甲级。

2016 年合约额 448 亿元，营业收入超过 241 亿元。到目前公司承接 200m 以上工程 48 项，300m 以上工程 9 项，600m 以上工程 2 项。获得鲁班国优奖 30 项；省部级及以上科技进步奖 48 项，其中国家级科技进步奖 1 项；詹天佑技术创新成果奖 3 项；国家级科技示范工程 3 项；荣获"全国五一劳动奖状"、"全国文明单位"、"中国建筑成长性百强企业"、"全国建筑业先进企业"、"全国优秀施工企业"等荣誉。

前　言

随着经济社会的发展及科技水平的提升，人们对高品质生活的需求日益强烈，导致对建筑功能的要求越来越高，越来越感到已有建筑的规模和功能无法满足现代生活的需求。但是由于昂贵的拆迁费用以及对正常生活以及环境的严重影响等问题阻碍了新一轮建筑物新建高潮的兴起，于是人们把目光投向对既有建筑的改扩建和现代化改造。这种在保存原来建筑形体的基础上，对其进行改扩建和现代化改造，即在提高结构安全性的同时使其内部设施功能现代化的改造措施，投资少、影响小、见效快，不仅有可观的经济效益，同时也具有巨大的社会效益，因此，促使既有建筑现代改扩建工程的兴起。

当前我国既有建筑面积已经超过 500 亿 m^2。由于建造年代不同，绝大部分建筑都存在安全水平低、能耗高、使用功能差的问题，随之大量既有建筑物被拆除，一批新建建筑拔地而起。据统计，我国每年拆除建筑面积约 4 亿 m^2，这不仅对资源和能源有极大浪费，而且还会造成生态环境的二次污染和破坏。随着人们环境保护意识的加强以及节能建筑的发展，可持续发展道路作为 21 世纪人类社会发展的主题，已在全世界范围内达成共识。建造建筑物需要大量的材料，消耗大量的资源，其中的许多资源是不可再生的。既有建筑物的改扩建，尽可能地延长其使用寿命符合持续发展的战略，因而具有广阔的前景。

本书以我公司承建的不同类型的改扩建工程为基础，总结其改扩建的典型特点，结合我公司的总承包管理经验，对运营状态下超高层建筑、纯钢结构烂尾写字楼、临地铁超高层公寓、隔震图书馆的改扩建工程从总承包管理、施工组织、施工技术及改扩建效果等方面进行详细介绍，并对业主需注意事项进行了总结。以供改扩建工程的建设方、设计方及施工方参考。

由于编者本身知识、经验所限，书中难免出现一些缺陷和不足，敬请各位领导、专家和同仁批评指正，并提供宝贵意见。

目　　录

1 现代改扩建工程现状

1.1 现代建筑工程现状和存在问题

近代建筑业的发展大致可以分为三个时期：

第一个发展时期为大规模新建时期。20 世纪 20 年代后期美国出现了兴建高层建筑和高速公路等基础设施的高潮，经济大萧条状况得到改善。第二次世界大战之后，世界各国特别是欧洲面临着繁重的重建任务，以满足人们基本的生产和生活需要，建筑业迎来了前所未有的大规模新建时期，这一时期建筑的特点是规模大但标准相对较低。

第二个发展时期是新建与维修改造并重时期。在此期间，一方面为满足社会发展的需求，新的建筑不断的建设，同时由于人类生产和生活对建筑要求的提高，过去建造的低标准建筑经过数十年的使用后已不能满足社会的需求，需要进行维修、加固和现代化改造，从而使建筑业过渡到新建与改造并重的发展时期。

此后，随着社会的进一步发展，人们生活水平进一步提高，人们对建筑功能的要求越来越高，已有建筑的规模和功能的逐渐减弱等引起的结构安全问题已开始引起人们的关注。由于昂贵的拆迁费用以及对正常生活以及环境的严重影响等问题阻碍了新一轮建筑新建高潮的兴起，于是人们把目光投向对既有建筑的维修加固和现代化改造，这种在保存原来建筑形体的基础上，对其进行加固和现代化改造，即在提高结构安全性的同时使其内部设施功能现代化的加固改造措施，投资少、影响小、见效快，不仅有可观的经济效益，同时也具有巨大的社会效益，因此，促使建筑业跨入以既有建筑物改造为重点的第三个发展时期。

综合国内外相关文献可以看出，世界上经济发达国家的工程建设大体上都经历了上述三个阶段，即大规模新建、新建与改造并举和重点转向既有建筑的改造。例如英国在 1975～1980 年间新建工程数量和费用减少，既有建筑改造的项目逐渐增加；1978 年用于投资改造的费用是 1965 年的 3.76 倍；1980 年既有建筑改造工程占英国建筑工程总量的 2/3。瑞典建筑业自 20 世纪 80 年代开始，其首要的任务是对已有建筑物进行更新改造。在美国，既有建筑改造业是最受欢迎的九类服务行业之一。

当前中国国内发展生产，提高生产力的中心，已从新建工业企业转移到对已有企业的技术改造，从而取得更大的投资效益。而国内商业建筑自 1900 年出现至今，经历 100 多年的发展，已经形成现在的集商业、饮食、娱乐于一体的商业综合体。随着发展时间过程的增长，早期建设的商场已经不能适应现代化生活需求，但是大型既有商业建筑大多占据交通便利的城市核心地段，建筑用地面积大，根据相关统计，商业建筑一般 20 年左右，结构和空间都进入老化状态，需要对其进行调整改造。同样，对民用建筑进行改造的要求，在我国也日益迫切。随着我国城市人口的不断增加，尽管兴建了大量的住宅及相应的配套设施，但无房、缺房和不方便用户仍达 20%。而我国城市现有房屋中，有 20%～30%具备改造条件，改造不仅可节省投资，同时可不再征用土地，缓解日趋紧张的城市用地矛盾。

据了解，在"一五"期间，我国改造资金只相当于同期基本建设投资的 4.2%；而"三五"期间已达到 27%，"四五"期间为 31.7%，"七五"期间为 54%。国家用于既有建筑物改造的费用在逐步增加。

改革开放 30 多年来，中国经济突飞猛进，建筑行业也借着改革开放的春风迅速发展。然而随着经济的持续发展和城市大规模建设的继续，我国建筑行业将会缓慢地步入新建与改造并举发展的时期。越来越多的建筑物开始接近或到达使用年限，或自身开始老化，加上一些自然的、人为的因素导致需要进行结构加固改造。

2008 年以后，中国建筑的维护、加固和改造需求量年增长近 50%。我国每年有一大批因生产规模及工艺更新等而需要技术改造和加层的建筑物，它们因结构超载而需要补强；同时，随着抗震要求、设防标准的提高和改变，许多地区现有房屋不能满足新设防的抗震要求，从而需要抗震加固。建筑加固改造行业巨大的发展空间对这个行业注入新的技术、知识和力量提出了更高的要求。

1.2 现代改扩建工程发展趋势

国内外建筑业的发展过程表明，当工程建设进行到一定阶段后，既有建筑结构改造将成为主要的建设方式之一，由于国内建筑物特殊的历史和发展方式，在许多方面需要对既有建筑物进行结构改造。

目前，我国建筑业也开始从第一发展时期迈向第二、第三发展时期，并且我国城乡建设用地是比较紧张的，问题相当突出。当前我国既有建筑面积已经超过 500 亿 m^2，由于建造年代不同，绝大部分建筑都存在安全水平低、能耗高、使用功能差的问题，随之大量的既有建筑物被拆除，一批批新建建筑应运而生。据统计，我国每年拆除建筑面积约 4 亿 m^2，不仅对资源和能源有着极大的浪费，而且还会造成生态环境的二次污染和破坏。随着人们环保意识的加强，以及节能建筑的发展，将可持续发展道路作为 21 世纪人类社会发展的主题，已在全世界范围内达成共识。建造建筑物需要大量的材料，消耗大量的资源，其中的许多资源是不可再生的。既有建筑物的改造，尽可能地延长其使用寿命符合持续发展的战略，因而具有广阔的前景。

随着经济的发展，建筑工程的重点从大规模新建阶段、新建与维修并举阶段逐步向旧建筑物维修改造阶段转移，距统计资料显示，改建工程比新建工程可节约投资约40%，工期缩短约 50%，收回投资速度比新建快 3～4 倍，同时大量的自然灾害使许多建筑物受到不同程度的损伤，影响了建筑物的正常使用，而由于时代的发展带来的建筑物使用功能的改变以及建筑物自身不可抗拒的老化问题使得加固改造的问题日渐严峻。如何采取有效的措施对既有建筑物进行改造是既有建筑物结构改造行业面临的重要课题。

1.3　现代改扩建工程类型

既有建筑的改造主要基于三类原因：第一类，随着技术的进步和生活水平的提高，既有建筑物设计之初的标准、设计理念差异、建筑功能的不同，比如楼层层高较低，房间布局偏小，装修风格落后，建筑节能落后，其建筑布局及结构形式已不能满足人们对其舒适度等功能性要求；第二类，停缓建工程随着结构的老化，大批建筑物需进行耐久性评定，以满足安全性要求；第三类，受自然灾害的影响，需进行建筑抗震减灾改造，以达到安全性要求。

1.4　现代改扩建工程特点

既有建筑改扩建工程由于建筑物使用功能、建造年限、改造内容等的不同，具有其独特的工程特点，对比新建工程，主要包括以下特点：

1.4.1　自身改造条件复杂

既有建筑由于建造年代较久，且大部分建筑建造时施工管理相对落后或不规范，导致质量缺陷或资料缺失；业主使用过程中局部结构、装饰或机电系统的改造和建筑物自身老化等原因造成改造条件存在不确定性。针对此情况往往需要在论证或设计阶段对前期建筑物进行调查测量。部分结构改造较大建筑还需进行结构安全性检测以便掌握既有建筑物实际情况，为改造设计提供依据。同时施工阶段需结合现场施工情况进行现场勘查及设计复核，及时发现施工过程中暴露出的由于建筑物缺陷等造成的与设计不符的问题，保证改造建筑物安全及质量可靠。

1.4.2　施工环境复杂

既有建筑改扩建工程一般位于城镇市区，周边建筑物密集、人流量大，施工对建筑物和周边居民的生活、工作等带来干扰，有些特殊工艺还具有一定的危险性，可能影响居民的安全。建筑物周边可利用空间较小，无较完整的施工场地，地下市政管网密集且老旧管道混杂，对施工造成较大影响。另外由于部分既有建筑物仅涉及部分区域改造，其余部分需保证正常使用，施工时对正常使用部分的保护和降低施工影响尤为重要。较新建工程，改扩建工程受既有建筑物影响，在大型施工机械的选择、布置及使用上受到更多的限制。

1.4.3　施工前准备周期长

由于既有建筑物改造条件及环境的复杂性，施工前准备工作要求更高，周期相比新建工程更长。除与常规新建工程相同的施工准备内容外，既有建筑改造施工准备时还需要完成现场勘查，针对每个改造部分进行专项方案编制及深化设计；协调周围建筑、道路，确保取得施工占道、材料进出许可等；对正在使用的区域隔离防护，机电系统的临时改造等。各方面前期准备工作落实后方可开始改造施工。

1.4.4 工作面分散

既有建筑改扩建工程往往涉及建筑物的局部改造,改造工作面分散,每层改造内容分散至多个区域,并且每个区域改造工程量有限,给施工组织带来一定的难度。施工前需做好统筹安排,合理划分施工区段,确保各段施工内容及工程量相近,保证施工流水的正常进行。

1.4.5 多专业集中交叉施工

由于既有建筑改造具有工作面分散的特点,并且存在不改造区域正常使用的要求,因此需要分区限时施工。在合理分区的基础上,对施工区域要求多专业的交叉施工,往往涉及装饰拆除、结构拆除、加固、机电改造、装饰装修等建筑工程全专业,但由于施工面的限制,各专业工程量不大,需要集中抢工,以便形成流水。

1.4.6 技术含量要求高

既有建筑改扩建工程由于原建筑存在一定的不确定性,结构改造安全性要求,大型设备的使用限制及既有建筑自身具有特殊性和复杂性,这决定了既有建筑改造的原因、方法、工艺、程序也是特殊和复杂的,施工过程中大量使用新技术、新材料、新工艺及新方法,对施工技术要求较高。改造过程是针对建筑的一部分或者整体进行的,小到从建筑设计外观难以觉察的室内舒适度改造,大到改造后根本无法辨别建筑的本来面目的整体革新。因此,每个改造过程都不是从无到有,每个项目都有其独一无二的问题亟待解决。并且由于每个改造工程都有自己独特的特点或施工中遇到的特殊问题,需要在满足现有规范标准的前提下进行一定的创新。

2 现代改扩建工程业主需注意事项

现代改扩建工程隶属建筑工程的一个分支，对业主而言，其管理的内容及重点与普通建筑工程类似，但由于改扩建工程具有的特点，业主在管理过程中仍需关注下述内容。

2.1 原建筑资料收集

现代改扩建工程设计及施工的基础均为原有建筑物，因此在工程立项之初，业主即需收集既有建筑物的原始资料及运营中改造的资料。由于大量既有建筑物建造时间较早，加之以前档案管理的不规范，造成既有建筑原始资料的缺失，既有建筑原始资料的保留很不充分，很多建筑在数次装修、修缮、改造、再利用过程中渐渐变得面目全非。因此业主应安排专人或委托相关团队尽早对既有建筑资料进行收集整理，其收集途径包括城建档案馆，既有建筑原设计单位、施工单位、监理单位及运营单位等。

2.2 结构性能检测

20 世纪建造的大部分房屋，由于建造时经济条件所限、建造水平有限等原因，许多房屋无法满足现有国家规范、标准及技术要求，并且在建筑物的长期使用过程中由于混凝土老化、钢材锈蚀、使用损伤等造成其结构性能下降。因此需要在改扩建开始前进行结构性能检测。

既有建筑物检测及鉴定主要是对改扩建之前的建筑物进行结构现场检测与鉴定，为其加固或改扩建提供合理的方案，结构检测在实际建筑物进行现场试验，检测对象经过试验后能够继续使用，因此检测试验一般都是非破坏性试验。现场试验检测的方法有很多，各自具有不同的特点及使用条件，因此在选择检测方法时，应根据建筑物的特点和检测目的，按照国家有关技术和鉴定标准，从经济性、可靠程度、工期要求、对原结构影响等方面综合考虑。

2.3 施工时对不改造部分的影响分析

改扩建工程施工时，全部或部分主体工程为既有建筑物，且大多工程处于城市繁华区域，施工过程中对周边道路、市政管网及建筑物造成影响。尤其是局部改扩建工程，未改造部分处于正常运营，对于其正常的交通组织，机电系统的运行等产生较大的影响，因此需要对施工影响提前进行分析，制定相应的措施及应急预案，协调物业及各用户，取得其谅解及配合是施工能够顺利实施的关键。

主要施工影响分析应包括：施工场地占用用户用地情况，施工人员及材料设备出入口与物业及业主人员车辆出入口关系，施工用水用电对正式水电影响，机电系统改造及系统切换对运营部分的影响，施工产生噪声、扬尘影响，运营部分形象要求，市政管网接驳，周边建筑物影响等。

2.4　物业管理介入

对于局部改扩建工程，由于其存在继续运营部分，因此业主需与运营部分物业管理方达成协议，物业管理方要参与到工程管理中。双方应明确各自管理责任、权利及义务，综合考虑用户及施工需求，施工时尽量满足用户的正常使用，但在不可避免影响正常使用的工序施工，如大体积混凝土连续浇筑、机电系统切换、设备更换等施工时，物业应协助做好安排，提前通知用户，避免工程施工受到影响。

2.5　专业招标提前

改扩建工程受既有建筑影响较大，施工时既有建筑尺寸偏差或局部缺陷往往影响到后期装修及设备安装的精度及质量，并且由于改扩建工程工作面分散，要求多专业集中施工，因此对专业工程的招标应提前进行。如精装修工程、电梯工程等应预留足够的现场实测实量及深化设计时间。设备专业如厨房设备、发电机、锅炉等提前招标应复核既有建筑承载力及设备基础、预留孔洞等是否符合要求，预留足够的时间以避免不符合要求的加固改造施工影响工程进度。

3 现代改扩建工程施工总承包管理

3.1 总承包管理组织架构

现代改扩建工程除常规的结构改扩建外，往往还包括机电、精装、幕墙、电梯、节能等专业工程的改扩建施工，因此现代改扩建工程施工总承包管理需吸纳各专业工程师的参与，其组织架构根据项目规模、项目特点及合同要求建立。

一般改扩建工程施工总承包组织架构如图 3.1-1 所示。

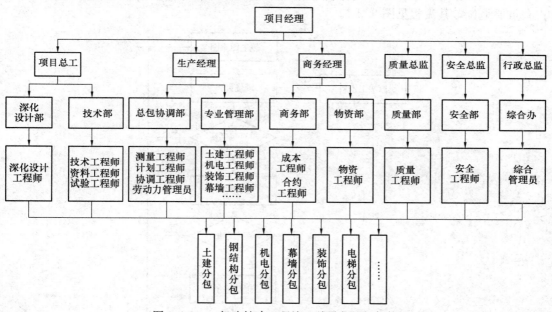

图 3.1-1 一般改扩建工程施工总承包组织架构

专业管理部根据工程规模及要求设置，专业工程改扩建规模较大时，可设置专业经理，如机电经理、装饰经理等。

改扩建工程的现场情况较为复杂，施工前深化设计需根据现场实际情况进行，因此深化设计部负责现场实测及勘查工作，总承包方协调部及专业管理部配合。

3.2 深化设计管理

改扩建工程设计基本资料来源于既有建筑物，设计图纸与现场实际情况往往存在偏差。尤其是改建部分，由于既有建筑的隐蔽工程不可见，在施工过程中发现与设计图纸不符的情况经常出现，因此深化设计涵盖工程各个专业，深化设计的准确性、及时性及可行性尤为重要，深化设计管理是改扩建工程总承包管理的核心内容之一。

3.2.1 管理机构

总承包方项目部指定深化设计负责人，设置深化设计部负责项目的深化设计管理工作。主要包括设计文件管理、深化设计报审管理、图纸会审、洽商变更管理、材料设备报审管理等。深化设计部设置岗位包括部门负责人、深化设计工程师及资料员，具体专业及人数应根据项目规模及改扩建内容确定。

深化设计图采取"谁施工谁出深化图"的做法，各分包方承担各自合约范围内的深化设计工作。

3.2.2 深化设计流程

改扩建工程的深化设计流程与一般新建工程略有不同，现场勘查与修改在深化设计中占有重要地位，其流程见图 3.2-1。

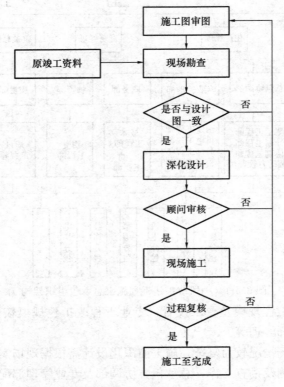

图 3.2-1 深化设计流程图

3.2.3 深化设计过程管理

1. 深化设计图纸要求

深化设计图应符合以下要求：

（1）深化设计图纸格式应规范、简洁清晰，满足相关的条件、现行规范、规程和图纸的要求。

（2）深化设计图纸应以准确指导施工为原则。现场已有结构应采用实测尺寸，应准确注明所有部件/构件的规格型号等参数。

（3）深化设计图应注明所依据的相关图纸的图号、图名、版号、出图日期及其他主要的资料文件，在图框中清晰标示项目、专业、系统名称等。

（4）深化设计文件内容应包括：图纸目录；图纸总说明；平面、立面、剖面图及详图；必要的设计计算书等。涉及效果、观感控制的深化设计图纸或样品宜统一附带彩色图片。

（5）深化设计图纸必须符合合约对出图深度、范围及时间的要求。

2. 深化设计的报审

对于施工图纸的二次深化设计，经过总承包单位的审核后，由总承包单位呈报监理、业主单位初审，并由设计单位签字认可；深化设计图纸审核签字生效后，由施工责任主体单位负责深化设计图纸的出图，并组织设计交底，由总承包单位负责图纸的发放。

深化设计的报审由总承包方深化设计部进行管理，主要内容包括：

（1）根据项目总体控制计划，组织编制业主供图计划、深化设计报审计划（如年度、季度、月度）。

（2）督促各专业在进场两周内报送深化设计所需要资料清单并审核；按清单时间要求，督促业主方及其他相关专业提供资料，总承包方汇总后按时回复各专业分包。

（3）督促各专业严格执行深化设计报审计划。

（4）审核各专业提交的深化设计报审文件，主要以格式及内容完整性为主。

（5）向业主方送审审核通过的深化设计文件。

（6）汇总、整理和发送深化设计文件的审核意见。

（7）建立深化设计报审台账，定期与业主方、各分包方核对，对逾期未处理的要有书面告知。

（8）深化设计文件经各方审核通过后，分包报送蓝图，总承包方负责蓝图发放。

3. 深化设计的签证、变更控制

深化设计应以国家标准规范、业主提供的图纸、图纸会审记录、变更和洽商记录等作为基础进行。

图纸中所有变更、升版信息应明确注明，确保升版内容图面资料更新正确、更新完整；变更、升版信息等应圈云线和注明版本编号，相关清单报表须同步更改。

在劳务招标前，将招标中设计图纸的问题统一提出，然后深化解决，防止后期劳务招标完成后发生图纸做法缺失或者不明确的情况，造成签证索赔、而产生不必要的损失。

技术策划过程中就要考虑通过前期的深化避免后期的变更、签证。对于非常规做法，可与设计院提前沟通协调，减少后期施工过程中的图纸内容、施工做法等变化。

3.3 施工进度管理

施工计划是生产活动的纲领，施工生产计划是围绕施工生产的具体目标而制定的，它是实现施工生产管理目标的重要保证。施工生产计划管理就是通过计划的编制、执行、检查、处理来控制企业全部施工生产活动的一项周期性综合管理工作。

现代改扩建工程涉及结构拆除、加固、新建，机电设备更新、系统改造，精装修改造等，涉及专业多，并且改扩建工程的施工往往受制于既有建筑的影响，工作面有限、环境复杂，因此施工进度管理尤为重要。

施工进度管理主要包括进度计划的编制、审批、实施及检查纠偏、工作面交接等工作。

3.3.1 进度计划的编制

进度计划包括总体进度计划、各项资源保障计划、各专业分包计划及月计划、周计划等几种类型。其中总体进度计划由总承包方组织各分包方联合编制，主要满足工程合约工期要求，明确各项施工节点及各专业穿插时间。各项资源保障计划由总承包方各部门组织相应专业分包方根据合约要求、工作接口、总计划安排及现场实际条件进行编制。主要包括：招标计划、深化设计计划、劳动力计划、材料设备进场计划、工作面交接计划等。专业分包计划由各专业分包方自行编制，计划必须满足总计划要求。

进度计划编制应符合下列要求：

（1）工程总进度计划应依据合约要求、现场条件、接口及里程碑节点组织编制，应在进场后 30d 内完成编制。

（2）计划编制应充分考虑前期排查时间，预留足够的时间以确定原建筑物状况。

（3）各专业进度计划以工程总计划、现场实际约束条件及接口为依据进行编制，须体现专业关键线路、里程碑节点及关键工作面的移交内容，并应在专业分包进场后 20d 内编制完成。

（4）月/周计划应对比总结上月/周完成情况，明确本月/周施工计划，如有滞后应确定计划赶工措施。

3.3.2 进度计划的审核及报批

总进度计划由总承包方各职能部门审核，项目经理审批后报送业主方，获批后下发至各部门及分包方并进行交底。

各专业分包方进度计划经内部审核后，由专业分包方项目经理签字并报送总承包方，总承包方审核通过后由项目经理审批，获批后下发各部门及分包方。

月计划/周计划由总承包方生产管理部门进行审核并发布。

各项资源保障计划由各相应部门组织审核并发布。

3.3.3 进度计划的实施

进度计划经批准后由总承包方各部门及各分包方共同实施，主要包括：

（1）总承包方批准后的进度计划布置生产任务，对进度偏离进行纠正，协调解决各专业之间的矛盾。

（2）总承包方负责施工过程中塔式起重机、电梯等大型施工机械的调度、协调及总平面安排。

（3）各分包方应配置足够的资源，严格执行各项施工计划。

（4）总承包方各部门根据每月计划执行情况，检查落实各自资源保障计划的进程以满足总体计划要求。

3.3.4 进度计划的检查及纠偏

在工程实施过程中，应对进度计划的执行情况进行检查及纠偏，主要包括：

（1）各专业分包方对所承建工程的实际进度及资源供应情况每周/月进行自查，对比进度计划列明未完成任务并进行原因分析，提出补救措施并形成周/月报上报至总承包方。

（2）总承包方对专业分包方进行现场施工进度检查，对重要节点和关键部位资源投入情况进行全面核查，结合分包方周/月报形成整体工程周/月报。

（3）总承包方每周召开计划协调会，对计划完成情况进行通报，针对延误情况采取应对措施。

（4）对于一般延误（月计划延误3日以下）由计划实施的责任部门采取措施进行处理；较大延误（月计划延误4～6日）由计划实施责任部门组织相关部门及专业分包方进行研究，确定纠偏措施并进行处理；重大延误（月计划延误7日以上）由总承包方项目部各部门及分包方共同分析研究，确定纠偏措施并进行处理。

3.4 接口界面管理

界面管理是为同一工程建设项目服务，相互制约，影响工程质量、进度的各方之间的有机联系和复杂关系。两个主体的共同界面，其实就是两个施工作业队伍相互交叉的作业面。

改扩建工程施工时，由于改造条件复杂、工作面分散、多专业同时交叉施工，其接口界面管理尤为重要。接口根据功能不同分为：合约接口、设计接口、施工接口、场地交接等。各项接口应明确相关专业的各自职责，避免漏项、重复及矛盾等。

通过上述方法可有效地解决工程中出现的责任划分不清、功能界定不明、工序交接不清、工作内容空白、各专业施工等导致进度滞后、成本流水、质量不佳等一系列问题。

3.5 公共资源管理

相对而言既有建筑结构改造工程的工序众多、复杂，分包方多，材料堆放及转运需求较强，故此类工程公共资源管理需要明确分配管理制度，统一规划各分包方使用时间或频次以保证每个作业面均可顺利施工，保证工程进度。

3.5.1 施工电梯及塔式起重机管理

施工电梯的分配施工管理严格按照"人货分离、分层停靠、分时上下"的方针为指导。结合不同施工阶段劳动力数量的变化、不同施工任务各个施工部位转运物料的区别，分析制定人员及物料的运输计划，按照每个施工阶段的计划科学合理地分配施工电梯的使用。塔式起重机的分配使用按各分包方提出的计划实行，各专业分包方项目部协调负责人须提前一天制定第二日吊装计划并报至总承包方工程部，并对计划出现的问题进行现场协商解决，计划经过确认之后不可更改。

既有建筑改造工程中施工电梯及塔式起重机先于拆除工作使用，以便给其他工作尽快提供工作面。

施工电梯、塔式起重机维护保养由总承包方生产协调部统一负责，生产协调部指定专人负责动臂式塔式起重机的维护、保养工作；保养工作定期或不定期进行，维护、保养台数分批分次，每次维护、保养工作项目单一，保养时间控制在 2h 之内，每次维护、保养必须做到细致、到位，杜绝该保养项目存在的一切安全隐患。

3.5.2　临水临电管理

因既有建筑改造工程中拆除部分作业环境污染严重，故需要实时保证拆除部分的喷淋系统临时用水从而控制环境污染。

所有分包方队伍入场前必须经过本项目安全用电教育，签订用电责任承包合同。施工中超过 3m 的电源线，必须架空 1.2m 高（用木、竹隔开绝缘），在保证安全的前提下才可施工。电动工具必须在电工指定位置上安插，不得私自乱插、乱接，无插头不得使用。施工现场电线不得乱拉、乱扯，线路不得随地走，主线路必须架空 2m 以上；电线应绑在绝缘体上，不得绑在钢管或钢筋等导电体上。现场配电严格执行三相五线制三级配电二级保护，机械用电必须"一机、一闸、一箱、一漏电"。

分包方队伍水电费据实扣除的，该分包方用电必须接入自己队伍的电表箱，严禁无表用水电。施工用水必须在指定位置使用，用完后必须关闭好水源，严禁浪费。

3.5.3　施工总平面管理

总平面布置图由总承包方技术部根据各阶段所需要的施工范围及工期等进行设计而规划。既有建筑改造工程中需要增加拆除阶段施工平面布置图，规划拆除部分物料堆积及运输。

各分包方各自施工场地及堆场内材料应堆码整齐、规范，达到安全文明施工要求。临时用地经总承包方审批后，各分包方必须按其申请的使用功能合理使用，并按总承包方批准的临时设施建设形式进行搭建，不得随意更改，并保证使用场地清洁、安全有序。

3.6　施工质量管理

既有建筑结构改造工程施工质量管理主要包括施工用原材料的质量控制及施工过程的质量控制两个方面。

3.6.1　施工用原材料质量控制

既有建筑结构改造工程施工时主要涉及混凝土原材料、钢材、焊接材料、结构胶粘剂、纤维材料、水泥砂浆原材料、聚合物砂浆原材料、裂缝修补用注浆料、混凝土用结构界面胶（剂）、结构加固用水泥基灌浆料、锚栓等。

材料质量控制通过以下几个方面进行：

（1）选用信誉良好、产品质量较为稳定的企业进行供货；

（2）按照国家相关规定进行产品合格证、出厂检验报告和进场复试报告等常规的资料检查；

（3）选择有资质、信誉良好、检查技术过硬的检测机构进行相关材料的送检检测；

（4）结构加固用的型钢、钢板及其连接用的紧固件，其品种、规格和性能应符合设计、国家标准以及有关产品标准的规定。严禁使用再生钢材以及来源不明的钢材和紧固件。

（5）结构胶在既有建筑加固改造过程中是用量较大、种类较多、影响较大的一种特殊材料，保证其产品性能的合格有效至关重要。加固工程使用的结构胶粘剂，应按工程用量一次进场到位。结构胶粘剂进场时，施工单位应会同监理人员对其品种、级别、批号、包装、中文标志、产品合格证、出厂日期、出厂检验报告等进行检查；同时应进行三项重要指标以及该胶粘剂不挥发物含量进行见证取样复验。加固过程中严禁使用下列结构胶粘剂产品：

1）过期或出厂日期不明；

2）包装破损、批号涂毁或中文标志、产品说明书为复印件；

3）掺有挥发性溶剂或非反应性稀释剂；

4）固化剂主要成分不明或固化剂主要成分为乙二胺；

5）游离甲醛含量超标；

6）以"植筋—粘钢两用胶"命名。

（6）碳纤维织物、碳纤维预成型板以及玻璃纤维织物应按工程量一次进场到位。纤维材料进场时，施工单位应会同监理人员对其品种、级别、型号、规格、包装、中文标志、产品合格证、出厂检验报告等进行检查。结构加固使用的碳纤维严禁用玄武岩、大丝束碳纤维等代替。结构加固使用的 S 玻璃纤维、E 玻璃纤维严禁使用 A 玻璃纤维、C 玻璃纤维代替。

（7）配置结构加固用聚合物砂浆的原材料，应按工程量一次进场到位。聚合物原材料进场时，施工单位应会同监理人员对其品种、级别型号、包装、中文标志、出厂日期、出厂检验报告等进行检查。同时应对聚合物砂浆体的劈裂抗拉强度、抗折强度及聚合物砂浆与钢粘结的拉伸抗剪强度进行见证取样复验。

（8）混凝土用结构界面胶（也称结构界面胶），应采用改性环氧类界面（剂）或经独立检验机构确认为具有同等功效的其他品种界面胶。

（9）混凝土结构及砌体结构加固用的水泥基灌浆料进场时，应对灌浆料品种、型号、出厂日期、产品合格证及产品使用说明书的真实性进行检查。

（10）结构用锚栓应采用自扩底锚栓、模扩底锚栓或特殊倒锥形锚栓且应按工程量一次进场到位。进场时应对其品种、型号、规格、中文标志和包装、出厂检验合格报告等进行检查，并应对锚栓钢材受拉性能指标进行见证抽样复验。

3.6.2 施工过程质量控制

既有建筑加固改造主要有如下子分部工程：混凝土构件增大截面工程、局部置换混凝土工程、混凝土构件绕丝工程、混凝土构件外加预应力工程、外粘或外包型钢工程、外粘纤维复合材料工程、外粘钢板工程、钢丝绳网片外加聚合物砂浆面层工程、砌体或混凝土构件外加钢筋网—砂浆面层工程、砌体柱外加预应力撑杆工程、钢构件增加截面工程、钢构件焊缝补强工程、混凝土及砌体裂缝修补工程、植筋工程、锚栓工程、注浆工程等。

将施工过程中需要重点控制的工序节点进行说明，施工中加强如下的管理控制：

(1) 混凝土构件增大截面工程中应重点控制界面处理的工序。原构件混凝土界面经修整露出骨料新面后，尚应采用花锤、砂轮机或高压水射流进行打毛；必要时也可凿成沟槽。当采用三面或四面新浇筑混凝土层外包梁、柱时，尚应在打毛的同时凿除截面的棱角。原构件界面还应用钢丝刷等工具清除原构件混凝土表面松动的骨料、砂砾、浮渣和粉尘，并用清洁的压力水冲洗干净。

(2) 外粘或外包型钢工程中应重点控制注胶施工的工序。外粘或外包型钢骨架全部杆件的缝隙边缘，应在注胶前用密封胶封缝。封缝时，应保持杆件与原构件混凝土之间注浆通道的畅通。同时，尚应在设计规定的注胶位置钻孔，粘贴注胶嘴底座，并在适当部位布置排气孔。待封缝胶固化后，进行通气试压。若发现有漏气处，应重新封堵。

(3) 对加压注胶全过程应进行实时控制。压力应保持稳定，且应始终处于设计规定的区间内。当排气孔冒出浆液时，应停止加压，并以环氧胶泥堵孔。然后再以较低压力维持10min，方可停止注胶。

(4) 外粘钢板工程中应重点控制粘贴钢板施工的工序。当采用压力注胶法粘钢时，应采用锚栓固定钢板，固定时应加设钢垫片，使钢板与原构件表面之间留有约2mm的畅通缝隙，以备压注胶液。固定钢板的锚栓应采用化学锚栓，不得采用膨胀螺栓，锚栓仅用于施工过程中固定钢板。在任何情况下，均不得考虑锚栓参与胶层的受力。

(5) 粘贴钢板专用的结构胶粘剂，其配置和使用应按产品使用说明书的规定进行。拌合胶粘剂时，应采用低速搅拌机充分搅拌。拌好的胶液应色泽均匀、无气泡，并应采取措施防止水、油、灰尘等杂质混入；严禁在室外和尘土飞扬的室内拌合胶液。拌合好的胶液应同时涂刷在钢板和混凝土构件表面上，经检查无漏刷后可将钢板与原构件混凝土粘贴；粘贴后胶层平均厚度应控制在2~3mm。俯贴时，胶层宜中间厚、边缘薄；竖贴时，胶层宜上厚下薄；仰贴时，胶液的垂留度不应大于3mm。

(6) 钢板粘贴时平面应平整、过渡应平滑，不得有折角。钢板粘贴后应均匀布点加压固定。其加压顺序应从钢板的一端向另一端逐点加压，或由钢板中间向两端逐点加压；不得由两端向中间加压。

(7) 植筋工程中应重点控制植筋施工的工序，植筋焊接应在注胶前进行。若个别钢筋的确需要后焊时，除应采取断续施焊的降温措施外，尚应要求施焊部位距注胶孔顶面的距离不小于15d（d为钢筋直径），且不应小于200mm；同时必须用冰水浸渍的多层湿巾包裹植筋外露的根部。

(8) 注入胶粘剂时，其灌注方式应不妨碍孔中空气排出，灌注量应按产品使用说明书确定，并以植入钢筋后有少许胶液溢出为度。在任何工程中，均不得采用钢筋从胶桶中粘

14

胶塞进孔洞的施工方法。

（9）灌浆工程中应重点控制灌浆施工的工序。安装模板时应增加设置灌浆孔和排气孔的规定，当采用在模板上对称位置开灌浆孔和排气孔灌注时，其孔径不宜小于100mm，且不应小于50mm；若模板上有设计预留的孔洞，则灌浆孔和排气孔应高于该孔洞最高点50mm。在灌浆施工的工序中，对第一次使用的灌浆料，应增加试灌的作业；当分段灌注时，尚应增加快速封堵灌浆孔和排气孔的作业。

（10）灌浆料启封配成浆液后，应直接与细石混凝土拌合使用，不得在现场再掺入其他外加剂和掺合料。将拌好的混合料灌入模板内时，允许用小工具轻轻敲击模板。

3.7 施工安全管理

3.7.1 安全保证体系

建立现场安全保证体系，贯彻国家有关安全生产和劳动保护方面的法律法规，定期召开安全生产会议，研究项目安全生产与劳动保护工作，发现问题及时处理解决。逐级签订安全责任书，使各级明确自己的安全目标，制订好各自的安全规划，达到全员参与安全管理的目的，充分体现"安全生产，人人有责"。按照"安全生产，预防为主"的原则组织施工生产，做到消除事故隐患，实现安全生产的目标。

3.7.2 安全管理措施

（1）一般要求

1）在组织施工中，必须保证有本单位施工人员施工作业就必须有本单位领导和安全管理人员在现场值班，不得空岗、失控。

2）严格执行施工现场安全生产管理的技术方案措施，在执行中发现问题应及时向有关部门汇报。更改方案和措施时，应经原设计方案的技术主管部门领导审批签字后实施，否则任何人不得擅自更改方案和措施。

3）建立并执行安全生产技术交底制度。要求各施工项目必须有书面安全技术，且交底必须有针对性，并有交底人和被交底人的签字。

4）建立并执行班前安全生产讲话制度。

5）建立机械设备、临时用电设施和各类脚手架工程设置完成后的验收制度。未经过验收和验收不合格的严禁使用。

（2）行为管理

1）进入施工现场的人员必须按规定戴安全帽，并系下颌带，不系者视同违章。

2）凡从事2m以上无法采用可靠的防护设施的高处作业人员必须系安全带。安全带应高挂低用，操作中应防止摆动碰撞，避免意外事故发生。

3）参加现场施工的所有电工、信号工、翻斗车司机，必须是自有职工或长期合同工，不允许安排外施队人员担任。

4）参加现场施工的特殊工种人员必须持证上岗，并将证件复印件报投标人项目经理部安全文施管理部门备案。

（3）安全防护管理

1）各类施工脚手架严格按照脚手架安全技术防护标准和支搭规范搭设，脚手架立网统一采用绿色密目安全网防护且应绷拉平直、封闭严密。脚手架严禁钢木混搭。

2）脚手架必须与结构拉接牢固。拉接点垂直距离不得超过4m，水平距离不得超过6m；拉接所用的材料强度不得低于双股8号铁丝的强度；在拉接点处设可靠支顶。连墙件应能承受拉力与压力，其承载力标准值不应小于10kN；连墙件与门架、建筑物的连接也应具有相应的连接强度。

3）脚手架的操作面必须满铺脚手架，离墙面不得大于20cm，不得有空隙和探头板、飞跳板。施工层脚手板下一步架处兜设水平安全网。操作面外侧应设置两道护身栏和一道挡脚板或设一道护身栏，立挂安全网且下口封严防护高度应为1.5m。在脚手架基础或邻近严禁挖掘作业。

4）脚手架必须保证整体结构不变形，凡高度在20m以上的脚手架，纵向必须设置十字盖，十字盖宽度不得超过7根立杆，与水平夹角应为45°~60°。高度在20m以下的必须设置正反斜支撑。

5）建筑物出入口处应搭设3~6m，宽于出入通道两侧各1m的防护棚，棚顶应满铺5cm厚的脚手板，非出入口和通道两侧必须封闭严密。

3.8 绿色施工管理

既有建筑结构改造工程的绿色施工相比新建工程尤应注意。因为改扩建工程施工项目繁多，施工场地有限，如果绿色施工没做好，会产生比新建工程更多的浪费和污染。绿色施工目标主要有以下三点：第一，充分利用原有资源，拆除、废弃材料要充分利用。第二，对原建筑尽量保护性拆除，减少加固措施及费用。第三，尽量减少对周边小区的影响，特别要注重环境保护。

3.8.1 节材、节水技术

工程临建所用材料很大部分采用原建筑拆除废弃材料，比如原建筑地面硬化作为临建区域地面硬化及基础，原建筑底板、门、隔板、感应器等均应在临建中充分利用，极大地节约了材料、减少了浪费。

工程拆除的混凝土经混凝土破碎机破除后，用作施工道路、加工场的硬化垫层，减少了混凝土的浪费。

主体工程建议采用隔震体系，使结构抗震等级降低一个等级，极大地减少了钢筋用量，节约了钢材的使用。

进行各种废材再利用，如木枋接长、短钢筋制作成马凳。

施工道路两旁设置喷雾设备进行降尘，并充分利用循环水，极大地节约了水资源。

3.8.2 扬尘控制

拆除施工区域采用全方位彩条布围挡,拆除部位全部采用洒水的措施,拆除工艺采用绳锯切割,最大限度地控制了拆除部分扬尘。绳锯切割是在液压电动机驱动下,用金刚石绳索绕切割面高速运动研磨切割体,完成切割工作。由于使用金刚石单晶作为研磨材料,故此可以对石材、钢筋混凝土等坚硬物体进行切割。切割是在液压电动机驱动下进行的,液压泵运转平稳,并且可以通过高压油管远距离控制操作,所以在切割过程中不但操作安全、方便,而且振动和噪声都很小,被切割物体能在几乎无扰动的情况下被分离。切割过程中高速运转的金刚石绳索靠水冷却,并将研磨碎屑带走,不会造成粉尘污染,适合用于城市居住区里的建筑物拆除。

破除混凝土时,在需要保护结构安全稳定的区域,采用高压水无损切除混凝土的绿色施工技术。切割过程为冷切割,对材料无热损伤和热变形;切割反力小,便于全方位自由切割;无粉尘、无烟雾、无火花、无气味,属于清洁安全切割;劳动条件好,噪声一般不超过 90dB;施工效率高,节约工期。

土方作业施工区域采用洒水处理,对于已开挖到位的区域,采取全面覆盖密目网的措施以减少扬尘。施工区内的裸露地面,采取部分硬化、部分绿化两种方法进行封闭,防止扬尘。硬化的道路每天安排专人打扫,施工现场出口设置洗车槽。

施工现场设置垃圾房,建筑内施工垃圾的清运采用封闭式容器运输。施工区内的裸露地面,采取部分硬化、部分绿化两种方法进行封闭,防止扬尘;硬化的道路每天安排专人打扫。

3.8.3 噪声控制

现场使用低噪声、低振动的机具设备。购置 1000m² 隔声屏对重点噪声区域进行隔声,避免、减少施工噪声和振动。

3.8.4 水污染控制

施工现场设置沉淀池,将废水收集过滤沉淀达标后进行集中排放或循环利用。办公区、生活区厕所设置化粪池,食堂设置隔油池等进行三级沉淀达到排放标准后再排放。

3.8.5 光污染控制

夜间室外施工时照明灯加设灯罩,透光方向尽量垂直集中在施工区域范围内。电焊作业时采取遮挡防护措施,避免电焊弧光外露。

3.9 工程验收管理

工程验收管理主要包括过程验收及竣工验收两部分。过程验收主要为隐蔽验收、检验批验收,参加人员主要包括总承包方、施工方、监理方等。竣工验收主要包括分部分项工程验收、专项验收、工程竣工等,参加人员除总承包方、施工方及监理方外,还包括设计方、业主方及政府相关部门人员等。

　　由于改扩建工程存在工作面分散、点多面广的特点，导致过程验收分散，同一检验批数量少、批次多；为避免遗漏及参加验收人员时间安排的不便，过程验收可采取验收预约制，即由专业分包方预估相应工作完成时间，提前一天报至总承包方质量管理部门。总承包方质量管理部门核查并汇总各分包方验收时间及验收部位，填写验收单，提前一天报送至监理方及相关部门，各参与方安排相应人员参加验收，并根据验收单核查验收部位是否遗漏。

　　由于改扩建工程受场地影响较大，存在分区施工的情况，需要部分场地竣工移交后方可开始下一区域的施工。因此对于竣工验收，在工程施工前制订验收计划；根据里程碑节点要求，结合施工部署及总体进度计划，确定合理的验收分区及验收时间，并提前与政府相关部门沟通协调，避免验收受阻导致工期延误。

4 运营状态下超高层建筑改扩建工程施工

在现代改扩建工程中，有部分工程出于业主需求，在进行改造过程中需保证部分使用功能的正常，即建筑物处于全部或部分运营状态下，尤其是超高层建筑，由于用户较多、功能需求多样，一次性改造难度大，往往采用分段改造或局部改造的方式，以方便协调、减轻成本压力，形成运营状态下的超高层建筑改扩建工程施工。

4.1 改扩建情况介绍

京广中心装修改造工程位于北京市朝阳区朝阳门外大街 1 号，京广桥西北角，包括主楼及附楼；东侧紧邻北京东三环，南侧与 CCTV 央视新址、国贸大厦形成鼎立之势。京广中心建成于 1990 年，为当时北京最高建筑之一；主塔楼已建高度约 208m，地下 3 层、地上 53 层。24 层以下为酒店区域，24 层以上为办公楼及公寓楼（图 4.1-1）。

图 4.1-1 改造前的京广中心

因当时设计及施工水平限制，在许多方面已不能满足当前对其使用功能的要求，尤其是酒店部分，当年设计采用的日式风格小房间已不能满足现代出行需求，并且急需对其机电设备进行更新，因此 24 层以下酒店部分重新设计为超五星级酒店，须进行大面积改造，同时 24 层以上办公楼及公寓楼无须改造，可保持正常营业。京广中心装修改造工程是典型的运营状态下的超高层建筑改扩建工程，改造后酒店将作为新世界旗下超五星级酒店——瑰丽酒店的大陆旗舰店（图 4.1-2）。

京广中心装修改造工程涉及大量混凝土结构及钢结构拆除改造、机电系统改造、幕墙改造及精装修改造。改造过程中须对正在使用的设施及设备进行保护，各系统改造采取保

图 4.1-2 改造后实景

护性施工，保证办公楼及公寓楼安全性及使用功能的完整，同时减少施工对办公楼及公寓楼住户的影响。

4.2 工程总体施工组织

4.2.1 施工部署

根据施工部署原则及施工顺序，综合考虑工程特点、施工进度安排、机械周转材料投入、劳动力情况等因素，本工程施工拟划分为待建配电室等区域（一区）、地下室（二区）、主楼1～23层（三区）、连廊（四区）、附楼（五区）、锅炉房（六区）六个施工区域。区域各自独立进行施工，连廊拆除完成后进行附楼结构拆除（图4.2-1和图4.2-2）。

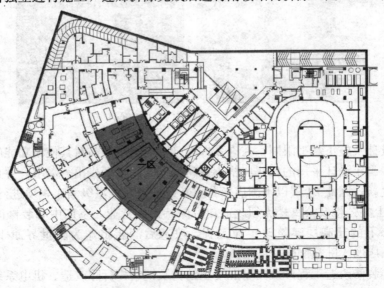

图 4.2-1　地下室分区示意图

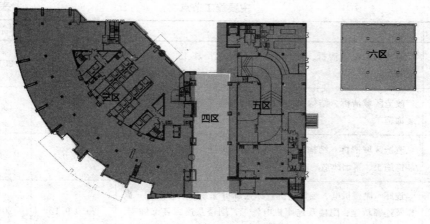

图 4.2-2　地上分区示意图

4.2.2　施工流程

根据各区施工内容的不同，其施工流程略有不同，其中一区、二区、三区、六区均为局部改造，四区、五区为整体拆除重建，具体各区施工流程如下：

一区、二区、三区、六区改造总体流程（图 4.2-3）。

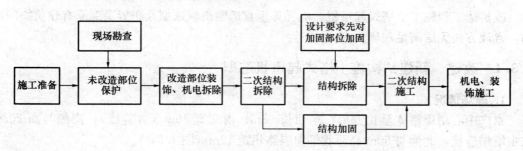

图 4.2-3　改造总体流程（一）

四区、五区改造总体流程（图 4.2-4）。

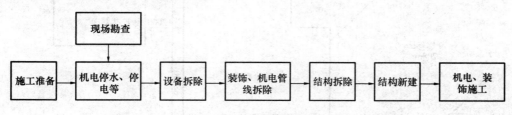

图 4.2-4　改造总体流程（二）

4.2.3　施工计划

根据合同要求及现场实际情况，合理科学地编制详细施工进度计划，设置阶段控制点，逐级分解工期目标，主要施工节点见表 4.2-1。

部位	施工内容	开始时间	完成时间
一区	原装饰、机电清拆、结构加固、新建机房施工、机房设备安装	2010.7.11	2010.11.20
二区	改造区域清拆、结构加固、新建结构施工、机电工程施工、装饰施工	2010.7.26	2012.4.4
三区	改造区域清拆、结构加固、新建结构施工、机电工程施工、装饰施工、幕墙改造	2010.9.1	2013.8.9
四区、五区	连廊、副楼机电、装饰清拆，原连廊拆除，原副楼拆除，副楼及连廊新建、副楼及连廊机电施工，副楼及连廊装饰施工、副楼及连廊幕墙施工	2010.9.12	2012.10.31
六区	须更换锅炉设备拆除、结构加固、新锅炉设备安装	2011.3.15	2012.10.10

4.3　改造垂直运输方案

改扩建工程施工中塔式起重机、电梯等垂直运输机械选型及布置受到原有建筑物的影响，常规方法无法满足现场要求。

4.3.1　改建、新建结构施工塔式起重机选型

1. 现场情况

京广中心副楼整体呈长方形，东西长 68m、南北宽 40m（含连廊），南侧与高 208m 的主塔楼连接，北侧与 60m 高原状烟囱隔路相距 12m（图 4.3-1）。

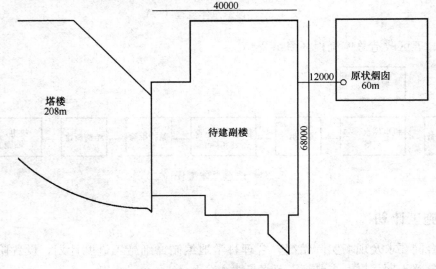

图 4.3-1　现场情况

2. 塔式起重机选型

副楼施工时由于主楼及原状烟囱影响（两者相距 52m），塔式起重机臂长不能超过 24m，而副楼东西向长 68m，因此塔式起重机选择两台平臂塔式起重机或一台动臂塔式起重机，其对比见表 4.3-1。

塔式起重机对比   表 4.3-1

塔式起重机	臂长	位置	优　点	缺　点
两台平臂塔式起重机	24m	副楼内部	两台塔式起重机施工效率较高	1. 需 2 处穿原地下室及地上新建结构楼板； 2. 西侧主要为坡道及机房，无塔身位置； 3. 靠近主楼侧两台塔式起重机交叉处盲区较大
一台动臂塔式起重机	45m	副楼内部	1. 减少穿楼板数量 2. 实现副楼全覆盖	动臂塔式起重机运转速度较慢

综合考虑各方因素后，选用 1 台动臂塔式起重机进行副楼结构施工，根据构件重量、就位位置及场地情况，本工程选用 S480 动臂塔式起重机。

3. 塔式起重机定位

结合副楼及对应地下室建筑布局及结构设计情况，塔式起重机定位避开设备机房、坡道及梁柱等构件，定位示意图见图 4.3-2～图 4.3-4。

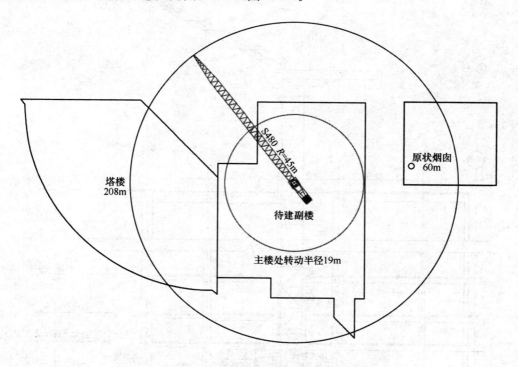

图 4.3-2　塔式起重机定位示意

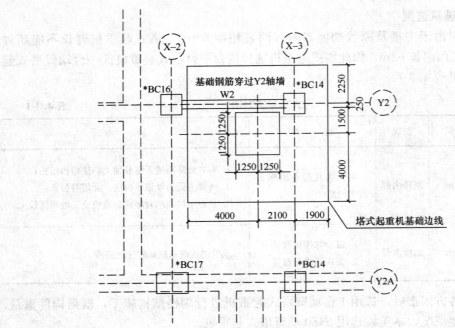

图 4.3-3 塔式起重机基础所在位置

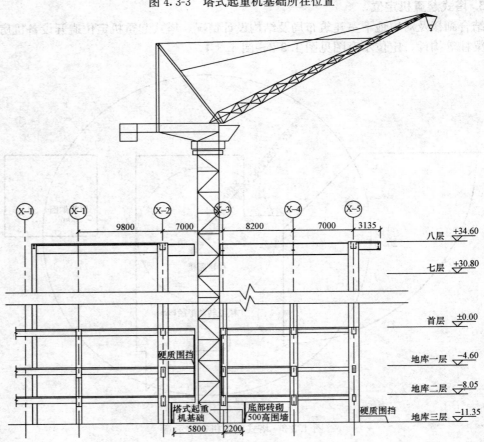

图 4.3-4 塔式起重机安装立面图

4. 塔式起重机安装

塔式起重机安装须穿过地下室楼板，因此要在首层、B1 层、B2 层现有楼板上开洞。经现场勘查图示位置在首层有一道次梁，施工前在次梁边新建一道次梁，之后拆除影响塔式起重机的次梁及楼板，在地下室塔式起重机周围搭设水泥加压板施工围挡；在 B3 层塔式起重机基础周围砌筑 500mm 高围墙，B2、B1 层开洞周围砌筑 100mm 高坎台。并在各层做好防水及保温措施，B3 层基础处设置一台水泵，防止雨水产生积水影响地下室使用。

塔式起重机基础采用混凝土基础，布置在既有结构底板上，通过基础承载力验算确定其尺寸及配筋等。塔式起重机基础与原结构筏板采用植筋连接；塔式起重机基础与 Y2 轴墙相连的部位基础水平钢筋穿过墙体，与柱相连的部位采用植筋锚入柱内。

原结构楼板拆除方法与混凝土结构拆除一致，基础施工方法同结构加固方法类似。

5. 安全注意事项

（1）穿楼板的洞口地下室采用硬质施工围挡围护并做好防水保温措施，地上洞口处搭设防护栏杆防护；

（2）塔式起重机必须有良好的接地装置，接地电阻不得超过 4Ω；塔式起重机的接地不能少于两组；

（3）塔式起重机的电缆采用三相五线制，采用专用二级配电箱；

（4）塔式起重机基层沉降观测及垂直度观测每半月进行一次；

（5）当塔式起重机沉降或垂直度偏差超过规定范围时，停止塔式起重机作业并会同有关专家分析原因、制定校正方案、进行偏差校正。

4.3.2 改造工程施工电梯方案

京广中心主楼改造时，七层以上外立面保持原状，因此无法安装外用施工电梯，为此采用室内正式电梯用于人员及材料的运输。根据实际情况，采用 S1～S4 及 E1～E3 共 7 部正式电梯。其中 S1～S4 电梯为改造电梯，E1～E3 电梯为正在运营的电梯，需要与物业共同使用（图 4.3-5）。

1. 施工用电梯供电

由于 S1～S4 电梯为后期改造电梯，且全部位于酒店楼层，原供电已切断，使用时要与施工用电接驳，现场设置电梯专用二级配电箱，每台永久电梯由配套二级配电箱引出一根 ZR-YJV-4×95+1×50 电缆，接至永久电梯控制箱；电缆采用沿强电井敷设至电梯电源控制箱的方式敷设。

E1～E3 电梯运行范围为整个塔楼，采用正式电源。

2. 电梯运行安全保证措施

（1）电梯井口防水

正式电梯在设计时未考虑井口防水。作为施工电梯使用时，需要在电梯井口用混凝土设置一条 50mm 高的隔水带，防止楼面积水流入电梯井道对电梯造成影响，如图 4.3-6 所示。

（2）电梯机房的通风散热

在施工过程中，尤其是上下班的高峰期，电梯使用频繁。电梯的频繁使用使电梯卷扬

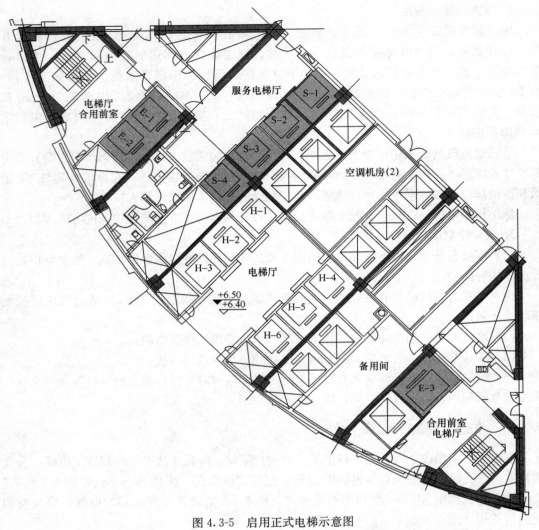

图 4.3-5　启用正式电梯示意图

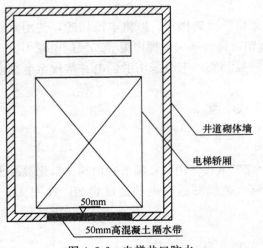

图 4.3-6　电梯井口防水

机等机械过热，需要对电梯机房的通风系统进行改进，增加散热措施。必要的情况下考虑在电梯机房设置空调以对电梯机房进行降温，保证电梯的高效安全运行。

（3）操作、保养人员安排

派专业操作人员对正式电梯进行操作，操作人员上岗前要进行该正式电梯使用的专项培训，掌握正式电梯的使用规程，考核合格后方可上岗，严禁非专业操作人员对电梯进行操作。电梯使用过程中电梯生产厂家派专人进行日常维护，发现问题及时解决。

（4）安全措施

为保证电梯安全运行，防止因为违章或

违规操作引发安全事故，电梯在运行过程中应严格按照表 4.3-2 所示的安全规定操作。

电梯安全操作规程

表 4.3-2

序号	工况	安 全 规 定
1	运行中	梯笼乘人、载物时必须使载荷均匀分布，严禁超载作业
		施工电梯启动前必须先鸣笛警示，夜间操作应有足够照明
		在电梯运行中，司机不准做有妨碍电梯运行的动作，不得离开操作岗位。应随时注意电梯各部声响、温度、气味和外来障碍物等，发现反常现象应及时停机检查处理，故障未排除严禁运行
2	停止运行	电梯未切断电源开关前，司机不得离开操作岗位
		作业完成后，将梯笼降到底层，各控制开关扳至零位，切断电源，锁好闸箱和梯门
		下班后按规定进行清扫、保养、并做好当班记录
		凡遇有下列情况时应停止运行：1. 灯光不明、信号不清；2. 机械发生故障未排除；3. 钢丝绳断丝磨损超过报废标准

3. 成品保护措施

在电梯投入施工使用过程中，对电梯的重点部位有针对性地采取以下措施，以保护电梯设备：

电梯厅门：利用原有保护膜进行保护；

外呼叫按钮、外呼叫面板：在临时使用期间暂不安装；

轿门：利用原有保护膜进行保护；

操作面板：利用原有保护膜进行保护，若原有保护膜破坏，则重新贴膜进行保护；

吊顶：暂不安装或采用临时材料安装；

门槛：设置专门的保护装置进行保护；

轿厢面板、地面、电梯厅门采用专门的材料及方法进行保护。

具体保护措施如图 4.3-7 所示。

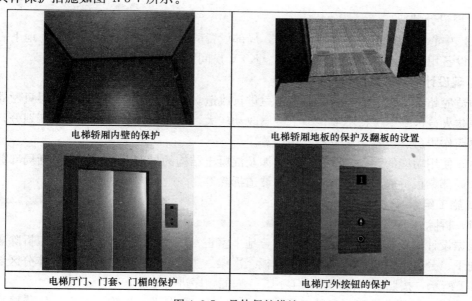

<table>
<tr><td>电梯轿厢内壁的保护</td><td>电梯轿厢地板的保护及翻板的设置</td></tr>
<tr><td>电梯厅门、门套、门楣的保护</td><td>电梯厅外按钮的保护</td></tr>
</table>

图 4.3-7　具体保护措施

4. 使用配套措施及整修方案

（1）临时施工使用电梯的人、货分流。

（2）临时施工使用电梯的停站错开。

（3）电梯使用的申请制度。

（4）临时施工使用电梯材料运送的管理措施。

（5）在显眼位置标示电梯载重限制警告。

（6）特殊材料如液态物体、半液态物体（水、水泥浆、石灰浆、涂料等）和扬尘物体（水泥、黄砂、石灰粉、石膏粉等）等，应采取防污染措施。

（7）由于作为临时施工使用的电梯都是高速电梯，故在运送材料时，货物堆放要均衡，尽量做到载荷在轿底均匀分布，防止偏载对电梯高速运行造成的影响。

（8）严禁运输超长物件。

（9）保持临时施工时电梯使用。

（10）电梯使用过程中温度控制。

5. 共用电梯使用申请

E1～E3 为整个大楼的货梯并兼作消防电梯，电梯管理权归属于物业，因此使用时执行使用申请制度。施工单位于使用前一天填写电梯使用申请单，包括使用的电梯编号、使用时间、运输物品、运输负责人等，由施工单位、建设单位相关负责人签字确认，报送物业确认，使用时将申请单交电梯司机。

4.4 混凝土结构改造施工

4.4.1 混凝土结构局部拆除

1. 原设计情况

京广中心地下室为钢筋混凝土结构，局部设置剪力墙，原设计地下二层、地下三层为车库、设备用房。地下一层为后勤用房、KTV 房间等。

2. 现设计情况

为适应超五星级酒店需要，对地下室进行改造。其中地下二层及地下三层只做局部调整，原防火分区基本保持不变，地下一层改动较大，功能布置及防火分区重新划分，改造后主要用作厨房、设备用房及后勤用房等。

由于使用功能的改变，改造过程中涉及混凝土结构的局部拆除，主要包括局部剪力墙拆除，局部梁板拆除、楼梯拆除、汽车坡道拆除等。

3. 施工组织

（1）拆除施工部署

根据设计图纸及现场实际情况，结合地下室正常使用要求，确定总体施工拆除顺序为从上向下、分区域进行拆除，必须按楼板、次梁、主梁的顺序进行施工。具体分区部署如图 4.4-1 所示，按照①→②→③→④→⑤→⑥的顺序进行施工。

楼梯拆除：其中③区与⑥区楼梯最后由 B1→B3 方向进行拆除，并先拆新建楼梯部位

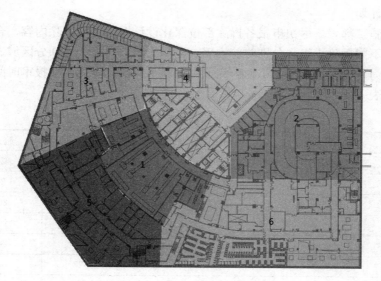

图 4.4-1　地下室拆除分区示意图

的板与梁，使得新建楼梯尽快完成，保证在施工过程中留有上、下通道。

车道拆除：拆除过程中确保地下室非施工区域正常使用，就必须考虑新建与原有车道的投入使用顺序，原有车道必须在新建车道完成施工任务后及附楼拆除完毕后方可进行拆除工作。

剪力墙拆除：按设计位置放线，确认其上部所有荷载已清除。并对剪力墙上部楼板进行临时支撑，设计须加固时先完成加固施工，之后自上而下拆除。

梁板拆除：按照设计要求进行放线，并在拆除部位下层四周设置围挡。对重要部位或大面积开洞时，为保证结构的稳定性，对所拆除楼板四周进行临时支撑，待加固作业完成后再进行拆除。

（2）施工准备

技术准备：进场后立即组织项目有关人员认真阅读熟悉图纸、领会设计意图、掌握工程建筑和结构的形式和特点、详细勘察现场实际情况、编制详细的拆除施工方案及各部位拆除深化设计图。

现场准备：在开始工作前，做好临水、临电的交接以及室外垃圾堆放等平面布置的安排。

（3）劳动力计划（表 4.4-1）

混凝土结构局部拆除施工劳动力计划表

表 4.4-1

序号	名称	人数	备注
1	机操工	50	—
2	气焊工	10	—
3	架子工	7	—
4	壮工	24	渣土运输
5	电工	2	—
6	总人数	93	高峰期

（4）进度计划

根据分区施工部署，尽快申报各拆除部位深化设计图。根据拆除内容，合理地组织流水施工，划分不同拆除小组；分别对剪力墙、混凝土梁、楼板、楼梯分区域进行拆除。合理地安排劳动力，以保证在规定工期内完成拆除施工。深化设计方案报审时间与各部位拆除施工时间如表 4.4-2 所示。

深化设计方案报审时间与各部位拆除施工时间表　　　　　　　　表 4.4-2

层次	施工区域	申报深化方案时间	施工开始日期	施工完成时间
地下一层	①号区域	2010.9.13	2010.9.20	2010.9.26
	②号区域	2010.9.18	2010.9.24	2010.10.5
	③号区域	2010.9.23	2010.10.4	2010.10.15
	④号区域	2010.9.28	2010.10.14	2010.10.17
	⑤号区域	2010.10.5	2010.10.16	2010.10.30
	⑥号区域	2010.10.12	2010.10.28	2010.11.12
地下二、三层	①号区域	—	无拆除工作	—
	②号区域	2010.10.15	2010.11.13	2010.11.20
	③号区域	2010.10.15	2010.11.13	2010.11.20
	④号区域	—	无拆除工作	—
	⑤号区域	2010.10.19	2010.11.13	2010.11.20
	⑥号区域	2010.10.19	2010.11.13	2010.11.20

4. 施工工艺

混凝土结构改造的施工工艺较多，包括人工破碎、机械拆除、静力切割、高压水射流等，其中静力切割及高压水射流由于其对原结构的保护性，在既有建筑混凝土结构改造中得到广泛的应用。

静力切割技术包含金刚石液压绳锯切割、金刚石圆盘锯切割、金刚石薄壁钻（水钻设备）。

（1）金刚石液压绳锯切割

1）技术简介

金刚石液压绳锯切割是通过液压电动机高速驱动带有金刚石串珠的钢丝绳索（金刚石锯绳）绕着被切割物体运转，在一定张拉力的作用下，高速磨削被切割物体，产生的磨屑和热量被冷却水带走，最终达到分离被切割物体的目的，从而完成切割工作。由于使用金刚石颗粒做研磨材料，故此可以进行石材、钢筋混凝土等坚硬物体的切割。适用于大型钢筋混凝土结构物切割拆除，如楼房整体切割拆除；各种钢筋混凝土桥梁、桥台、桥墩和基础的切割拆除；技术难度高的水下结构物切割及对施工所产生的振动和对噪声有特别要求的建筑物切割拆除。

2）技术特点

切割是在液压电动机带动下进行的，液压泵运转平稳，并且可以通过高压油管远距离控制液压电动机，所以切割过程中的振动和噪声很小；被切割混凝土构件能在平稳的情况下被静态分离。

切割过程中高速运转的金刚石绳索采用水冷却，并将研磨碎屑带走，产生的循环水可以收集重复利用。

不受被切割混凝土构件的形状和大小的限制，可以任意方向切割，如对角线方向、竖向、横向等。

液压金刚石绳锯切割速度快、功率大，是其他类型切割方法所无法比拟的。

3）施工流程（图 4.4-2）

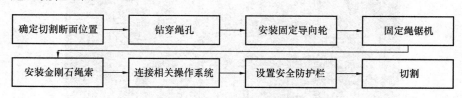

图 4.4-2　绳锯切割施工流程图

4）施工工艺

① 固定绳锯机及导向轮

用 M16 化学锚栓固定绳锯主脚架及辅助脚架，导向轮安装一定要稳定，且轮的边缘一定要和穿绳孔的中心线对准以确保切割面的有效切割速度，严格执行安装精度要求。

② 安装绳索

根据已确定的切割形式将金刚石绳索按一定的顺序缠绕在主动轮及辅助轮上，注意绳子的方向应和主动轮驱动方向一致。

③ 相关操作系统的连接及安全防护技术措施

根据现场情况，水、电、机械设备等相关管路的连接应正确规范、相对集中，走线摆放严格执行安全操作规程，以防机多、人多和辅助设备、材料乱摆、乱放而造成的事故隐患。绳索切割过程中，绳子运动方向的前面一定用安全防护栏防护，并在一定区域内设置安全标志以提示行人不要进入施工作业区域。

④ 切割施工

启动电动机，通过控制盘调整主动轮提升张力，保证金刚石绳适当绷紧，供应循环冷却水；再启动另一个电动机，驱动主动轮带动金刚石绳索回转切割。切割过程中必须密切观察机座的稳定性，随时调整导向轮的偏移以确保切割绳在同一个平面内（图4.4-3）。

图 4.4-3　绳锯切割框架梁

⑤ 切割参数的选择：切割过程中通过操作控制盘调整切割参数，确保金刚石绳运转线速度在 20m/s 左右；另一方面切割过程中应保证足够的冲洗液量以保证对金刚石绳的冷却，并把磨削下来的粉屑带走。切割操作做到速度稳定、参数稳定、设备稳定（图 4.4-4）。

图 4.4-4 绳锯切割后效果

5）施工设备及材料

施工主要设备（表 4.4-3）

主要施工设备表 表 4.4-3

序号	机械或设备名称	型号规格	国别产地	额定功率（kW）	生产能力
1	金刚石圆盘锯	DLP-32	进口	32	良好
2	金刚石绳锯	DSM-10A	进口	18.5	良好
3	喜利得电锤	TE-76	进口	1.3	良好
4	金刚石薄壁钻	MK-180	进口	3.6	良好
5	风镐	—	国产	15	良好
6	电镐	—	国产	2.5	良好
7	挖掘机		国产	—	良好
8	铲车		国产		良好
9	交流电焊机	23~28kVA	国产	21	良好
10	渣土车	—	国产	—	合格
11	拖板车	40t	国产		良好
12	小型起重机	专用	国产	1.5	良好
13	小型龙门吊	专用	国产	1.8	良好

施工主要材料（表 4.4-4）：

主要材料表 　　　　　　　　　　　　　　　　　表 4.4-4

序号	名　称	规　格	用　途
1	钢管	Φ48×3.5	卸荷支撑
2	扣件		卸荷支撑
3	可调支撑	KTC-600	卸荷支撑
4	木枋	50×100	卸荷支撑
5	防尘网	—	—
6	脚手板	标准	—
7	彩条布	—	—

（2）金刚石圆盘锯切割

1）技术简介

金刚石圆盘锯包括液压墙锯（又名液压碟锯）、电动墙锯两种。采用液压或电动装置连接固定人造金刚石圆盘锯，在一定的压力下沿固定导轨对钢筋混凝土进行高速磨削，最终沿轨道布置方位使混凝土被切割分离。切割是在液压电动机驱动下进行的，液压泵运转平稳，并且可以通过高压油管远距离控制操作，也可通过导轨的不同安装形式实现任意角度的切割，所以切割过程中不但操作安全方便，而且振动和噪声很小，被切割物体能在几乎无扰动的情况下被分离。切割过程中高速运转的金刚石锯片靠水冷却，并将研磨碎屑带走。适用于一般钢筋混凝土墙、板切割、拆除或开门洞及切割面要求光滑、平直、美观的混凝土切割。

2）技术特点

① 金刚石墙锯机切割面光滑整齐。

② 切割中锯机的移动方向受轨道控制，切割位置准确。

③ 无振动、低噪声、环保、安全无污染。

④ 切割厚度可以根据锯片的大小调整。

3）技术标准

① 切割锯片与切割深度

锯片直径与切割深度的关系见表 4.4-5。

锯片直径与切割深度的关系 　　　　　　　　　　　　　表 4.4-5

锯片直径（mm）	800	1200	1600
切割深度（mm）	330	530	730

② 轨道安装偏差控制在 3mm 以内，锯片固定完成后检查调整锯片与切割面的垂直度。

③ 平行于墙体切割楼板时，距离墙边最小切割距离为 30mm。

4）施工流程

金刚石圆盘锯切割施工流程见图 4.4-5。

5）施工工艺

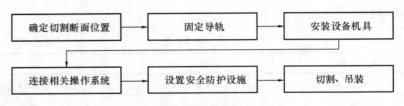

图 4.4-5　金刚石圆盘锯切割施工流程图

① 圆盘锯固定——导轨安装

导道使用 HILTI 专用导轨,导轨固定采用喜利得高强度锚栓,安装过程使用激光定位仪保证轨道连接的直线度(图 4.4-6)。

图 4.4-6　金刚石圆盘锯安装示意图

② 切割参数的选择

液压电动机驱动金刚石圆盘锯高速运转,磨削混凝土被切割块。切割过程中用水冷却,并冲走粉屑。切割过程中保证金刚石圆周线速度达到 5～8m/s 才能进行有效切割,这可通过控制操作盘进行调控,但每次切割深度不要超过 200mm。采用浅切快跑的方式来回进行逐步加深的切割,否则,一旦金刚石锯片受力变形,不能保证其刚性平面度,会影响切割速度,甚至会发生机械伤害事故。

(3)金刚石薄壁钻切割(水钻设备)。

1)技术简介

金刚石薄壁钻拆除混凝土结构是由钻孔机带动金刚石薄壁钻头加压、回转,钻头胎体金刚石颗粒研磨切削钢筋和混凝土完成钻孔切割工作。钻进过程中采用冷却水、并携带出磨削下来的粉屑。钻孔施工适用于任何混凝土构筑物，一次成孔孔径为 $\phi14\sim\phi350mm$，孔深可达 6m。采用连续排孔法施工，可实现各种形状洞口的切割及各种构筑物拆除。

2）技术特点

金刚石薄壁钻切割拆除混凝土结构低噪声、无振动、无粉尘污染。对结构无不良影响，使用简单、灵活，施工速度快。可以进行 $0\sim90°$ 范围变角度钻孔。排孔可以实现切割分离。

3）施工流程

金刚石薄壁钻切割拆除混凝土施工流程见图 4.4-7。

图 4.4-7　金刚石薄壁钻切割施工流程图

4）施工工艺

① 放线确定钻孔位置：采用十字画线法确定钻孔中心，孔位偏差不超过 3mm。

② 底座的安装：采用 M16 化学锚栓或胀栓固定基座，保持机头、钻头和钻孔位置在同一垂直面内。

③ 钻孔：人工施加前进力，控制力度均匀。利用连续钻孔进行切割时，钻孔采用 $\phi89mm$ 或 $\phi108mm$ 孔径施工，1m 长度方向上布置钻孔数为 12～13 个。切割直线偏差小于 20mm。

④ 取芯：将钻具内的混凝土取出，进一步钻进，直至切割完成。

⑤ 清理边缘：采用角磨机对边缘进行清理，达到边缘平整。

（4）高压水射流施工工艺

1）技术简介

该技术属于静力铣刨方式，由高压泵加压，产生 100～280MPa 的高压水射流，射入混凝土表面。高压水在混凝土中产生一个超压，当其压力超过混凝土的抗拉强度时，混凝土发生破碎。多孔材料混凝土具有很高的综合粘结力但抗拉力却小约 10 倍；水穿透混凝土孔隙产生内压；当内压超过混凝土的抗拉力时，混凝土就被破除（图 4.4-8）。

注高压水流　　　　击打混凝土表面　　　　破除混凝土

图 4.4-8　高压水射流工作原理

2）技术特点

高压水射流拆除可以选择性破除混凝土，可以凿毛、破除任意角度和高度的混凝土。施工中无振动，对原结构及需要保留的钢筋无任何扰动及损伤，凿毛或破除后的界面呈现洁净、坚硬的凹凸齿状，有利于新旧界面的紧密结合，大功率设备破除深度可控制在±3mm，手持设备可控制在±50mm。施工过程不产生粉尘污染。

3）施工流程

高压水射流施工流程见图4.4-9。

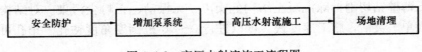

图4.4-9　高压水射流施工流程图

4）施工工艺

① 安全防护

高压水射流初始速度快，破除后的混凝土碎块四处飞溅。操作人员需穿着专业防护服，并在施工现场8m×8m范围内设置防护围挡，并有专人负责跟班看护，无关人员不得进入施工区域。

② 增压泵系统

连接相关高压系统后，调节高压水射流压力、流量、冲程进行混凝土柱试验性破除，待达到合适设备参数后再进行正常破除混凝土。压力、流量及冲程性能如表4.4-6所示。

增压泵系统性能表   表4.4-6

序号	压力	流量	冲程数	清洗深度
1	130~140MPa	200lpm	1	90mm
2	130~140MPa	200lpm	2	160mm
3	130~140MPa	200lpm	3	230mm
4	130~140MPa	200lpm	4	300mm
5	140~150MPa	200lpm	1	120mm
6	140~150MPa	200lpm	2	230mm
7	140~150MPa	200lpm	3	300mm
8	140~150MPa	200lpm	4	350mm

智能机器人泵站配备的750kW高压水泵，流量可达342L/m。具体技术参数如表4.4-7所示。

智能机器人技术参数表   表4.4-7

名　称	尺　寸	名　称	尺　寸
长度	3400mm	轮宽	1880~2580mm
运输宽度	2300mm	水束箱宽	2000mm
切割宽度	2100mm	顶部切割高度	6000mm
竖向切割高度	6400mm	轮平面下切割深度	3300mm
高度	1770mm	总量	2400kg
电功率	11kW（380~480V）	可承受反作用力	2000kN

③ 水射流施工

采用高压水射流技术凿除钢筋混凝土，能够只去除混凝土部分，保留混凝土中的钢筋。主要原因为：混凝土为多微孔结构，而钢筋为密实结构。混凝土的多微孔结构使喷射出的水可以进入混凝土内部，水在混凝土内部形成超过混凝土抗拉强度的张力，破碎掉混凝土。但是，钢筋（包括拴在钢筋上的铁丝）是匀质材料，结构密实、没有缝隙，水无法进入钢筋或铁丝内部，所以高压水射流不会损害到钢筋等结构。

当高压水射流需要切割钢筋或钢板时，需要在水中加入磨砂等硬体微粒，形成磨料水射流才能对钢筋或钢板产生作用。因此，清水只破碎混凝土，水中加特制磨砂才能切割钢筋。

高压水射流施工采用主要设备如表 4.4-8 所示：

主要施工设备表 表 4.4-8

序号	设备名称	单位	数量	用　途	图　片
1	高压泵站	台	2	提供水力破除高压水	
2	手提枪	把	2	破碎混凝土（人工控制）	
3	机器人	台	1	破碎混凝土（智能控制）	

（5）发展趋势

既有建筑混凝土结构保护性拆除，能够在拆除施工中最大限度地保护既有混凝土结构，降低其受到的影响、减少破坏。但是无论采取何种技术，仍不能完全消除对结构的影响，尤其对于大型建筑，任何一个轻微的影响都可能被放大，造成严重后果。因此需要不断地通过技术创新，各方共同深入研究，在现有技术的基础上改进施工工艺、施工设备，在施工中采取技术措施，将影响降至最低。

随着改造工程的不断增多，既有建筑混凝土保护性拆除技术将得到越来越多的运用，并且会产生新的施工工艺，具有极高的发展前景。

5. 质量控制要点

（1）施工前管理人员应认真学习施工规范、工艺标准、设计要求和施工组织或施工方案，做到心中有数。

（2）做好对施工人员的技术交底，并对参施人员进行质量及安全教育。

（3）改变施工工艺必须经双方协商同意，工程设计变更一律以书面通知为准。

（4）机械施工时应设专人指导，严格按照操作规程进行施工作业，不得违章施工。

（5）施工过程严格执行施工过程控制程序，确保施工质量。

（6）现场成立质量监控小组，严格按照国家有关规范、规程要求施工，实行全面质量管理。

（7）执行三级质量管理制度，即施工个人自检、下道工序上检、质量员把关。

（8）对不拆除部位成品保护。

1）结构拆除时，不得在原有结构上进行锤击和敲打，以免破坏原结构。

2）同时对拆除周围的一些须保护的设备、管线遮盖挡板，对须保护的建筑设施和结构进行保护。

（9）在拆除过程中如发现下列情况，施工单位应立即通知建筑师，待建筑师指示后方可继续施工：

1）现有结构变形。

2）现有结构钢筋锈蚀。

3）出现裂缝。

4）图纸设计与现场实际情况不符。

6. 安全控制要点

（1）所有操作架、支撑、脚手架所用材料及搭设方法必须符合安全要求。搭设完毕后要经过业主、顾问单位、监理单位验收，验收合格后方可施工。同时还应架设好围护及挂好安全网。严禁随意拆除和私自挪用安全防护设施。

（2）高处作业时作业面必须满铺脚手板，设两道防护栏。脚手板下设水平兜网，必须挂安全带，并与可靠的安全防护设施挂接。

（3）严禁施工人员在同一垂直线上下施工，防止高处物体坠落伤人。不可交叉作业。

（4）施工中严禁用重锤击打墙、地面和结构梁、柱，以免造成原结构破坏。拆除后的废钢、垃圾及时清运，不允许堆放在外架上，不得在现场一次堆放过高或过多。

拆除时须设警戒线、围栏、通道标识牌及落物警示牌，拆除物料严禁往楼下投掷。

（6）临时电闸箱等用电设备接线必须按相关标准接驳。配电箱配置合理，各开关灵敏可靠、试验合格，临时电线要符合安全规定。

（7）施工人员要认真检查所用机具，经过试运转符合安全施工要求后，方可投入使用。

（8）拆除作业的临边及洞口处，均须派专人搭设 1.2m 高的护身栏，并满挂密目安全网。未经允许，任何人不得私自拆除。

7. 绿色施工控制要点

（1）认真执行建筑工程现场有关管理规定。施工现场做到场地平整、道路畅通、照明充足，无长流水、长明灯。垃圾做到日集日清、容器存放、专人管理、统一清运。

（2）认真贯彻执行国家环保法规，合理安排作业时间。拆除时为降低粉尘污染，应随时洒水降尘，作业人员应配备相应的劳保防护用品。

（3）为保证现场环境清静应选用噪声小的机械设备，确保施工现场周围人员正常的工作与休息环境。防止施工污染应尽量减少夜间施工，要尽可能低噪声运转。合理安排工序，控制施工时间，早6点以前、晚10点以后尽量不安排大型机械施工作业，不影响居民休息。

（4）施工中确保现场干净整洁，指派专人负责现场环境卫生。同时，教育职工提高环保意识，不人为制造噪声，杜绝野蛮施工。

（5）装运渣土、垃圾等一切产生粉尘、扬尘的车辆，必须覆盖封闭。

（6）防止施工车辆在运输过程中随地散落，落实施工现场门前三包制。自卸汽车每日完工后，人工清扫大门外汽车经过的20m的路面，保持路面清洁卫生。每次自卸汽车出现场应清扫车辆，保持驶出车辆整洁卫生。

（7）严禁在施工区焚烧会产生有毒或恶臭气体的物质。

（8）现场废旧材料多、机械多，人、车辆来往频繁，各种材料按规定堆放并备运。凡夜间能运输的材料，尽量安排在夜间运输，天亮前打扫干净。

4.4.2 混凝土结构加固

1. 原设计情况

京广中心地下室为钢筋混凝土结构，局部设置剪力墙，原设计地下二层、地下三层为车库、设备用房。地下一层为后勤用房、KTV房间等。

2. 现设计情况

为适应超五星级酒店需要，对地下室进行改造。其中地下二层及地下三层只做局部调整，原防火分区基本保持不变，地下一层改动较大，功能布置及防火分区重新划分，改造后主要用作厨房、设备用房及后勤用房等。

由于使用功能的改变，需要对原结构进行加固。根据加固部位的不同及荷载分布情况，本工程主要采用的加固方法包括增大截面植筋加固、粘钢加固、外粘型钢加固、裂缝修补四种加固方法。

3. 加固技术概述

（1）增大截面植筋加固

增大截面植筋加固是通过增加原结构的受力钢筋，同时在外侧新浇筑混凝土以增大构件截面来提高构件强度、刚度、稳定性和抗裂性。这种加固方法适用范围广，可用于加固混凝土受弯和受压构件。

根据构件受力特点和加固目的、构件的几何尺寸等因素，可设计为单侧、双侧或四面包套加固。例如梁常用上、下侧加厚层加固，中心受压柱常用四面外包套加固，偏心受压柱常用单侧或双侧加层加固。加固中应将新旧钢筋加以焊接，增强新旧混凝土的结合能力。

由于新旧混凝土的结合面抗剪强度远低于整体浇筑混凝土的抗剪强度，新混凝土的收缩、弹性变形、塑性变形、徐变等与旧混凝土存在差异，甚至出现裂缝，结合面上抗渗、抗冻性能均会降低。因此结合面混凝土所具有的粘结抗剪力，低于受剪承载力要求，须配置一定数量的贯通结合面的剪切—摩擦筋来抵抗结合面出现的剪力。设计时须对加固的结合面进行抗剪验算，同时在工艺上采取适当措施。

根据中国建筑科学研究院结构所的实验研究，可按下式计算：

$$\tau \leqslant f_{\mathrm{v}} + 0.56\, \rho_{\mathrm{sv}}\, f_{\mathrm{y}}$$

式中　　τ——结合面剪力设计值；

f_{v}——结合面混凝土抗剪强度设计值，按表 4.4-9 数据采用；

ρ_{sv}——横贯结合面的剪切—摩擦筋率，$\rho_{\mathrm{sv}} = A_{\mathrm{sv}}/(bs)$；

A_{sv}——配置同一截面内箍筋各肢的全截面面积；

b——截面宽度；

s——箍筋的间距；

f_{y}——剪切—摩擦筋抗拉强度设计值。

上述公式是保证混凝土加固结构新旧两部分结构按整体截面共同作用的必要条件，但并非充分条件。即使是轴心受压，加固柱的初始纵向裂缝也总是最先出现在结合面，致使新旧两部分混凝土过早分离而单独受力，降低了结构整体刚度，因此，加固柱试验破坏荷载比整体浇筑对比柱试验破坏荷载低。实际设计时，考虑这一因素的影响，加固结构承载力可采用截面组合系数衡量。

结合面混凝土抗剪强度 　　　　　　　　　　　　　　　　　　　表 4.4-9

混凝土强度等级		C10	C15	C20	C25	C30	C35	C40	C45	C50	C60
粘结抗剪	标准值（MPa）	0.25	0.32	0.39	0.44	0.50	0.54	0.58	0.62	0.66	0.73
	设计值（MPa）	0.19	0.24	0.29	0.33	0.37	0.40	0.43	0.46	0.49	0.54
本身抗剪	标准值（MPa）	1.25	1.70	2.10	2.50	2.85	3.20	3.50	3.80	3.90	4.10
	设计值（MPa）	0.90	1.25	1.75	1.80	2.10	2.35	2.60	2.80	2.90	3.10

对于四面采用混凝土围套加固的梁、柱，一般采用封闭式箍筋，部分整体浇筑混凝土参加抗剪，所以，结合面受剪承载力较高，一般都能满足抗剪要求。

（2）粘钢加固

粘钢加固技术是以结构胶作为胶粘剂，将加固用的钢板或型钢牢固地粘结在各种钢筋混凝土构件并与之共同受力满足结构承载力要求。该技术特点是简单、快速、不影响结构外形和使用空间，施工工期短，施工时可以不动火，对生产和生活影响较小。其适用条件如下：

1）粘钢加固适用于对钢筋混凝土受弯、受拉和大偏心受压构件的加固。本方法不适用于素混凝土和钢筋纵筋配筋率小于现行国家标准《混凝土结构设计规范》GB 50010 规定的最小配筋率构件的加固。

2）被加固的混凝土结构构件，其现场实测混凝土强度不得低于 C15，且混凝土表面的正拉粘结强度不得低于 $1.5N/mm^2$。

3）粘结在混凝土构件表面上的钢板，其表面应进行防锈处理。表面防锈材料对钢板及胶粘剂应无害。当加固构件有防火要求时，应按现行国家标准《建筑设计防火规范》GB 50016 规定的耐火等级和耐火极限要求，对胶粘剂和钢板进行防护。

4）由于对粘钢用胶粘胶的试验不够系统全面，粘钢加固目前主要还限于承受静载作用的一般受弯和受拉构件加固，且环境温度不超过 60℃ 及相对湿度较小的地区。当常年相对湿度大于 70% 时，要有可靠的防护措施。处于特殊环境混凝土采用粘钢加固时还应采用耐环境因素作用的胶粘剂，并按专门的工艺要求进行施工。

5）粘贴钢板加固钢筋混凝土结构构件时，钢板受力方式仅考虑轴向应力作用。

6）粘贴钢板加固钢筋混凝土结构时，应卸除或大部分卸除作用在结构上的活荷载。

矩形截面受弯构件的受拉面和受压面粘贴钢板进行加固时，其正截面承载力应符合如图 4.4-10 所示规定：

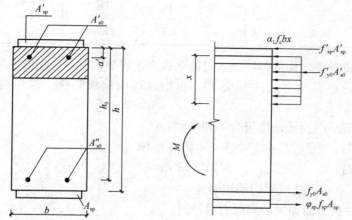

图 4.4-10　矩形截面正截面受弯承载力计算简图

$$M \leqslant \alpha_1 f_{c0}bx\left(h - \frac{x}{2}\right) + f'_{y0} A'_{s0}(h - a') + f'_{sp} A'_{sp}h - f_{y0}(h - h_0)$$

$$\alpha_1 f_{c0}bx = \varphi_{sp} f_{sp} A_{sp} + f_{y0} A_{s0} - f'_{y0} A'_{y0} - f'_{sp} A'_{sp}$$

$$\varphi_{sp} = \frac{(0.8\varepsilon_{cu}h/x) - \varepsilon_{cu} - \varepsilon_{sp,0}}{f_{sp}/E_{sp}}$$

$$x \geqslant 2a'$$

式中　M——构件加固后弯矩设计值；

　　　x——等效矩形应力图形的混凝土受压区高度，简称混凝土受压高度；

　b、h——矩形截面宽度和高度；

f_{sp}、f'_{sp}——加固钢板的抗拉和抗压强度；

A_{sp}、A'_{sp}——受拉钢板和受压钢板的截面面积；

　　　a'——纵向受压钢筋合力点至截面近边的距离；

　　　h_0——构件加固前截面有效高度；

ψ_{sp}——考虑二次受力影响时，受拉钢板抗拉强度有可能达不到设计值而引用的折减系数，当 $\psi_{sp}>1.0$ 时，取 $\psi_{sp}=1.0$；

$\varepsilon_{sp,0}$——考虑二次受力影响时，受拉钢板的滞后应变；

ε_{cu}——混凝土极限压应变，取 $\varepsilon_{cu}=0.0033$。

当考虑二次受力影响时，加固钢板的滞后应变 $\varepsilon_{sp,0}$ 应按下式计算：

$$\varepsilon_{sp,0} = \alpha_{sp} M_{0k}/E_s A_s h_0$$

式中 M_{0k}——加固前受弯构件验算截面上作用的弯矩标准值；

α_{sp}——综合考虑受弯构件裂缝截面内力臂变化、钢筋拉应变不均匀以及钢筋排列影响的计算系数，按表 4.4-10 的规定采用。

计算系数 α_{sp} 值

表 4.4-10

ρ_{te}	≤0.007	0.010	0.020	0.030	0.040	≥0.060
单排钢筋	0.70	0.90	1.15	1.20	1.25	1.30
双排钢筋	0.75	1.00	1.25	1.30	1.35	1.40

采用扁钢条带对受弯构件的斜截面受剪承载力进行加固时，应粘贴成垂直于构件轴线方向的加锚封闭箍或其他有效的 U 形箍。扁钢也可用钢板替代，但切割的边缘应加工平整。

受弯构件加固后的斜截面应符合下列条件：

当 $h_w/b \leqslant 4$ 时，$\qquad V \leqslant 0.25\beta_c f_{c0} b h_0$

当 $h_w/b \geqslant 6$ 时，$\qquad V \leqslant 0.2\beta_c f_{c0} b h_0$

当 $4 < h_w/b < 6$ 时，按线性内插法确定。

式中 V——构件斜截面加固后的剪力设计值；

h_w——截面的腹板高度：对矩形截面，取有效高度；对 T 形截面，取有效高度减去翼缘高度；对 I 形截面，取腹板净高。

采用加锚封闭箍或其他 U 形箍对钢筋混凝土梁进行抗剪加固时，其斜截面承载力应符合下列规定：

$$V \leqslant V_{b0} + V_{b,sp}$$

$$V_{b,sp} = \psi_{vb} f_{sp} A_{sp} h_{sp}/s_{sp}$$

式中 V_{b0}——加固前梁的斜截面承载力，按现行国家标准《混凝土结构设计规范》GB 50010 计算；

$V_{b,sp}$——粘贴钢板加固后，对梁斜截面承载力的提高值；

ψ_{vb}——与钢板的粘贴方式及受力条件有关的抗剪强度折减系数，按表 4.4-11 所示数据采用；

A_{sp}——配置在同一截面处箍板的全部截面面积：$A_{sp}=2b_{sp}t_{sp}$，此处：b_{sp}、t_{sp} 分别为箍板宽度和箍板厚度；

h_{sp}——梁侧面粘贴箍板的竖向高度；

s_{sp}——箍板的间距。

抗剪强度折减系数ψ_{vb}值

表 4.4-11

箍板构造		加固封闭箍	胶锚或钢板锚 U 形箍	一般 U 形箍
受力条件	均布荷载或剪跨比 $\lambda \geqslant 3$	1.0	0.92	0.85
	剪跨比 $\lambda \leqslant 1.5$	0.68	0.63	0.85

（3）外粘型钢加固

外粘型刚加固法是在混凝土柱的四角或两面包以型钢的一种加固方法。采用外包钢加固，构件的截面尺寸加固不多，但混凝土柱的承载力可大幅度提高。对于方形或矩形柱，大多在柱的四角包角钢，并在横向用缀板连成整体；对于圆形柱、烟囱等圆形构件，多采用扁钢加套箍。

外粘型钢加固法是建筑物使用功能基本上不受影响的有效加固方法。外包角钢结构兼有钢结构和钢筋混凝土的优点：既能增大结构承载力但不会引起刚度较多的增加而导致地震作用的增大，同时又能利用型钢套箍和缀板对混凝土进行有效约束，提高混凝土的极限应变和抗剪能力，使结构的变形能力大大提高；如果在框架柱外包钢，可以转变弱柱为强柱，易于实现"强柱弱梁"，亦可部分降低核心柱混凝土的轴压比。此外，外粘型钢还能与节点一起进行加固，有利于实现"强节点弱构件"的设计原则，因此具有广阔的使用前景。

外粘型钢加固柱的截面刚度 EI，可近似地按下式计算：

$$EI = E_{c0} I_{c0} + 0.5 E_a A_a a_a^2$$

式中 E_{c0}，I_{c0}——分别为原构件混凝土弹性模量和截面惯性矩；

E_a——加固型钢的弹性模量；

A_a——加固柱一侧外包型钢的截面面积；

a_a——受拉与受压两侧型钢截面形心间的距离。

4. 轴心受压柱的正截面承载力

对于外粘型钢加固后为轴心受压的柱，其截面承载力可按下式计算：

$$N \leqslant 0.9\phi(f_{c0} A_{c0} + f'_{y0} A'_{s0} + \alpha_a f'_a A'_a)$$

式中 N——构件加固后轴向压力设计值；

ϕ——轴心受压构件的稳定系数，应根据加固后的截面尺寸，按现行国家标准《混凝土结构设计规范》GB 50010 采用；

α_a——新增型钢强度利用系数，除抗震设计取 $\alpha_a = 1.0$ 外，其他取 $\alpha_a = 0.9$；

f'_a——加固型钢的抗压强度设计值，应按现行国家标准《钢结构设计规范》GB 50017 的规定采用；

A'_a——全部受压肢型钢的截面面积。

5. 偏心受压构件的正截面承载力

由于加固柱受拉肢型钢存在应力滞后现象，其设计强度应予以折减。为了计算方便，对拉、压肢型钢可取用相同的强度折减系数 0.9。在外包钢加固柱中，外包型钢一般采用

43

对称式布置，外粘型钢加固柱的正截面承载力为

$$N \leqslant \alpha_1 f_{c0} bx + f'_{y0} A'_{s0} + \sigma_{s0} A_{s0} + \alpha_a f'_a A'_a - \alpha_a \sigma_a A_a$$

$$N_e \leqslant \alpha_1 f_{c0} bx(h_0 - x/2) + f'_{y0} A'_{s0}(h_0 - a'_{s0}) + \sigma_{s0} A'_{s0}(a_{s0} - a_a) - \alpha_a A'_a f'_a(h - a'_a)$$

$$\sigma_{s0} = (0.8 h_{01}/x - 1) E_{s0} \varepsilon_{cu}$$

$$\sigma_a = (0.8 h_{01}/x - 1) E_a \varepsilon_{cu}$$

式中　N——构件加固后轴向压力设计值；

　　　e——偏心距，为轴向压力设计值 N 的作用点至受拉型钢形心的距离，应按现行国家标准《混凝土结构设计规范》GB 50010 规定进行计算；

A'_{s0}，f'_{y0}——受压较大边纵向钢筋截面面积和抗压强度设计值；

A_{s0}，σ_{s0}——受拉边或受压较小边纵向钢筋截面面积和纵向钢筋应力；

A_a，σ_a——受拉肢或压力较小边型钢截面面积和应力；

A'_a，f'_a——受压肢型钢截面面积和应力；

　　a'_{s0}——原截面受压较大边纵向钢筋合力点至原截面近边的距离；

　　a_{s0}——原截面受拉边或受压较小边纵向钢筋合力点至原截面近边的距离；

　　a'_a——受压较大肢型钢截面形心至原截面近边的距离；

　　a_a——受拉肢或受压较小肢型钢形心至原截面近边的距离；

　　E_a——型钢的弹性模量；

　　h_{01}——加固前原截面有效高度；

　　h_0——加固后受拉肢或受压较小肢型钢的截面形心至原构件截面受压较大边的距离。

裂缝修补

在工业、民用建筑及桥梁、水工的砌体结构和钢筋混凝土结构中，出现裂缝是普遍现象。裂缝的存在会降低建筑物的整体性、耐久性、抗渗性和抗震性能，给使用者在感官上和心理上造成不良影响。在结构设计时，一般根据结构的使用功能及环境条件，对结构的裂缝加以控制。一般对工程中存在的裂缝进行评定时，应首先根据裂缝产生的部位、形态，对裂缝产生的主要原因进行分析，根除造成结构出现裂缝的根源。然后对那些超过规范允许宽度的裂缝进行灌浆修补，恢复结构的整体性、耐久性和抗震性能，对不允许出现裂缝的结构，如储液池等须另做表面防渗漏处理。

裂缝灌浆技术对于混凝土结构而言，只限于解决恢复结构的整体性、抗震性和耐久性；对砌体结构，此方法可恢复墙体的刚度、强度和整体性，适用于满铺、满砌的砌体，不适用于空心砖墙、空斗墙。

如果是由于地基不均匀沉降使结构产生的裂缝，首先应观测沉降是否已稳定，如果确认沉降未稳定应首先对地基进行加固处理，确认地基沉降已处于稳定状态时方可对裂缝进行灌浆处理。混凝土结构如果由于强度不够而出现的裂缝，待混凝土收缩变形完成后，即可开始进行灌浆加固。如果是结构构造、结构设计或结构施工等原因产生的裂缝，应首先经过分析判定裂缝对结构的安全性不构成危害，且因为开裂后应力被放松，裂缝开展已经稳定的这类裂缝可直接进行灌浆加固。

6. 施工组织

（1）施工部署

结构加固顺序为自下而上、逐层施工，按底板→框架柱→框架梁进行施工。结合施工现场，首先进行地下一层主配电室、商务配电室、二次换热机房、分界小室、地下二层二次换热机房五个部位的加固。其余，按照图 4.4-11 所示数字顺序，自地下三层至首层依此进行加固施工。

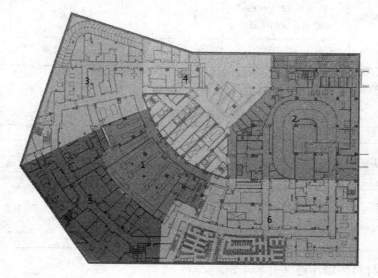

图 4.4-11　地下室混凝土结构加固分区示意图

（2）施工准备

技术准备：进场后立即组织项目有关人员认真阅读熟悉图纸、领会设计意图，掌握工程建筑和结构的形式和特点，详细勘察现场实际情况，编制详细的加固施工方案及各部位加固深化设计图。

现场准备：在工作开始前，做好临水、临电的交接以及室外垃圾堆放等平面布置的安排。

（3）劳动力计划

见表 4.4-12。

混凝土结构加固施工劳动力计划表　　　　　　　　表 4.4-12

序号	名称	人数	序号	名称	人数
1	架子工	7	4	电焊工	8
2	加固专业工种	30	5	总人数	46
3	电工	1			

（4）材料使用计划

根据预算提出材料供应计划，编制施工使用计划（表 4.4-13）。落实主要材料并根据施工进度控制计划安排，制定主要材料、半成品及设备进场时间计划。

材料使用计划   表 4.4-13

序号	名称	型号	单位	数量	用途	进场时间
1	钢板	—5mm、6mm、—10mm	t	90	梁、柱粘贴钢板	
2	植筋胶	喜利得 RE500	kg	1200	植筋	
3	粘钢胶	韩日 SSG-15S	t.	12	梁、柱粘贴钢板	加固工作开始
4	无收缩灌浆料	Sika Grout214 或相同表现的无收缩灌浆料	t	200	梁增大截面	前 3d 进场
5	封缝胶	—	kg	300	裂缝封闭	

（5）主要机具设备使用计划（表 4.4-14）

机具设备使用计划   表 4.4-14

序号	名称	主要型号	单位	数量	功率（kW）	用途
1	电锤	TE-76	台	20	1.3	植筋、植化学锚栓
2	钢筋探测仪	FS10	台	2	—	钢筋探测
3	钢筋拉拔仪	—	台	2	—	植筋质量检测
4	注胶器	—	个	100	—	压力注胶
5	角磨机	—	台	10	0.88	基面打磨处理
6	鼓风机	—	台	6	0.68	表面清理
7	台秤	—	台	1	—	结构胶配制称量

（6）周转材料使用计划（表 4.4-15）

周转材料使用计划   表 4.4-15

序号	名称	规格型号	数量	用途
1	钢管架	3m/6m	20t	封闭现场、搭设防护架
2	消防灭火器	MFZL5 型	20	预防消防事故
3	安全密目网	2000 目	100 块	安全防护
4	木跳板	50mm×200mm×4000mm	60 块	垫板和操作架

（7）深化设计计划

认真阅读熟悉图纸，结合现场情况考虑施工的可实施性，提出现场与设计图纸不相符的地方，积极配合设计单位，提供现场结构准确数据，进行图纸深化设计。具体报审时间如表 4.4-16 所示。

具体报审时间表   表 4.4-16

层次	施工区域	申报深化设计时间	开始施工时间
	主商务配电室	2010.9.20	2010.11.20
	二次换热机房、分界小室	2010.9.30	2010.11.30
地下三层至首层	①号区域	2010.10.8	2010.12.8
	②号区域	2010.10.15	2010.12.15
	③号区域	2010.10.20	2010.12.20
	④号区域	2010.10.25	2010.12.25

7. 施工工艺

（1）植筋加固

植筋加固是建筑结构抗震加固工程上的一种钢筋后锚固利用结构胶锁键握紧力作用的连接技术。在混凝土、墙体岩石等基材上钻孔，然后注入高强度植筋胶，再插入钢筋或型材，胶固化后将钢筋与基材粘结为一体，是加固行业较常用的一种建筑工程技术。

植筋加固技术是一项针对混凝土结构较简捷、有效的结构加固技术；可植入普通钢筋，也可植入螺栓式锚筋；现已广泛应用于既有建筑物的加固改造工程，如：施工中漏埋钢筋或钢筋偏离设计位置的补救，构件加大截面加固的补筋，上部结构扩跨、顶升对梁、柱的接长，房屋加层接柱和高层建筑增设剪力墙的植筋等。

1）工艺流程

植筋加固工艺流程如图 4.4-12 所示。

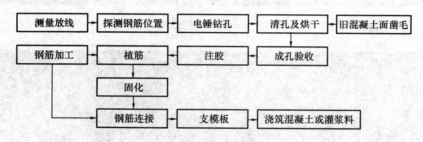

图 4.4-12　植筋加固工艺流程图

2）施工要点

① 测量放线

应认真阅读设计施工图，按设计图纸在植筋部位准确放线定位。检查被植筋位置混凝土表面是否完好，如存在表面缺陷应将缺陷修复后方可植筋。

② 探测钢筋位置

植入原结构的钢筋，首先用钢筋探测仪探测普查钢筋分布情况（图 4.4-13），并用红油漆标出。植筋时应避让原钢筋位置，防止伤及原钢筋。

③ 钻孔

根据钢筋直径、钢筋锚固深度要求

图 4.4-13　钢筋探测仪

选定钻头和机械设备，钻孔直径根据工艺要求一般为钢筋直径 $d+(4\sim8)$ mm 或由设计选定，深度满足设计图纸要求。

钻孔应避开原钢筋。钻孔过程中若未达到设计孔深而碰到结构主筋，不可打断或破坏，应另行在附近选孔位，废弃孔位以高强度修补砂浆填实（图 4.4-14）。

④ 混凝土表面凿毛

对原混凝土构件的新旧结合面进行剔凿，然后用无油压缩空气除去粉尘，或清水冲洗干净。表面处理效果如图 4.4-15 所示。

图 4.4-14　植筋钻孔

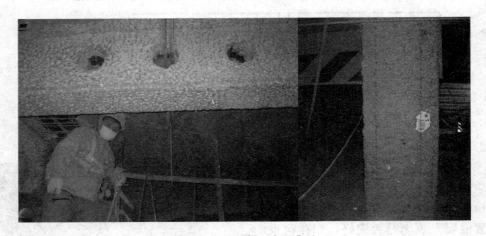

图 4.4-15　混凝土表面凿毛

⑤ 清孔

清除孔内集水、异物等，可采用空压机或手动气筒吹净孔内碎渣和粉尘。用清孔刷擦

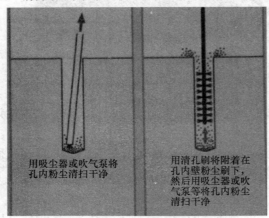

用吸尘器或吹气泵将孔内粉尘清扫干净

用清孔刷将附着在孔内壁粉尘刷下，然后用吸尘器或吹气泵等将孔内粉尘清扫干净

图 4.4-16　清孔示意图

去孔内粉尘，然后用吸尘器或吹气泵将孔内粉尘清扫干净。

按施工顺序每钻孔、清孔完成一定批量后，请甲方、监理方验收孔径、孔深、孔壁清理情况等内容，合格后方可进行下一步施工。植筋前，竖向孔要用木塞或棉丝等将孔堵上临时封闭，以防异物掉入孔内（图 4.4-16）。

⑥ 注胶

注胶时应将注胶器插入到孔的底部开始注胶，逐渐向外移动，直至注满孔体积的 2/3 即可（图 4.4-17）。

图 4.4-17 注胶

⑦ 植筋

钢筋植入部位必须除锈。将处理好的钢筋插入孔中，放入时缓慢转动钢筋，胶体充实无气泡、无孔洞，让孔与钢筋全面粘合，以胶体从孔内溢出为准。放入钢筋时要防止气泡发生。

⑧ 固化

在常温下自然养护，养护期间不应扰动，参照植筋胶使用说明严格控制固化时间。固化完成后进行拉拔试验（图 4.4-18）。

图 4.4-18 喜利得 RE500 植筋胶植筋拉拔试验

⑨ 钢筋连接

钢筋与植筋连接。当钢筋一端采用植筋时采用机械连接，其他采用绑扎搭接或焊接（图 4.4-19 和图 4.4-20）。

⑩ 混凝土或灌浆料的浇筑

植筋加固增大截面部分浇筑采用混凝土或灌浆料进行。截面较小时优先采用无收缩灌浆料进行浇筑，该材料流动度大、不泌水、无离析，现场只要加水搅拌即可使用。施工时无需振捣，采用人工浇筑进行施工。

图 4.4-19　梁加固钢筋绑扎完成

图 4.4-20　柱加固钢筋绑扎完成

浇筑前，检查基面处理情况。基面应清理干净，不得有油污、浮灰、粘贴物、碎石等杂物。

通过人工浇筑的方式从上层楼板剔凿的灌浆孔处进行浇筑，直至浇满为止（图 4.4-21）。

图 4.4-21　支模及浇筑灌浆料

⑪ 养护

浇筑后，构件 24h 内不得受到振动；日最低气温在 5℃ 以上时，进行 7d 洒水养护，浇水次数以保持灌浆料表面处于湿润状态为准（图 4.4-22）。

图 4.4-22　灌浆料浇筑完成后养护

3）常见节点做法

① 框架梁增大截面植筋详图（图 4.4-23）。

② 框架柱增大截面植筋详图（图 4.4-24）。

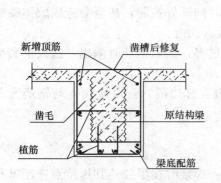

图 4.4-23　框架梁增大截面植筋详图

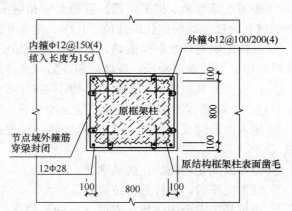

图 4.4-24　框架柱增大截面植筋详图

③ 加腋框架梁增大截面植筋详图（图 4.4-25）。

4）施工技术措施

① 混凝土基面处理时，应清除被加固构件表面的剥落、酥松、蜂窝、腐蚀等劣化混凝土，并用压力水冲洗干净，如构件表面凹处有积水应用麻布吸去。

② 原有构件混凝土表面处理，把构件表面的抹灰层铲除，对混凝土表面存在的缺陷清理至密实部位，并将表面凿毛，要求打成麻坑或沟槽，坑和槽深度不宜小于 6mm，麻坑每 100mm×100mm 的面积内不宜少于 5 个；沟槽间距不宜大于箍筋间距或 200mm，采用三面或四面外包方法加固梁、柱时，应将其棱角打掉。

③ 植筋锚固的关键是清孔。孔内清理不干净或孔内潮湿均会对胶与混凝土的粘结产

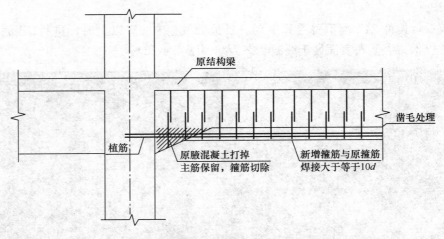

图 4.4-25　加腋框架梁增大截面植筋详图

生不利影响，使其无法达到设计的粘结强度，影响锚固质量。因此在清孔时不仅要用吹气筒、气泵等工具，同时必须用毛刷清除附着在孔壁上的灰尘。

④ 钻孔位置的混凝土表面应完好，如存在劣质混凝土则应将其整理至坚实的结构层，钢筋的植入深度则应从坚实面算起。

⑤ 按照图纸要求，根据植筋的直径对应相应的孔径与孔深进行成孔。钻孔时应控制电锤的成孔角度，确保钻孔的孔位、孔深、垂直度偏差满足设计要求。

⑥ 胶体配制时计量必须准确，否则胶体凝结的时间不好控制，甚至会造成胶体凝结固化后收缩，粘结强度降低；胶体配制好后应立即放入孔内。

⑦ 注胶量要掌握准确，不能过多也不能过少。过多，插入钢筋时漏出，造成浪费或污染；过少，则胶体不够满，造成粘结强度不够。

⑧ 插入钢筋时要注意向一个方向旋转，且要边旋转边插入，以使胶体与钢筋充分粘结。

⑨ 植筋胶固化期间禁止扰动钢筋。

⑩ 施工完毕后，抽样进行拉拔试验。

⑪ 待植筋胶完全固化后，方可进行钢筋的焊接。焊接时在尽胶处其焊接点应距基材表面大于 $15d$，且应采用冰水浸湿的毛巾包裹在植筋外露部分的根部，减少高温的传递。

⑫ 钢筋绑扎接头的搭接长度及接头位置应符合结构设计说明和规范规定。钢筋搭接长度的末端距钢筋弯折处，不得小于钢筋直径的 10 倍，接头不宜位于构件最大弯矩处；钢筋搭接处，应在中心和两端用铁丝扎牢；各受力钢筋之间的绑扎接头位置应相互错开。

⑬ 新旧箍筋连接采用焊接方式进行连接时，单面焊接长度不小于 $10d$，双面焊接长度不小于 $5d$。

⑭ 为了加强灌浆料与旧混凝土的整体结合，在浇筑灌浆料前，在原有混凝土结合面上先涂刷一层高粘结性能的界面结合剂。

⑮ 加固钢筋和原有构件受力钢筋之间采用钢筋焊接时，应凿除混凝土的保护层并至少露出钢筋截面的一半；对原有和新加受力钢筋都必须进行除锈处理，在受力钢筋上施焊前应采取卸荷载或临时支撑措施。为了减小焊接造成的附加应力，施焊时应逐根分区、分

段、分层和从中间向两端进行焊接。焊缝要饱满，尽可能减少或避免对受力钢筋的损伤，应由有相当专业水平的技工来操作。

5）质量检验与验收

① 孔深、孔径偏差不大于 2mm，垂直度偏差≤2%，钢筋实际施工位置与设计位置误差≤10mm。

② 植筋材料满足表 4.4-17 要求。

植筋材料的要求   表 4.3-17

性 能 项 目			性能要求	
			A 级胶	B 级胶
胶体性能	劈裂抗拉强度（MPa）		≥8.5	≥7.0
	抗弯强度（MPa）		≥50	≥40
	抗压强度（MPa）		≥60	
粘结能力	钢-钢（钢套筒法）拉伸抗剪强度标准值（MPa）		≥16	≥13
	约束拉拔条件下带肋钢筋与混凝土的粘结强度（MPa）	C30、B25、L=150mm	≥11.0	≥8.5
		C60、B25、L=125mm	≥17.0	≥14.0
	不挥发物含量（固体含量）（%）		≥99	

③ 钢筋锚固强度应通过现场拉拔试验检测，检测结果满足设计及规范要求。

（2）粘钢加固

粘钢加固是采用结构胶将钢板粘贴到需要加固的构件表面的加固施工工艺。它适用于补充原结构构件中的钢筋量的不足，增强构件的抗弯、抗剪、抗压能力，对所加固构件的刚度提高也具有一定的效果。

粘贴钢板补强、加固的钢筋混凝土结构构件，能大大提高其原设计承载力和抗破坏能力。这是因为粘贴钢板后，提高了原结构构件的配筋量，相应就提高了结构构件的抗拉、抗弯、抗剪等方面的力学性能。用结构胶粘剂的良好粘结性能，把钢板与混凝土牢固地粘结在一起而形成整体，有效地传递应力，共同作用。

粘钢加固方具有如下优点：

① 所占空间小，不影响被加固构件外观和使用空间。工程粘钢加固钢板规格多为 5mm、10mm 厚，钢板粘贴于结构上加固体所占空间小，基本上不影响外观，几乎不影响房间的使用净空。

② 加固施工周期短。由清理、修补加固构件表面，将钢板粘贴于构件表面到加压固化，大约 2~3d 后构件即可受力、投入使用，比传统的加固方法极大节约施工时间。

③ 工艺简便、施工便捷。粘钢加固工序为基面处理、钢板除锈、拌胶粘贴、加压固化、钢板外露面涂刷防锈漆等，施工工艺简便；只要认真细致，每道工序较容易达到操作规程要求。

1）工艺流程

混凝土表面粘贴钢板加固施工工艺流程如图 4.4-26 所示。

2）施工要点

① 施工准备

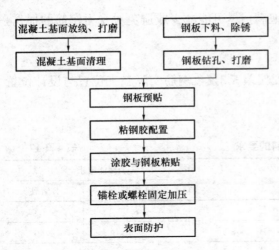

图 4.4-26 粘钢加固工艺流程图

认真阅读设计施工图,根据施工现场和被加固构件混凝土的实际状况拟订施工计划,对所使用的钢板、粘钢胶、机具等做好施工前的准备工作。

② 初步定位放线

认真阅读设计施工图纸,对需要粘贴钢板的部位做出标记,准确地放出粘贴钢板的边界线并将延长线放至不被打磨的构件上做出标记。打磨后再次放线并就此次标记线为主(图 4.4-27)。

③ 混凝土基层、钢板粘结面处理

对原混凝土构件的粘合面,可将混凝土表面油污清洗干净,再对粘合面进行打磨,直至完全露出新面,并用无油气吹除粉粒,再用丙酮擦拭表面即可。构件倒角处应打

图 4.4-27 混凝土基层放线、打磨

磨成大于 20mm 弧度的圆弧。钢板应根据实际构件的尺寸进行下料,若构件过长,考虑到钢板的运输条件,在不违背设计的条件下,可以适当缩短钢板的下料长度,钢板接头位置在梁的 1/3 处即可。钢板粘结面,须进行除锈和粗糙处理。钢板未生锈或轻微锈蚀,可用平砂轮打磨直至出现金属光泽。打磨越粗糙越好,打磨纹路与钢板受力方向垂直。钢板钻孔,按照图纸要求间距进行,钻孔直径为 14mm,然后用脱脂棉沾丙酮擦拭干净。钢板打磨除锈、钻孔后效果图见图 4.4-28。

④ 胶粘剂配制:使用前应进行现场质量检验,合格后方能使用。按产品使用说明书规定配制。取洁净容器和称重器按产品说明书配合比混合(图 4.4-29)。

⑤ 涂胶和粘贴:胶粘剂配制好后,

图 4.4-28 钢板打磨除锈效果图

图 4.4-29　粘钢胶固化剂和粘钢胶主剂

用腻刀涂抹在已处理好的钢板面和混凝土表面，为使胶能充分浸润、渗透、扩散、粘附于结合面，宜先用少量胶在结合面来回刮抹数遍，再抹至所需厚度 1～3mm；中间厚边缘薄，然后将钢板贴于预定位置。若是立面粘贴，为防止流淌，必要时候可加一层脱蜡玻璃丝布（图 4.4-30 和图 4.4-31）。

图 4.4-30　钢板预贴

图 4.4-31　钢板涂胶、粘贴

⑥ 固定和加压。钢板粘贴好后立即用 M12 化学锚栓或 M12 膨胀螺栓固定，并适当加压，以使胶液从钢板边缘刚挤出为度（图 4.4-32 和图 4.4-33）。

⑦ 表面防护。对粘贴到位的构件做好标示工作，提醒其他人员防止在结构胶固化时

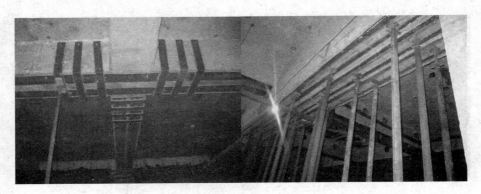

图 4.4-32　粘贴钢板固定、加压

图 4.4-33　粘钢完成效果

间内对粘贴钢材扰动。在钢板表面采用 M15 水泥砂浆抹面，对于梁、柱厚度不小于 20mm，对于楼板不小于 15mm（图 4.4-34）。

图 4.4-34　表面水泥砂浆抹面防护

3）常见节点做法

常见粘钢加固分为框架梁、框架柱、剪力墙、楼板和基础粘贴钢板 5 种类型，框架梁粘钢分为：梁底粘钢、梁顶粘钢、U 形箍条等类型，规格较统一。各构件粘贴钢板施工方法基本相同，各节点做法如下所示：

① 梁粘钢加固

梁加固分为普通框架梁、次梁、加腋框架梁三种类型。部分梁粘钢加固因受剪力不够采用四面包钢做法。加腋框架梁粘钢折角处钢箍锚栓型号为 M16，其余钢箍锚栓型号为 M12。各节点做法如图 4.4-35～图 4.4-40 所示。

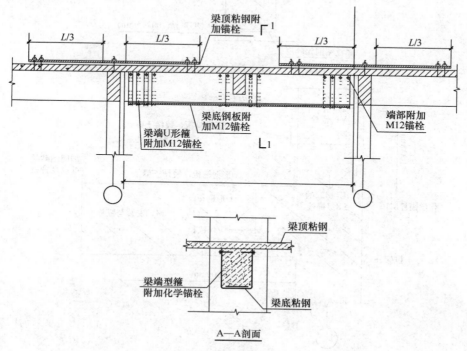

图 4.4-35　普通梁粘钢加固

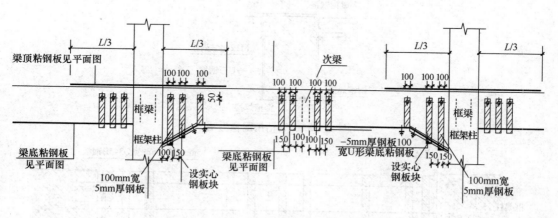

图 4.4-36　加腋梁粘钢加固立面图

② 基础粘钢加固施工

基础粘钢加固类型较统一，为板上、板顶粘钢加固形式（如图 4.4-41 所示）。

③ 楼板粘钢加固施工

楼板粘钢加固类型较统一，为板上、板顶粘钢加固形式（如图 4.4-42 和图 4.4-43 所示）。

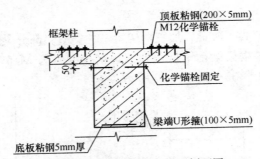

图 4.4-37　加腋梁粘钢加固剖面图

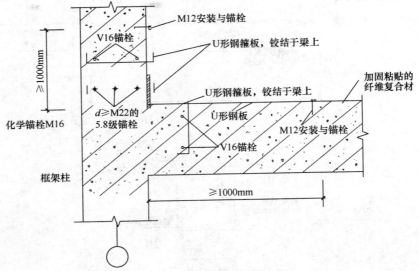

图 4.4-38　梁上部粘钢端部做法

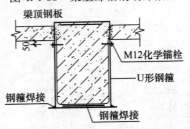

图 4.4-39　梁粘钢围箍做法

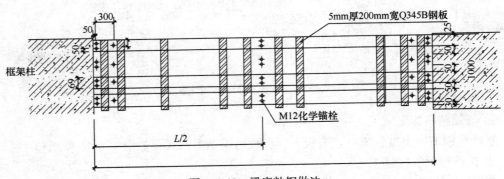

图 4.4-40　梁底粘钢做法

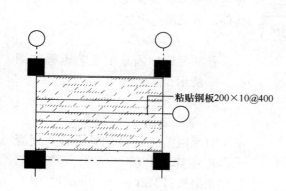

图 4.4-41　基础粘钢做法

粘贴钢板200×10@400

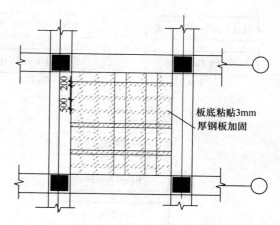

图 4.4-42　板底粘钢做法

板底粘贴3mm
厚钢板加固

4）框架柱粘钢加固施工

框架柱粘钢加固形式如图 4.4-44 所示。

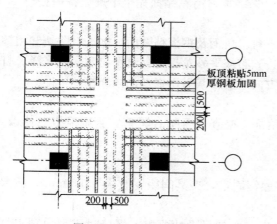

图 4.4-43　板顶粘钢做法

板顶粘贴5mm
厚钢板加固

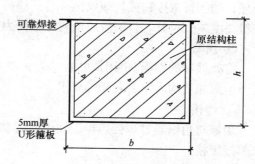

图 4.4-44　柱粘钢做法

可靠焊接

原结构柱

5mm厚
U形箍板

5）检验和验收

① 临时固定设备后，采用锤击法结合超声波对粘贴效果进行检测。如锚固区粘结面积少于 90%，非锚固区粘结面积少于 70%，则此粘结件无效，应拨下重新粘贴。

② 钢加固工作完成后，自检合格后，报请甲方、设计方、监理单位验收，并填写分项工程报验单。

③ 对重要构件可采用荷载检验，采用分级加载至设计提供的正常荷载标准值或设计使用要求，观察其结构的变形和裂缝开展情况是否满足设计使用要求，检测结果较直观、可靠，但费用较高，耗时较长。需要千斤顶或配重（常用沙袋、砖块），百分表，裂缝显微镜，均衡器。具体检测部位由建筑师在后期决定。

（3）外粘型钢加固

外粘型钢加固法是在混凝土柱的四角或两面包型钢的一种加固方法，采用外包钢加固。构件的截面尺寸增加不多，但混凝土柱承载力可大幅度提高。对于方形或矩形柱，大

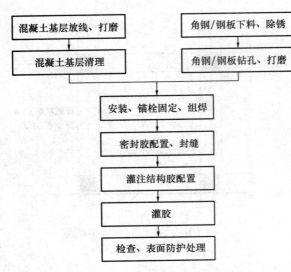

图 4.4-45 外粘型钢加固流程图

多在柱的四角以角钢，并在横向用缀板连成整体；对圆形柱、烟囱等圆形构件，多采用扁钢加固办法。

1）工艺流程

外粘型钢加固施工工艺流程如图4.4-45所示。

2）施工要点

① 基层表面处理

对原混凝土构件的粘合面，混凝土面应凿除粉饰层、油垢、污物，然后用角磨机打磨除去 2～3mm 厚表层，较大凹陷处用修补料修补平整。打磨完毕后用压缩空气吹净浮尘或用清水冲洗干净，最后用棉布沾丙酮拭净表面，待粘贴面完全干燥后备用。

② 角钢/钢板下料及表面处理

根据设计图纸要求及现场情况进行切割下料。角钢及钢板粘贴面，须进行除锈和粗糙处理。如钢板未生锈或轻微锈蚀，可用喷砂、砂布或平砂轮打磨，直至出现金属光泽。打磨粗糙度越大越好，打磨纹路应与钢板受力方向垂直，其后用棉丝沾丙酮擦拭干净。

③ 预贴

将处理好的钢板/角钢预贴在结合面的角部，检查是否结合紧密，否则应进行修改，直至达到和结构面结合紧密的要求。

④ 焊接

缀板与角钢通过焊接连接。用卡具等将型钢固定，夹具间距不宜大于 500mm，按要求焊接缀板。

焊接要符合设计图纸及规范要求，焊角高度要满足设计要求。焊接时不得出现未焊透、夹渣、气孔等焊接缺陷。

⑤ 灌注胶配制

使用前应进行现场质量检验，合格后方能使用，按产品使用说明书规定配制。取洁净容器（塑料或金属盆，不得有油污、水、杂质）和称重器按产品说明书配合比混合，并用搅拌器拌约 5～8min 至色泽均匀为止。搅拌时最好沿同一方向搅拌，尽量避免混入空气形成气泡，配置场所宜通风良好。

⑥ 埋管封边并注胶

焊缝检验合格后，用粘钢胶沿钢材边缘封严。结合现场实际情况确定埋管位置及间距。如不埋管，可在角钢和缀板上钻 $\phi6$ 注胶孔，孔间距不大于 500mm（图 4.4-46）。

⑦ 固化

粘结剂在常温下（20℃）固化，24h 即可拆除夹具或支撑，3d 可受力使用。

⑧ 检验

注胶完成后用小锤轻轻敲击钢材表面，从声响判断粘结效果，如有个别空洞声则表明

图 4.4-46　外粘型钢注胶

局部不密实，须再次用高压注胶方法补实。

⑨ 表面防护

在钢板表面采用 M15 水泥砂浆抹面，对于梁、柱厚度不小于 20mm，对于楼板不小于 15mm（图 4.4-47）。

图 4.4-47　外粘型钢加固效果

3）常见节点做法

外粘型钢加固常见做法为钢柱外包钢板，其节点做法如图 4.4-48 所示。

4）施工技术措施

① 严格按结构胶说明书提供的配比配制，搅拌均匀后方可使用。一次配胶量不宜过多，现配现用，以防凝胶，以 40～50min 用完为宜。

② 用气泵和注胶罐进行注胶，注胶时竖向按从下向上的顺序，水平方向按同一方向的顺序注胶。注胶时待下一注胶管（孔）溢出胶为止，依次注胶，直至所有注胶管（孔）均注完。最后一个注胶管（孔）用于出气孔，可不注胶，注胶结束后清理残留结构胶。

③ 注胶后不应再对型钢进行锤击、移动、焊接。

④ 对包钢到位的构件做好标示工作，提醒其他人员禁止在结构胶固化时间内对钢材扰动。

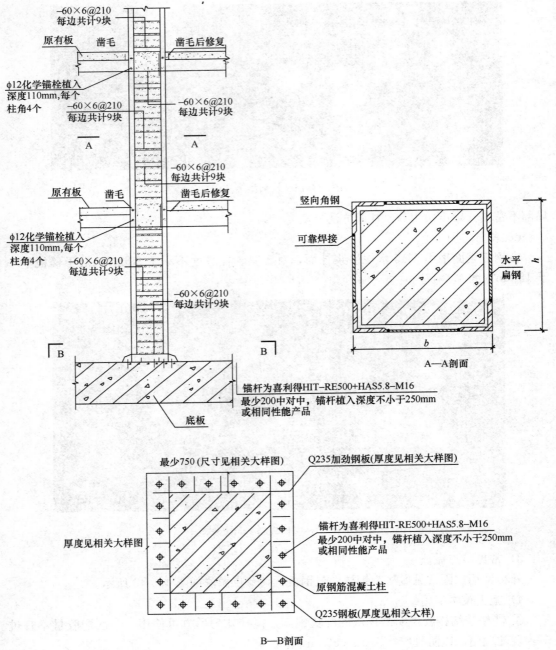

图 4.4-48　柱外粘型钢节点示意图

（4）裂缝修补

1）工作原理

裂缝修补技术是通过高强度的化学灌浆材料充填混凝土结构所出现的缺陷及缝隙，从而恢复其整体性，提高结构耐久性、抗渗性等，以满足其使用功能要求。混凝土产生裂缝的原因很多，一旦发生裂缝，应首先分析开裂原因，鉴别裂缝性质，并观察裂缝及其发展状态是否稳定。根据构件的受力特点、建筑物所处的环境条件以及裂缝所处的位置、出现的时间及形态综合加以判断。

裂缝修补方案与修补材料的选择较为复杂。该工程裂缝修补方法为注射裂缝修补胶——即以一定的压力将低黏度、高强度的裂缝修补胶液注入裂缝腔内。此方法适用于 $0.1mm \leqslant w \leqslant 1.5mm$ 静止的独立裂缝、贯穿裂缝以及蜂窝状局部缺陷的补强和封闭。注射前应按产品说明书的规定，对裂缝周边进行密封。当胶粘材料到达 7d 固化期时，应立即钻取芯样进行检验。钻取芯样的数量按裂缝注射或注浆的分区确定，但每区不少于 2 个芯样；采取骑缝钻取，但避开内部钢筋；芯样的直径不应小于 50mm；其次取芯造成的孔洞，应立即采用强度等级较原构件提高一级的混凝土填实。

2）材料要求

① 黏度低 （$10 \sim 20 \times 10^{-3}$ Pa·s），可灌入 0.05mm 的细微裂缝。

② 固结体强度高，抗压强度可达到 50MPa 以上，抗拉强度大于 20MPa，是混凝土的数倍。

③ 灌浆器构造轻巧，施工方便快捷。灌浆施工速度快、效率高、可节省工期。

④ 胶凝时间易控制，从 30min 到几十小时均可调节。

⑤ 灌浆树脂及其配套材料性能良好，使用方便、毒性小、无刺激性气味，可在干燥或潮湿环境下固化，可满足粘结、补强、抗渗等多种要求。

⑥ 裂缝灌缝胶（注射剂）材料的安全性能和工艺性能要求见表 4.4-18 和表 4.4-19。

裂缝修补胶（注射剂）安全性能指标　　　　　　表 4.4-18

检 验 项 目		性能或质量指标	试验方法标准
胶体性能	钢-钢拉伸抗剪强度标准值（MPa）	≥10	GB/T 7124
	抗拉强度（MPa）	≥20	GB/T 2568
	受拉弹性模量（MPa）	≥1500	GB/T 2568
	抗压强度（MPa）	≥50	GB/T 2569
	弯曲强度（MPa）	≥30，且不得呈脆性（碎裂状）破坏	GB/T 2570
不挥发物含量（固体含量）		≥99%	GB/T 14683
可灌注性		在产品使用说明书规定的压力下，能注入宽度为 0.1mm 的裂缝	现场试灌注固化后，取芯样检查

裂缝修补胶（注射剂）工艺性能指标　　　　　　表 4.4-19

检验项目	性能或质量指标	试验方法标准	备　　注
混合后初始黏度	≤500mPa·s	GB/T 12007.4	气温 25℃下测定
可操作时间	≥60min	GB/T 7123	气温 25℃下测定
施工环境稳定	5℃～40℃	—	5℃时应具有可灌性；40℃时应在 40min 内可灌注完毕

3）施工工艺流程

裂缝调查→基层处理→封闭裂缝，安设底座→密封检查→配制浆（胶）液→灌浆（胶）→拆除灌浆（胶）器→拆除底座，恢复基层原状→效果检查。

裂缝修补施工流程见图 4.4-49。

4）施工操作要点

① 裂缝调查

调查结构概况、裂缝开裂原因、发展情况、观察裂缝状况及分布情况。

确定并标注裂缝宽度，核实混凝土厚度，检查有无漏水、泛白情况。用 10 倍的裂缝

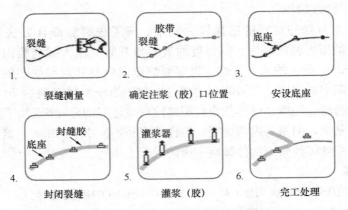

1. 裂缝测量   2. 确定注浆（胶）口位置   3. 安设底座

4. 封闭裂缝   5. 灌浆（胶）   6. 完工处理

图 4.4-49 裂缝修补施工流程图

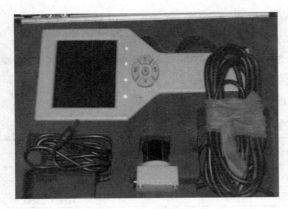

图 4.4-50 裂缝宽度探测仪

放大镜对裂缝宽度及长度进行测量并标注在裂缝上方，如有贯穿裂缝要注明（图 4.4-50）。

② 基层处理

沿裂缝方向清除基层表面的灰尘、浮皮、空鼓的装饰层、腐蚀层等，必要时用棉丝蘸酒精擦洗表面。对混凝土的蜂窝麻面，露筋损伤部位可用封缝胶修复，缺损严重处亦可用聚合物砂浆修补（图 4.4-51）。

③ 封闭裂缝，安设底座

根据裂缝情况选择注浆（胶）口位置，一般选在容易注入的部位，如裂缝较宽处、裂缝分支汇合处等。注浆（胶）口距离相隔 20～40cm 为宜，裂缝越细，距离越短。在注浆（胶）口位置贴上普通胶带，贯穿裂缝要两面留设注浆口。

将调好的封缝胶涂于裂缝表面，用刮刀刮严确保裂缝完全封闭，封缝胶宽度为 2～4cm，厚度 0.8～1.0mm。

图 4.4-51 基层打磨处理裂缝清理

揭掉预留孔的胶带，用封缝胶将底座粘于进胶口上，底座的圆孔一定要与裂缝的注浆（胶）口对准。每米裂缝留出 1～2 个底座作为排气孔及出浆（胶）口，水平裂缝留在两端末梢裂缝较细的部位。待封缝胶完全干燥后，即可开始注浆（胶）（图 4.4-52）。

图 4.4-52　安装底座封闭裂缝

④ 密封检查

为保证密闭空腔的密闭性及承受灌浆（胶）压力作用，应对封缝密封效果进行检查。办法是待封缝胶泥固化后，沿缝涂一层肥皂水，并从灌浆嘴通入压缩空气，凡漏气处应予修补密封至不漏为止。

⑤ 配制浆（胶）液

配胶按灌缝胶说明书提供配比和所需用量提取 A 料和 B 料分别搅拌，以消除任何沉淀物。把 A 料和 B 料倒进混合容器，混合搅拌至颜色均匀，然后使用。

一次配胶量不宜过多，以 40～50min 用完为宜。

⑥ 灌浆（胶）

将配制好的灌缝胶装入灌浆器，将灌浆器安设到底座上，放松弹簧，开始注浆。竖向裂缝按从下向上的顺序，水平裂缝按从一端向另一端的顺序进行。灌浆时从第一个底座开始注入，待第二个注胶底座流出胶后为止，然后将第一个底座进胶嘴堵死，再从第二个注胶底座注入，如此顺序进行。最后一个注胶底座为排气用，可不注胶（图 4.4-53）。

灌浆器中浆液已基本进入裂缝，可随时更换灌浆器，补充注入直至裂缝充满。

当注浆量已超过理论值，进胶速度明显减慢至几乎不再进胶，且出胶口有浆液流出，说明裂缝已基本充满。这时先用堵头将出胶口堵严，灌浆器继续保持注浆状态以免浆液倒流。

裂缝修补实际需要树脂量约为理论量的 1～5 倍，异常情况应查明原因后处理。树脂注入理论量的确定，可根据裂缝宽度、深度、长度计算：

$$W = a \times b \times c \times d$$

式中　W——理论注入量（g）；

　　　a——注入孔间距（cm）；

　　　b——裂缝宽度（cm）；

　　　c——裂缝深度（cm）；

　　　d——树脂比重（g/cm³）。

图 4.4-53　灌注结构胶

⑦ 拆除灌浆（胶）器

注浆（胶）完毕，树脂凝固后可拆除灌浆（胶）器。

⑧ 拆除底座，恢复基层原状

在 24h 内不得扰动注胶底座，3～5d 后可拆除底座和封缝胶，恢复基层原状。

⑨ 效果检查

灌浆（胶）密实情况，一般可采用向缝中通入压缩空气或压力水检验，也可钻芯取样进行检验。

8. 质量控制要点

（1）严格按照《混凝土结构加固设计规范》GB 50367 中加固方法及业主、监理方、顾问公司的要求进行施工。

（2）加固前应进行现场勘察，对加固构件进行卸荷，破除结构装饰层，移除所加固构件上存在的所有活荷载，保证加固期间加固构件除自重以外无任何活荷载。对于有次梁作用的主梁，可采用钢管配合可调油托对次梁进行支撑，沿梁长间距 800mm 布置，卸除次梁作用在主梁上的大部分荷载。

（3）加固位置线放完后，报请监理单位验线。混凝土粘贴面必须做到清洁干燥；钢材粘贴面必须做好除锈并打磨出光泽，做好隐检记录。

（4）结构胶应有产品合格证，各项技术指标应达到规范规定的数值，结构胶必须严格按产品说明配制使用。钢材必须有出厂质量证明。

（5）植筋加固质量控制要点（表 4.4-20）

植筋加固质量控制要点　　　　　　　　　　　　　　　表 4.4-20

质量控制点	质 量 保 证 措 施
材料	检查结构胶材料的材质证明、出厂合格证 严格材料进厂检验，每种每批材料必须检查出厂合格证、试验报告，并按规定抽样复验合格后方能使用
放线	对需要植筋的部位进行放线，并采用钢筋探测仪标明结构内钢筋的位置，钻孔时错开原有钢筋
植筋孔	植筋孔深度满足要求，且清理干净，孔深、孔径偏差不大于 2mm

（6）粘钢加固质量控制要点（表 4.4-21）

粘钢加固质量控制要点 表 4.4-21

质量控制点	质量保证措施
材料	检查结构胶、钢板材料的材质证明、出厂合格证
基底处理	无疏松界质，基面必须打磨，表面清理干净，干燥无污物。基面要求平整、连续无凹陷，阴阳拐角圆滑平顺
涂抹结构胶	基面处理干净，结构胶涂抹均匀，无漏抹

（7）裂缝修补质量控制点（表 4.4-22）

裂缝修补质量控制点 表 4.4-22

质量控制点	质量保证措施
材料	灌浆树脂材料符合国家规范和有关标准的质量要求，有产品合格证及检验报告，并严格按使用说明书使用
基底处理	裂缝表面必须清理干净，做到清洁干燥，做好隐检记录 每条裂缝必须留设排气孔或出浆口，否则无法灌实
封缝灌浆	封缝工序必须确保质量，要及时封堵漏浆部位，在树脂尚未初凝前继续完成灌浆工作 混凝土裂缝修补后可用压缩空气、压力水检测注浆密实程度。发现缺陷应及时补救

9. 安全控制要点

（1）化学灌浆材料多属易燃品，密封储存、远离火源。

（2）在配制及使用现场必须通风良好，操作人员穿工作服，戴防护口罩、乳胶手套和眼镜，并严禁在现场进食。

（3）工作场地严禁烟火，配备消防设施。

（4）高空作业注意安全，操作架子必须稳固。

10. 绿色施工控制要点

（1）加强现场管理，各种加固材料及拆除垃圾按照指定位置堆放，并采取必要的防护措施。

（2）垃圾在进行现场转运过程中，做到文明施工，并及时清理散落在现场内的垃圾。

（3）加强对操作工人的文明施工教育，在技术交底或安全交底内必须体现文明施工的内容及要求。

（4）施工过程中随时清理施工范围内的垃圾，每天施工完毕后将施工范围内的垃圾及施工工具清理干净，垃圾清运到指定垃圾临时堆场，夜间集中外运。

（5）垃圾外运过程中采取覆盖等措施，防止垃圾遗撒。

4.4.3 混凝土加固梁载荷试验

混凝土梁加固完成后，为真实检验其加固效果尚须抽样进行荷载试验。一般仅做标准使用荷载试验，即将卸去的荷载重新全部加上，"其结构的变形和裂缝开展应满足设计使用要求"。抽样数量不少于加固梁总数的 20%。

1. 检测项目

(1) 试验荷载作用下梁的裂缝开展情况。

(2) 试验荷载作用下梁的挠度发展情况。

(3) 钢板与混凝土结合面是否存在明显滑移迹象。

2. 检测依据

(1)《混凝土结构设计规范》GB 50010。

(2)《建筑结构荷载规范》GB 50009。

(3)《混凝土结构试验方法标准》GB/T 50152。

(4) 该工程建筑、结构改造设计加固图纸。

3. 主要检测设备

本工程所使用的所有仪器均经过有关部门标定且合格，并在标定合格的有效期内、检测期间保证仪器、设备是正常工作状态，主要仪器、设备清单如下：

(1) 百分表。

(2) 裂缝测宽仪。

(3) 游标卡尺。

(4) 钢直尺等。

4. 检测方法

采用水作为加载重物，检验荷载按设计图纸确定，由楼面做法和楼面活荷载组成，检验荷载计算如下：

楼面恒荷：

楼板自重（已存在无须施加）

装修做法：$3.0kN/m^2$

楼面活荷载：$10.5kN/m^2$

根据设计要求，检验荷载值取标准值：装修做法＋活荷载＝$13.5kN/m^2$。

加载所需水池采用轻集料空心砌块砌筑，墙厚200mm，内侧抹灰厚度20mm。在砌筑完成后内侧满铺2层塑料布，接缝处采用油膏封堵，防止漏水。试验完成后使用自吸泵将水排至坡道处排水沟。

荷载试验分为五级加载和卸载，即每级加（卸）载量为总荷载的1/5，分五次全部加（卸）完。经计算，加载总重量为51.0165t（不包括后砌墙体重量），加水高度为1.35m，墙体砌筑高度为1.5m。加载过程中采用百分表对梁挠度进行测量，对每级荷载加载完成并持荷20min，读取挠度值，并对裂缝开展情况进行观察。卸载后，观察各表读数是否能够基本回复到初始读数（表明梁仍处于弹性阶段）。确定梁最大裂缝宽度、挠度最大值是否满足《混凝土结构设计规范》GB 50010中裂缝、挠度限值的要求（表4.4-23和表4.4-24）。

结构构件的裂缝控制等级及最大裂缝宽度限值　　　　　　　　表4.4-23

环境类别	钢筋混凝土结构	
	裂缝控制等级	w_{lim}（mm）
一	三	0.3（0.4）
二	三	0.2
三	三	0.2

受弯构件挠度限值	表 4.4-24
构件类型	挠度限值
屋盖、楼盖及楼梯构件	
当 $l_0<7m$ 时	$l_0/200$（$l_0/250$）
当 $7m<l_0<9m$ 时	$l_0/250$（$l_0/300$）
当 $l_0>9m$ 时	$l_0/300$（$l_0/400$）

注：1. 表 4.4-22 中 l_0 为构件计算跨度，括号内的数值适用于使用时对挠度有较高要求的构件。

2. 考虑到梁及楼板自重已施加于构件上，根据加载后测定结果，依据线性算法反算初始挠度，初始挠度与实测挠度相加后并考虑长期荷载效应影响，确定最终挠度是否满足要求。

5. 其他事项

为保证现场检测工作的顺利进行，现场检测时特采取以下安全保证措施和文明措施：

（1）检测前对所有检测人员进行安全教育。

（2）检测前对所有仪器设备进行检查，以保证检测数据的准确和仪器设计及人员的安全。

（3）高处作业时检测人员必须系安全带。

（4）在施工区域检测时检测人员必须戴安全帽。

4.4.4 实施效果

通过对地下室混凝土结构的局部拆除及加固，实现其使用功能的转变升级，并对原有结构缺陷进行了修复，整体施工满足设计要求（图 4.4-54 和图 4.4-55）。

图 4.4-54 结构局部拆除效果

图 4.4-55 结构梁柱加固后效果

4.5 机电系统改造施工

4.5.1 机电工程改造情况介绍

1. 暖通系统改造情况

见表 4.5-1。

暖通系统改造情况概述

表 4.5-1

分项工程	原系统情况	改造后情况	改造意图
制冷系统	1. 制冷系统冷源为 3 台 800RT 离心式制冷机组,制冷机组设置于 24 层设备层内。在屋面 52 层设置共设置 3 台冷却塔,与制冷机组一一对应。 2. 另外 24 层各设置 3 台冷却水泵及冷冻水泵,与主机一一对应。 3. 其中酒店客房空调系统为风机盘管+新风系统;酒店裙楼及副楼采用空调机组、风机盘管+新风系统	1. 建筑功能分区改变,制冷负荷变大。 2. 主要制冷设备和位置不变,空调系统设置形式不变	满足建筑功能的变化及五星级酒店要求
蒸汽系统	1. 本工程热源为位于室外锅炉房的 4 台蒸汽锅炉。其中 2 台 8t 蒸汽锅炉作为酒店区域热源,1 台 12t 的锅炉为办公公寓热源,另一台 12t 锅炉为其他三台锅炉的备用锅炉。 2. 锅炉房设置在室外,蒸汽干管通过隧道进入建筑内部进行换热。蒸汽系统通过锅炉房内的高压分汽缸减压,分别进入地下一层的二次换热站,经汽水板换后,将高温热水送至地下二层和 24 层二次换热站的蒸汽板换,最后送至各末端负荷	1. 其中 2 台 8t 蒸汽锅炉作为酒店区域热源改造更换。 2. 对蒸汽凝结水箱进行改造	1. 由于锅炉使用年限较长,设备老化。 2. 对楼内的蒸汽系统进行调整
客房区域	1. 空调系统为风机盘管加新风系统,新风机组分别设置在 7 层及 24 层。 2. 热源为 24 层二次换热站的蒸汽板换,冷源为 24 层 3 台制冷机组	客房内空调系统拆除后全部重新安装	为满足五星级酒店要求,对客房内的全部系统进行更换
裙房区域	1. 空调系统为空调机组及风机盘管加新风系统,新风机组分别设置在各楼层空调机房。 2. 热源为地下二层二次换热站的蒸汽板换,冷源为 24 层 3 台制冷机组	空调设备除 24 层 3 台制冷机组及其对应的 3 台冷却水泵及冷冻水泵外,全部拆除重新安装	建筑功能分区改变,重新调整空调系统
地下室区域	地下二层及地下三层为车库及功能性用房,车库采用车库排风及排烟	1. 地下二层及地下三层为功能分区不变,仅对系统进行更换。 2. 地下一层改造为酒店物业办公及部分后勤厨房	1. 地下二、三层设备老化,重新调整。 2. 地下一层功能分区改变

分项工程	原系统情况	改造后情况	改造意图
屋面冷却塔机房	原有 3 台冷却塔	1. 更换屋面冷却塔，调整为 3 组（3 台一组）。 2. 管井内冷却水管不更换	冷却塔使用年限较长，设备老化

2. 给排水系统改造情况

见表 4.5-2。

给排水系统改造情况　　　　　　表 4.5-2

分项工程	原系统情况	改造后情况	改造意图
客房区域	1. 市政水源经过 B3 软水机房的软化水设备后进入 B3 软水机房内地下水池，再经过水泵从地下水池取水供至 25 层水箱间。 2. 客房原排水系统为污、废合流制系统，污废水经过合流排至 B4 集水坑，再由污水泵排至市政污水井。 3. 原系统无中水系统	1. 在 B3 层酒店水箱间设置 2 个不锈钢水箱，市政水源到 B3 水箱间后经过软化供至不锈钢水箱内，再经水箱出水由 2 组工频水泵提升至 25 层酒店水箱，水箱重力供水至客房（7～23 层）和热水换热机房（24 层、B1 层）；所有水泵设备及管道拆除并更新。 2. 酒店客房新增中水系统，由 B3 中水泵房经过中水系统管道供至酒店客房内马桶用水。 3. 酒店客房区排水系统经过改造后为污废分流制，污水排至原管道系统内，新增废水管道收集客房内的洗浴、洗手盆内的废水，供至 B4 中水站内处理，循环利用	1. 地下水池改为不锈钢水箱取水，使用水更加干净卫生。 2. 增加中水系统，使整个系统更加节能高效。 3. 污废分流，提高系统废水利用率，更加节能环保，降低酒店运营成本
裙房区域	1. 市政水源由 B3 软水机房的软化水设备后进入 B3 软水机房内地下水池，再经过水泵从地下水池取水供至 7 层水箱间，采用下供上给式给水，供水范围为裙楼 2～6 层。 2. 裙房原排水系统为污、废合流制，经重力排至 B1 层高位再排至市政污水井	1. 工频水泵由 B3 层酒店水箱取水，供至酒店裙房 7 层水箱，水箱间增压稳压设备变频供水，上供上给式。 2. 酒店裙房及附楼区热水系统：酒店裙房 7 层水箱重力供水至 B1 层换热机房，冷水干管先分 2 支，其中 1 支接换热设备，另 1 支冷水与换热设备供出的热水一同供至裙房和附楼各个用水点。酒店裙房热水回水管与附楼热水回水管在 B1 设备机房内汇合后，接至热水换热器，汇合前 2 支热水回水管上加装静态平衡阀，保证 2 栋楼压力一致。 3. 酒店裙房及附楼区污废水系统采用污、废分流制，收集裙房公共卫生间洗手盆的废水，附楼泳池淋浴间的废水，排至 B3 中水处理站，循环利用；生活污水由重力排至 B1 层高位出户。新增厨房排水系统，厨房废水排至地下室隔油池后进入 B4 废水集水坑	1. 系统未做改变，将原有旧的管道系统进行拆除后再重新安装。 2. 水泵设备进行更换。 3. 水箱间更换为不锈钢水箱，用水更加安全卫生。 4. 新增厨房废水排水管，单独处理厨房废水

分项工程	原系统情况	改造后情况	改造意图
地下室区域	1. 地下二层及地下三层为车库及功能性用房，原商务楼水箱在软水机房地下水池，未单独设置酒店中水泵房。 2. 原市政水源均是经过软化后进入地下水池。	1. 地下二层及地下三层为功能分区不变，商务楼水箱间单独选址，由软水机房内搬出，水泵、控制柜等设备全部拆除后进行移位，重新安装至新的商务水箱间，商务楼供水不变，还是在 B3 软水机房地下水池供水至新的商务楼水箱间，软水供水泵为新增；商务楼软水与办公楼及公寓用水共用软化水设备及盐池房等； 2. 地下水池调整为新增不锈钢水箱进行存水。车库用水、地下室盐池房等用水管道进行更换	1. 商务楼用水量增加，需要增设新的大的商务楼水箱。 2. 管道老旧拆除后更换
消防喷淋系统	消防水池位于地下三层，在地下一层设置消防泵房；分别在 5 层及 24 层设置消防加压泵房	施工临时消防设施利用原有消火栓系统	通过对原有酒店区域消火栓系统的改造满足施工现场消防需求

3. 电气系统改造情况

见表 4.5-3。

电气系统改造情况 表 4.5-3

分项工程	原系统情况	改造后情况	改造意图
供电系统	1. 电源由两路 10kV 市政电源引入，并设置 2 台 800kW 高压发电机，为酒店、办公和公寓服务。 2. 高压柴油发电机房位于副楼首层，没有设置高压分界室，两路 10kV 市政电源直接引入设在副楼 2 层 1 号总配电室内，再由此供给主楼 5 层 2 号酒店配电室 2 台 2000kVA 变压器、副楼 2 层 5 号商务楼配电室 2 台 1000kVA 变压器	1. 新设计引入两路 10kV 电源至地下一层高压分界室，进而引入地下一层主配电室进行供电。主配电室设置 4 台变压器，容量 2×2000kVA＋2×1000kVA。 2. 两路电源同时工作，互为备用，满足一、二级负荷供电要求。并在附楼一层发电机房设置两台高低压发电机作为应急电源。其中主用功率 2400kW 低压柴油发电机为酒店及相应配套功能区提供用电需求，主用功率 800kW 高压柴油发电机为原有设备，为办公公寓服务	楼内功能分区改变，继而配电室布置随之更改，馈线随新建配电室更改，以满足酒店各级用电需求
机房配电系统	1. 各机房系统设置机组就地控制箱，对设备进行供电及控制。 2. 机房供电采用就近原则供电	1. 拆除原有机组控制系统及配电系统，设置由地下一层主配电室进行供电的新的供电系统。 2. 增设机房群控系统，对空调设备、水泵、机组等进行供电及控制	实现酒店配套功能，智能化统一化控制
酒店智能控制系统	原工程无此系统	新增加酒店智能控制系统（RCU 及调光系统），对酒店区域灯光、空调、窗帘、音响等设备进行统一的场景集中控制。	适应新建超五星级酒店功能要求

72

分项工程	原系统情况	改造后情况	改造意图
母线系统	母线由总配电室引出，延地下室至商务楼进行供电	1. 新建总配电室进行相关馈电线路的调整，拆除原有馈出回路，新增由地下一层主配电室馈出的线路取代既有线路。 2. 酒店区新增 3 条母线进行酒店客房及功能区的供电需求。 3. 新增两条母线＋既有母线为商务楼供电	根据配电室调整情况重新调整母线回路
配电室	1. 附楼 2 层设置总配电室，进行整体供电。 2. 在主楼 5 层设置 2 号配电室，用于主楼裙楼及酒店部分供电	1. 在 B1 层新建 1 号总配电室及商务楼分配电室，原附楼 2 层既有主配电室进行拆除，供电切换至新建主配电室。 2. 原主楼 5 层 2 号配电室拆除，供电切换至地下一层新建主配电室供电。新建地下一层 1 号主配电室提供酒店区、裙楼功能区、附楼区，及地下室和新建室外园林的供电需求	功能分区发生变化，配电室集中供电
发电机房	原有 2 台高压发电机	利旧 1 台公寓及办公楼使用的 2400kW 高压柴油发电机，更换 1 台 800kW 低压柴油发电机，供新建酒店区域使用	酒店裙楼部分功能分区重新调整，为满足新建功能区的应急用电需求

4.5.2 机电改造工程系统优化

1. 改造工程独立供暖系统优化

（1）系统优化方向

本工程为改造项目，使用年限已超过 20 年，并且在此期间机电系统经过多次改造，特别是在 2008 年北京奥运会期间，机电系统经过较大调整。针对本项目特性，我们将会通过以下三个方面来寻求优化方案的可行性：

1）建筑物料。通过建筑物料的选材，包括产地、品牌及代用品等考虑，寻求降低造价的可行性。

2）旧物利用。本工程为改造项目，部分设备使用年限不长，通过对旧有设备调试、检查，寻求利旧的可行性。

3）系统改造。通过机电系统的深化设计，进行部分方案的调整，寻求降低造价的可行性。

（2）优化方案的原则

上述各项优化方向，需要符合以下原则：

1）建筑物料。所有再选材料，均须满足技术规范、国家规范、特住房的要求，如有任何偏离，均须得到业主方同意。

2）旧物利用。可利旧设备须满足机电功能要求，不能影响系统稳定性、安全性及可靠性。

3）系统改造。均须满足技术规范、国家规范、特住房的要求，如有任何偏离均须得到业主方同意。

（3）供暖系统优化方案（表 4.5-4）

供暖系统优化方案

表 4.5-4

系统名称	规范/图纸规定	系统优化	备　注
供热系统	由锅炉供热，经过板换将蒸汽热能置换至高温热水，再透过二次换热，将热能置换至低温热水	将蒸汽热能直接置换至低温热水	优点：节省部分造价，节省换热站面积

1）原供热系统方案

冬季采用蒸汽锅炉作为热源，按设计要求，办公、公寓、酒店的供暖系统从热源开始独立设置。并利用原有 24 层的 3 台 7000kW 的汽水板换。

办公、公寓部分换热过程如下：

① 锅炉产生 120℃蒸汽。

② 经过汽水板换，置换为 90℃高温热水，板换设于地下一层的换热站。

③ 90℃高温热水被循环送至 39 层，与位于 39 层的水-水板，进行二次换热。将 90℃热水置换为 60℃低温热水，循环送至办公、公寓的供暖末端。

酒店部分换热过程如下：

① 锅炉产生 120℃蒸汽。

② 经过汽水板换，置换为 90℃高温热水，板换设于地下一层的换热站；

③ 90℃高温热水被循环送至 24 层，与位于 24 层的水-水板，进行二次换热。将 90℃热水置换为 60℃低温热水，循环送至酒店的供暖末端。

2）新供热系统方案

经过与物业沟通可以在 39 层进行施工。得到新方案如下：取消一次热交换过程，直接利用汽-水板，将 120℃蒸汽置换成 60℃低温热水。

办公、公寓部分换热过程如下：

① 锅炉产生 120℃蒸汽。

② 经过汽-水板置换为 60℃低温热水，板换设于 39 层设备间。

③ 60℃低温热水循环送至办公、公寓的供暖末端。

酒店部分换热过程如下：

① 锅炉产生 120℃蒸汽。

② 经过汽-水板置换为 60℃低温热水，板换设 24 层的换热站。

③ 60℃低温热水循环送至酒店客房的供暖末端。

④ 另一路蒸汽经过汽-水板置换为 60℃低温热水，板换设于地下一层的换热站。

⑤ 60℃低温热水循环送至酒店裙楼的供暖末端。

3）新供热系统方案优势

取消一次换热回路，可减少以下设备：

① 一次换热回路的循环泵及相关的强电弱电设施。

② 水处理系统及补水泵、补水箱及相关的强电弱电设施。

2. 空调水系统平衡优化

1）系统优化方向

全面水力平衡就是对水平衡阀经过系统的、优化的设计，并通过水力平衡的调试真正实现系统最小能耗的平衡，同时实现流量、压差、温度的测量，从而实现系统在设计工况及实际运行工况的水力平衡。本工程空调水系统设计复杂，功能性分区调整较多（酒店客房、裙房、地下室、功能性用房等），特别是大部分空调竖井只能利用原有结构洞进行排布，对空调水系统平衡阀优化，以达到调节流量的目的，消除系统中阻力不平衡的现象，从而能够将新的水量按照设计计算的比例平衡分配，各支路同时按比例增减。

2）图纸设计方案说明

① 设计图纸中24层及5层分水器及集水器设计为静态平衡阀，实现输配管路的初始平衡，保证各输配管路的流量；此处保留集水器静态平衡阀即可。

② 新风机组（PAU）及空调机组（AHU）设计为动态平衡电动调节阀，保证机组流量的精确调节，同时节约部分负荷时的能源。

③ 制冷主机冷却水及冷冻水出口设计动态流量平衡阀（限流量阀）。

④ 输配回路（支管、立管等）设计为动态平衡阀。

关于动态平衡阀有两种理解：一种是动态流量平衡阀，另一种是动态压差平衡阀。在图纸上看不出是哪一种，从技术合理性来理解动态压差平衡阀更合适。但无论是哪种动态平衡阀均无须串联设计。原设计有的是立管与水平管有串联，有的是水平管与机组的动态平衡电动调节阀串联，动态平衡阀串联使用。除了极大增加对水泵扬程的需求外，还额外造成水系统的互扰，严重时系统无法达到设计要求，此部分有很大的优化空间。

3）优化方案说明

对于空调机组、新风机组等流量较大的设备保留与原设计相同的理念，而风机盘管、补风机组等支管优化为静态平衡阀，具体如下：

① 集水器设计为静态平衡阀，实现输配管路的初始平衡，保证各输配管路的流量。

② 新风机组（PAU）及空调机组（AHU）设计为动态平衡电动调节阀，保证机组流量的精确调节，同时节约部分负荷时的能源。原图部分设计管径查不到，且此类阀须根据流量等设计参数优化选型，本建议书清单中此类产品均进行了优化。

③ 制冷主机冷却水及冷冻水出口设计动态流量平衡阀（限流量阀）。

④ 输配回路（支管）设计为静态平衡阀。

⑤ 将原设计所有立管的动态平衡阀变更为静态平衡阀，部分位置不合理的地方取消。

⑥ 对有新风机组（PAU）及空调机组（AHU）的水平管，原设计的动态平衡阀改为静态平衡阀。

⑦ 单独的风机盘管水平管和单独的补风机组水平管设计静态平衡阀。

⑧ 对水平管已经设计动态压差平衡阀而有下属支管的分支，取消原设计平衡阀。

此方案虽然牺牲了流量较小的风机盘管及补风机组支路的动态节能效果，但可以让整个水系统具备流量可测量的特性，从而在工程上最大限度的实现水系统的平衡，并且极大降低初期投资。

另外压差平衡阀如果单独应用，环路压降的设定将完全依赖于理论计算，而工程实际中即使流量一样的两个环路，环路压降也可能会受到管路长度、弯头数量、甚至是管路堵塞的影响，导致设定流量不准确。而压差平衡阀本身没有流量测量功能，流量设定不准确，在调试期也无法发现，为后期埋下隐患。还有近端回路的压差阀为了解决初始平衡，要牺牲一部分阀杆的行程，造成性能下降。

总之，合理的优化除了可以更大保证平衡技术的实施，同时可以节约初期投资。以上各优化方案如果经过水力平衡优化计算，还可以进一步节约初期投资并提高平衡效果。

平衡阀计算依据

根据紊流系统水力公式 $Q = KV\sqrt{\Delta P}$，已知设计流量及平衡阀的 KV 值（表4.5-5）即可进行平衡阀阻力计算。

TA 平衡阀 KV 值表

表 4.5-5

	STAD DN25	STAD DN32	STAD DN40	STAD DN50	STAF DN65
KV 值	8.7	14.2	19.2	33	85
	STAF DN80	STAF DN100	STAF DN125	STAF DN150	STAF DN200
KV 值	120	190	300	420	765
	STAF DN250	STAF DN300	STAF DN350	STAF DN400	
KV 值	1185	1450	2200	2780	

3. 泳池除湿热泵系统优化

本工程附楼6层设置室内游泳池，在附楼5层空调机房内设置泳池除湿热泵；原设计参数对机房空间及降噪要求高，资源消耗大。

（1）招标设计参数

1）原设计信息（简图如下）：泳池热泵2台，编号 HP-5F-01，HP-5F-02。

2）热泵接管（风管部分）：送风、回风、新风、排风。

3）热泵接管（水管部分）：2根冷冻水管 $DN125$，2根冷却水管 $DN100$，2根热水管 $DN65$。

4）单台热泵机组大小 7520mm×2420mm×2520mm。

参数见表4.5-6。

招表设计参数

表 4.5-6

设备强度等级	设备位置	服务区域	送风量（m³/s）	送风机功率（kW）	回风量（m³/s）	回风机功率（kW）	制冷量（kW）	制热量（kW）	机外静压
HP-5F-01	5F 机房	6F 泳池	12.5	22	12.5	22	271	143.2	500
HP-5F-02	5F 机房	6F 泳池	12.5	22	12.5	22	271	143.2	500

（2）重新核算参数

1）计算及重新选型

设计参数见表4.5-7。

重新核算参数

表 4.5-7

夏季室外温度（℃）	33.2
冬季室外温度（℃）	−11
室内湿度（%）	65
泳池大厅恒定温度	28

当地大气压力（kPa）	102.26
游泳池池水面积（m²）	200
游泳池水恒定温度（℃）	26
游泳池池厅空间装修后总面积（m²）	约800
池厅装修后净高度（m）	约8
V_f—泳池池面风速（m/s）	0.2
P_b—泳池水表面饱和空气水蒸气分压（kPa）	3.36
P_q—泳池空间空气的水蒸气分压（kPa）	2.48
n—泳池最大综合服务人数（人）	30
夏季室外空气含湿量（g/kg）	19.25
室内空气含湿量（g/kg）	16.23
空气密度（kg/m³）	1.15

2）除湿量计算

① 游泳池区蒸发量

$$LW_y = (0.0152V_f + 0.0178)(P_b - P_q) \times F_{池} \times 760/B$$

$$= 30.66 \text{kg/hr}$$

上式中：LW_y——泳池水面蒸发量 kg/hr；

V_f——泳池池面风速 0.2m/s；

$F_{池}$——室内恒温泳池水面面积 225m²；

P_b——水表面温度饱和空气水蒸气分压；

P_q——泳池空间空气的水蒸气分压；

B——当地大气压力 102.26kPa。

② 人员增湿

泳池区服务人数 n＝30 人（预估）；

人体散湿量 $L_人 = 0.001nn'g = 3.31$kg/hr；

上式中：n'——为群体系数；

g——为人体散湿量。

③ 新风增湿（全年中不同时段新风分别有增湿或去湿效果，本处以不利状况增湿计算）

按人员需求最小新风校核：最小新风量 $Q_新 = 30$m³/h·人×30 人＝900m³/h。

空间容积约 6400m³，考虑空间较高，因此新风量满足人员的需求的同时，还要考虑新风换气的舒适性。本处新风量建议 3600m³/h（新风量不建议过大，过大则能耗过大，设备新风量范围为 0～24000m³/h）。

排风量计算：排风量与新风量相当，但为保证房间的微负压，则排风量可相对新风量适当增加 10% 左右，排风量建议为 4000m³/h。

夏季新风平均增湿量

77

$$L_{新} = (dw - dn) \times Q_{新} \times \rho$$
$$= (19.25 - 16.23)\text{g/kg 干空气} \times 1\text{m}^3/\text{s} \times 1.15\text{kg/m}^3 \times 3.6$$
$$= 12.5\text{kg/hr}$$

上式中：d_w—夏季室外空气含湿量；

d_n—室内空气含湿量。

ρ 为空气密度 1.15kg/m³；

总除湿量＝30.66kg/hr＋3.31kg/hr＋12.5kg/hr＝46.48kg/hr；

除湿量选型：根据除湿计算。选用三集一体热泵：1 台 VeP-E 定制机。

3）辅助加热配置概算

泳池池厅面积为 800m²，夏季冷负荷 150W/m²，所需冷量为 120kW 左右；冬季热负荷 200W/m²，所需热量为 160kW 左右。

在夏季时可以满足泳池大厅的供冷要求。在冬季环境温度较低时，泳池与空间同时需要热量，以北京最冷平均−11℃概算，热泵输出的热量满足不了泳池大厅的供暖要求。此大厅需配置辅助采暖的方式，辅助采暖的功率需配置 150kW 左右，即可满足大厅冬季采暖的要求，可以采用锅炉热水或采用蒸汽（热水）或城市供暖系统加热室内大厅空气的方式。

夏季考虑项目的特点，室外没有室外散热器摆放空间，因此建议机组采用内置辅助制冷盘管代替室外散热器，通冷冻水达到空间降温。机组冷冻除湿量 80kW，考虑夏季天气极端状况，建议辅助配置制冷量 100kW。

循环风量：空间较高，建议循环风量每小时 4 次，满足规范要求，因此循环风量取值 24000m³/h。

重新选型后如下：设备数量 1 台（5300mm×2150mm×1800mm，暂定尺寸）如图 4.5-1 所示。

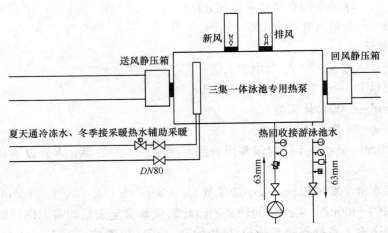

图 4.5-1　调整后系统泳池除湿热泵接管示意图

4）变更前后的对比

①原设计参数余量较大，单台即可满足要求。2 台变 1 台，节约占地空间（原设备 2 台 7520mm×2420mm×2520mm，变更为 1 台 5300mm×2150mm×1800mm）。

② 变更后设备耗电量明显减少（仅风机部分就从原来 2 台的合计 88kW 减少为 15kW，由此也会使机组噪声减小）。

③ 控制角度。原设计 2 台机器单独采集信号，每台单独控制，变更后由 1 台设备集中控制。控制探点采集的信号单一不冲突，控制精度提高。

④ 工程量适当减少。水管由原来 3 组减少为 2 组（冷却水管不需要，因为热量无须释放于冷却水系统中，多余热量直接排在泳池水里，实现热回收，实现深度节能）；风管总量减少也是显而易见的，另外相应阀门管件也适当减少。

⑤ 整体而言：变更后不影响使用，相应的造价、耗电量、占地空间还适当减少。

4. 临时消防系统利旧优化

本次改造范围地下部分包括地下三层至地下一层，其中地下二层和地下三层车库只做局部调整，原防火分区基本保持不变。地下一层改动较大，功能布置及防火分区重新划分。地上主塔楼土建改造部分包括首层至 23 层，主楼 24 层至屋顶不包括在此次改造范围。本次改造土建未改变主塔楼的核心筒部分，仅在公共区和酒店客房进行装修改造。机电改造包括地下四层夹层至 25 层区域。地上附楼改造部分包括首层至屋顶的全部楼层。

现场勘察情况

经我部对本工程消防系统勘察情况如下：

1）消防水源位于主楼地下三层 Y1～Y3/X2～X4 轴间。

2）消防水泵位于地下三层消防泵房内。

3）消防立管位于 X3 轴与 Y1 轴交点处管井内。

4）酒店喷淋系统增压泵设置 5 层。

5）办公及公寓喷淋系统增压泵设置 39 层。

施工部署

（1）对消防喷淋系统进行拆除前应做好以下几点准备工作

1）拆除前先上报拆除方案，待物业方、顾问、项目管理部、监理审批同意后才能进行拆除工作。

2）拆除前对现场临时消防措施布置到位，每层配备消防水桶、灭火器等消防措施，保证现场的施工安全。

3）要拆除某一区域时，提前 3d 向物业的保安部申请对该区域进行消防信号屏蔽。

4）拆除时现场应配备常用应急工具，如堵头、管钳等。

5）喷淋系统拆除前，项目专业工长须对工人进行专项安全技术交底。

6）重要步骤进行时，如关断湿式报警阀、信号蝶阀，管路泄水等，要提前通知物业方与监理单位。

7）喷淋管拆除后，每层设置专职的安全员进行安全巡视，发现安全问题及时报告，并限期整改。

（2）施工方法

1）喷淋管拆除工艺流程：申请消防信号屏蔽→关断阀门→管路泄水→喷淋头拆除→喷淋支管拆除→喷淋主干管道拆除→支架拆除。

2）申请消防信号屏蔽

项目部提前一个星期将须拆除的消防系统管道区域在图纸上显示，并以书面申请上报物业的保安部及项目管理部对消防信号进行屏蔽。项目部须提供拆除区域的信号屏蔽申请单、屏蔽区域图纸、现场临时消防措施。经物业方及中控室同意并屏蔽消防报警信号后方能进行拆除管道工作，以免出现报警故障信号以致大厦出现消防隐患。

3）关断阀门

待拆除区域的消防信号屏蔽后，关断主管上的信号蝶阀及水流指示器，再与中控室确认消防显示屏不会出现报警故障信号后才能展开拆除工作。

4）管路泄水

阀门关断后，从每个区域的末端泄水点开始泄水，泄下的水排入地漏。泄水时安排专人看守，防止泄水过量、过大或地漏堵塞。如发生上述情况，及时用橡胶软管泄水，并排入每层卫生间。

5）喷淋头拆除

喷淋头拆除时，使用专用扳手拧开。并将拆下的喷淋头及时搬入库房。

6）喷淋支管及主管拆除

管道拆除时使用氧气乙炔进行切割，切割管道不准超过 3m。进行切割时首先须在施工前到项目安全部开具动火作业申请单；进行动火作业时须有项目专职安全员及施工队专职安全员进行现场监督，现场配备灭火器、消防水以及专职看火人。

7）支架拆除

支吊架的拆除在管道拆后进行，主要采用气割、钢锯等工具进行。但对于原结构预埋钢板，或与钢结构相连的支架，视情况予以保留。

（3）消防保证措施

1）安全生产管理组织体系

建立以项目经理为组长，安全员、专业工长为组员的项目安全文明施工及消防领导小组，现场配置专职安全员 1 名，施工队必须配置专职安全员 1 名。

2）施工现场消防措施

① 各楼层消防喷淋系统拆除期间，借用现有的消火栓系统作为主要消防措施，并保证施工现场的消防用水量。

② 在施工程配备临时消防器材，如简易消防水箱、消防水桶、灭火器等，保证施工现场的消防安全。

③ 在每层配备安全巡视员进行巡检，发现安全问题及时向项目安全总监报告，并限期整改。

④ 在拆除施工过程中，现场由项目专职安全员及施工队专职安全员进行现场监督。一旦发生紧急情况及时向物业方、项目管理部进行汇报。

⑤ 特别在进行消防主干管拆除作业时，需要进行动火作业。首先须在施工前到项目安全部开具动火作业申请单；进行动火作业时须由项目专职安全员及施工队专职安全员进行现场监督，现场配备灭火器、消防水桶以及专职看火人。

（4）应急预案

1）项目部成立应急预案小组，对现场突发状况进行紧急处理。

2）系统泄水后，主要依靠消火栓作为消防主要措施，安排专人每天进行拆除区域的消防安全巡视。

3）每层还要设置水桶、干粉灭火器等临时消防设备。并邀请监理方、项目管理部、物业方进行现场临时消防措施验收，确保施工现场不存在任何消防隐患。

4）施工现场配备安全员进行巡检，发现安全问题及时报告，并限期整改。

5）施工现场要保障消防电话畅通。

6）施工中的明火作业，必须配备固定的看火人员和灭火器材；一切用火必须办理用火手续，经批准后，按北京市有关规定进行施工作业；下班后，交回动火证。

7）施工过程中一旦发生跑水或是阀门关不严的情况时，首先及时通知物业方及项目管理部；其次现场应配备拖把、棉纱、水桶等工具用于积水清理。一旦跑水严重时，及时用橡胶软管将水排入每层卫生间排水地漏内。

（5）临时消防改造

本工程原有消防系统包括消火栓系统、消防喷淋系统、消防水幕系统（表4.5-8）。

消防系统现状
表 4.5-8

消防系统	现状
消火栓系统	酒店与办公、公寓分别有自己的消防水泵，每组水泵2台，1用1备；消防管道独立，互不影响； 公寓消火栓增压泵在39层；酒店增压泵在5层； 每层有2个双栓消火栓箱
消防喷淋系统	酒店与办公、公寓分别设置消防喷淋水泵；管道系统也相互独立； 酒店喷淋系统增压泵在5层，办公、公寓喷淋系统增压泵在39层
消防水幕系统	酒店与办公、公寓消防水幕系统相互独立，互不影响

1）临时消防系统设置思路

本工程施工临时消防设施利用原有消火栓系统，通过对原有酒店区域消火栓系统的改造满足施工现场消防需求。

目前酒店是2根消火栓立管、每层安装2个双栓消火栓，改造后为4根消火栓立管及带卷盘的单栓消火栓。施工过程中原来2根立管暂时不拆改，待2个新立管及消火栓箱安装完且与水泵接通后，再拆除更换旧的消火栓立管及双栓消火栓。

更换消防泵时，先检测原有泵能否正常运行，若能够正常运行先拆除1台，另1台保证正常启停；新泵安装完成和消防管道驳接后，再更换另1台泵。

2）现场勘查情况

根据消防系统原始竣工图对现场消火栓系统进行勘查摸底，发现原有的消火栓系统立管及环管上均无关断及检修阀门，只在5层2根立管上各设有一个止回阀。地下三层消火栓水泵出水管有关断阀门。

室外消防措施主要依靠现有的消火栓及4个消防接驳点。室外要注意保持道路的畅通，特别是消防车区域不能停靠其他车辆或摆放施工材料、垃圾等。

3）安全施工保障

① 系统泄水后，大楼内每层安排保安人员进行巡查，并保持对讲机的信号畅通，一旦发现隐患及时向土建单位项目部、项目管理部及物业方报告。

② 系统泄水至临时消防系统改造完成后大楼内严禁动火作业。

③ 酒店区域除保留原有消防器材外，项目部还在每层增加一定数量的临时消防设施。

④ 施工现场除现有的消火栓系统及项目部布置的临时设施外，各专业分包方在大楼内施工时，还应在施工区域布置一定数量的临时消防设施，以保证一旦发生火灾事故能够及时处理。

⑤ 进入楼内施工前应先将现场临时消防设施检查一遍，并通知监理方、物业方及业主方复查合格后方能展开施工。

⑥ 施工现场配备安全员进行巡检，发现安全问题及时报告，并限期整改。

⑦ 施工现场要保障消防电话畅通。

⑧ 临时消防系统改造完成后，施工中的明火作业，必须配备固定的看火人员和灭火器材；一切用火必须办理用火手续，经批准后，按北京市有关规定进行施工作业；下班后，交回动火证。

⑨ 现场准备足够的堵头、闸阀等作为应急备用，一旦发生漏水等可确保及时修复。

⑩ 施工期间保证原有消火栓系统弱电信号的正常。

⑪ 施工前对原有管道、线路及临时消防系统做好标识，并请业主方、监理方及物业方验收。防止拆错。

⑫ 一旦施工现场发生火灾，首先及时通知项目部组织人员进行扑救。项目部及时通知监理单位、物业方及业主方，并视火灾大小进行事故处理。

小火：使用现场消防设施进行灭火；

中火：拨打电话 119，使用现场消防设施进行灭火并阻止火灾扩大；

大火：拨打电话 119，组织大楼内人员撤离。

⑬ 冬期施工时，考虑到 23 层以下玻璃幕墙有可能已拆除，在管井里的消火栓立管全部增加 5cm 厚的超细玻璃棉，以防冬期管道结冻。

4.5.3 机电工程改造施工技术

1. 锅炉房改造

包括蒸汽管道拆除、凝结水箱改造、设备移位及安装。

（1）锅炉房改造的重点及难点分析

锅炉房改造是本工程各方重点关注的施工部位，特别是施工周期较短，须在北方冬季供暖调试前完成锅炉房整体改造。并且锅炉房施工涉及外部单位较多（物业方、燃气公司等）。所以本工程锅炉房改造施工是本工程施工的重点难点（表 4.5-9）。

锅炉房改造重点难点 表 4.5-9

序号	重难点	改造措施
1	锅炉房内管路复杂，4 台蒸汽锅炉，分别供酒店、办公及公寓楼部分施工，拆除施工难度大	1. 拆除前编制拆除施工方案供业主方、监理方、物业方（办公、公寓物业）以及锅炉房管理部审批； 2. 采用排查法对锅炉房内管道进行排查、标示；从可拆除起始端（分汽缸）往后进行排查，每排查至一个阀门进行标示
2	锅炉房内层高达到 6.6m，高空作业较多，并且锅炉房同时有天然气及供油（柴油）管路，施工时安全措施要求高	1. 施工前对天然气管道及柴油管道进行醒目标示，并将管路进行全覆盖包裹，避免施工焊渣飞溅造成安全隐患； 2. 施工前在锅炉房内搭设满堂脚手架。重点对 2 台供办公及公寓锅炉进行保护，避免对正在施工部分造成损坏； 施工前办理拆除或施工申请单，施工时项目管理人员全过程参与

（2）锅炉房内蒸汽管道拆除

1）施工准备及部署

① 技术准备：由技术负责人组织参加施工的专业技术员、班组长认真熟悉现场及相关文件、标准规范，做好现场管线排查标示、图纸绘制。施工前各施工人员接受技术交底和安全培训。

② 机具准备

气焊切割设备、电焊机、切割机、管钳、捯链、绳、载重小车、灭火器、消防水桶等，其他机具根据需要灵活使用。

2）管道拆除施工工艺及施工要求

① 拆除前技术准备

工程师带领施工班组长现场逐个排查管线，对须拆除和不拆除的管线分别做好标识。标识要求如下：A4 纸上标明系统、管道走向；标识采用加粗的黑色记号笔，字迹清楚；标识在管道上粘贴牢固并贴于醒目位置。工程师根据现场情况绘制拆除区域图纸并标注清楚，标注与现场标识相对应，部分管线密集不易分辨处应附现场照片并说明（图 4.5-2）。

② 确定拆除范围

根据前期对管线的排查及相关区域实际情况，确定各段拆除区域及管线种类。施工前工程部下发已签字拆改的施工图纸并与施工队并对照现场管道标识进行拆除，要有工程师

可拆除管道标识（一）

可拆除管道标识（二）

重要管道标识（三）

图 4.5-2　重要管道标识

在现场指挥。

③ 提出拆除申请

主要流程为现场管道排查完成、标识清楚、自检完成→准备相关资料向监理方、业主方、物业部门提出拆除申请→各方现场检查确认，签字手续完成→开始施工。

④ 进行拆除施工

由于现场有部分设备为前期安装，可以回收利用。在拆除或相关施工时做好保护措施，采取恰当的施工方法进行拆除工作，以提高回收利用率。回收设备详见《主要设备回收重用表》。

⑤ 施工区域做好围挡及警示标志。

⑥ 拆除施工前检查阀门是否关闭。由于现场阀门设备运行多年，可能关闭不严密。对于可能有危险的管口焊接盲板封堵，管道严密性须符合国家相关规范。对于与公寓及办公区有关的蒸汽及蒸汽管道在必要时要停锅炉后再做焊接封堵。

⑦ 蒸汽管路系统主要用氧气乙炔切割，施工前需注意以下事项：

A. 主要施工人员必需要持证上岗；

B. 灭火器及灭火水桶准备；

C. 搬移排除现场易燃易爆品；

D. 氧气乙炔瓶放置保持安全距离。

⑧ 管道拆除也可根据现场情况配合使用切割机切割。管道切割长度据现场实际情况确定，以方便搬运为原则。

⑨ 大型蒸汽管道在拆除过程中先用捯链固定两端，待管道完全割断后在两边同时慢慢放下捯链，将管道安放至准备好的小载重车上，运至指定废料堆放场地、逐段拆卸。

⑩ 对于暂不拆除的管道、设备，也应做好保护工作，以保证其正常使用。

⑪ 施工现场清理

A. 对施工区域内的高空悬挂物进行加固或拆除处理；

B. 对施工区域及附近的着火隐患区域进行检查，确保无着火隐患；

C. 对施工现场垃圾废料进行清理，地面清扫干净，在浮尘较多区域要洒水降尘。

（3）锅炉房凝结水箱改造

1）现状说明

根据招标设计图纸，锅炉房锅炉补水的 1 台凝结水箱（容积 $52m^3$，由 2 台 $26m^3$ 独立的小水箱组成）要更新改造。招标设计图纸中与蒸汽凝结水箱接驳的系统管道如下：1 根由 39 层蒸汽分汽缸引来的凝结水管道、1 根由 B3 层凝结水箱引来的凝结水管道、2 根由本层引来的软化水管道、1 根锅炉补水管道引出的凝结水箱、1 根凝结水箱的空气放散管道、1 根凝结水箱的排水管道和溢流水管道，每根管道与 2 台小水箱均有支管道连接并有阀门控制。锅炉房的凝结水箱供 1 号~4 号锅炉补水，现 3 号、4 号酒店锅炉已拆除，改造期间暂不需使用，1 号锅炉处于使用状态，2 号锅炉为备用状态，均为办公公寓锅炉需要正常使用。

2）改造方案：为确保安全、高效地完成锅炉房凝结水箱的改造工作，机电单位制定了详细的工作步骤，具体如下：

① 向土建单位、监理方、项目管理部、物业方提出勘察申请，积极听取各方意见，

强化我方施工方案，使各个施工工序更加严谨细致，彻底消除安全隐患。

② 锅炉房正在使用的凝结水箱的容积为 52m³，由 2 台 26m³ 的独立小水箱组成，凝结水箱的进、出水管道在 2 台小水箱中分别有支管道，并有阀门控制其支管道的开闭。而机电单位根据招投标文件订购的凝结水箱亦由 2 台独立的凝结水箱组成（每台的容积为 26m³），每条进、出新凝结水箱的管道在 2 台独立的新水箱处均有支管道，并有阀门控制其支管道的开闭。

③ 此时的办公公寓已不需要供暖，只须运行 1 台蒸汽锅炉满足其生活热水的用气量即可。机电单位准备先拆除 1 台 26m³ 的小凝结水箱，然后在原位置安装新的 26m³ 的小凝结水箱，确认无误后再拆除另外 1 台原凝结水箱，最后在其原位置处将另外的 26m³ 的新凝结水箱安装到位即可（1 号蒸汽锅炉的最大蒸汽产量为 12t/h，但由于是旧锅炉产能仅为 85％ 即为 10.2t/h，根据设计规范要求锅炉补水的水箱容积应为实际锅炉用水量的 1.5 倍以上，26m³ 水箱为锅炉实际用水量的 2 倍有余，完全可以满足锅炉房现有锅炉的使用要求），详细的改造步骤如下：

A. 拆除旧水箱之前，要求水箱厂家将新水箱全部发货到场，设备全部进场后再进行水箱的改造工作。

B. 先拆除靠近墙内侧的水箱。拆除前先将与其连接的管道控制阀门关闭，如不能闭合严密，机电单位将用盲板在其阀门的法兰处封堵，同时将待拆除的水箱内的水放净。

C. 将靠近墙内侧的水箱拆除并清理干净，然后将新进场的水箱在原位的基础上安装到位（新水箱分别由 2 台 26m³ 的独立小水箱组成，先安装 1 台 26m³ 的独立小水箱）。

D. 将新安装水箱的相关管道连接到水箱内并开通阀门，同时向新水箱内注软水，待注水完成后即可以投入使用。

E. 另外一台旧的小水箱的改造同前一台水箱的改造是一样的施工工序，待 2 台小水箱安装完成后既可以全部投入使用。

F. 新凝结水箱投入使用无误后立即进行其管道的补漆及管道和水箱的保温工作。

G. 上述工作均完成后请土建单位、监理方、项目管理部及物业方进行改造工作的验收，并对在验收工作中提出的意见进行积极的整改。

④ 凝结水箱的改造示意图见图 4.5-3，改造计划表见表 4.5-10。

3）安全文明施工

① 所有施工人员在上岗前均须经过安全教育，并进行技术交底落实安全、技术、施工工艺等要求到每人，确保每人已领会交底内容并书面签字。施工现场确保安全文明保证措施，具备足够的照明、良好的通风的作业环境。施工区域内须用警示带做好围栏，张贴醒目的警示标语，防止非施工人员进入施工区域，造成不必要的损失和责任。

② 高于 2.0m 以上高空作业时，要使用脚手架在平台满樘搭设，脚手架必须坚实可靠、放置平稳。

③ 动火作业前必须开具动火作业许可证，并挂放于施工醒目区域。有动火作业时，要提前做好区域内的临时消防措施并配备充足的消防灭火器材、注满水的水桶等，并安排专人看护。

④ 动火作业必须做好临时保护，防止火花、电焊等高温金属熔块溅落在周围易燃物品上，减少明火隐患。

⑤ 项目部安全人员巡视施工区域安全文明施工，检查施工人员、作业环境是否符合安全文明施工要求及方案要求，对于不符合安全要求的，责令其立即停止施工并完成整改，整改检查合格后方可继续施工。

4）应急措施

① 若拆除作业时不慎发生大面积跑水、漏水等现象，立即通知项目部并组织应急人员抢修。关闭系统管道进出口处阀门，利用塑料布将余水集中引入排水点或水桶内，防止水花大面积飞溅。

② 若因施工措施而误拆除办公公寓正常使用的系统管线，项目部应第一时间通知物业方、业主方等相关单位去现场处理。并立即组织应急人员赶到现场，准备抢修的机械设备、材料应到位，按照现场解决的应急方案组织施工，最短时间内恢复办公公寓用水、用电的正常使用。

③ 预备应急药品，如：烫伤膏、绷带、酒精消毒液、消毒棉团等；施工地点预备灭火器和装满水的水桶，防止电、气焊作业时引发易燃物。

5）成品保护措施

① 锅炉拆除时，旧的机电管线拆除不能野蛮施工，拆除作业要求合理、正确地进行。

② 拆除区域内的其他非拆除设备、管线等，须做好临时保护措施，严禁出现磕、碰损坏非拆除设备的情况。

③ 拆除后的管线应轻拿轻放，禁止直接掉落地面而造成对地面的破坏。

④ 机电管线在安装时，各工种要相互配合，除做好本专业的成品保护外，还应做好其他专业的成品保护工作。禁止在油、燃气管道附近动火，更不允许对油、煤气管道擅自进行改动或拆除。

⑤ 加强施工人员的成品保护意识，对进入施工现场的设备须加以保护；设备或备件码放整齐有序，禁止叠加（特别注意小、轻设备件上严禁放置重件、重物）。到场散件及施工工具应妥善保管防止丢失。对已安装的设备严禁蹬踏、碰撞，防止设备损伤。定期对已安装设备及管线进行外观清理，已保证其整洁、完好。

凝结水箱改造计划表   表 4.5-10

分项工程	开始时间	完成时间
1 号水箱相关的管道阀门关闭，关闭不严密的将加装盲板	第 1 天	第 1 天
新水箱进场，等待安装	第 1 天	第 1 天
1 号旧水箱拆除（靠近墙内侧水箱）	第 2 天	第 7 天
1 号新水箱拆除后清理基础，新水箱安装，水箱注水验收	第 8 天	第 14 天
1 号新水箱验收合格后，安装软化水管、补水管、泄水管等管线及阀门，管道安装验收	第 15 天	第 18 天
切换管道，将 1 号新水箱投入运行，观察 3d，运行正常后将进行 2 号旧水箱的改造工作	第 19 天	第 22 天

（4）酒店蒸汽锅炉的吊装

1）吊装搬运现场情况

经勘查施工现场：2 台 8t 燃气蒸汽锅炉安装在地下锅炉房内，距地面深度 6m；须跨越房顶高度 6m，吊装最大作业半径为 24m。锅炉吊到地下室后，再分别移至室内对应基础上；起重机先由锅炉房东南侧通道马路进入到锅炉房南侧通道马路与吊装口对应处，然

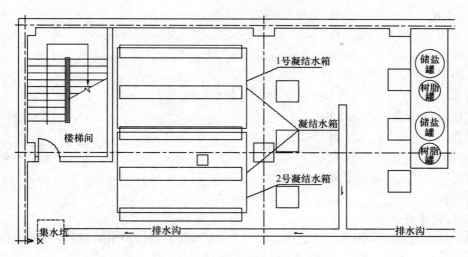

图 4.5-3　凝结水箱改造示意图

后锅炉由锅炉房东南侧通道马路进入，停放在门卫值班室与锅炉房南侧通道马路三岔口处。

2）吊装及搬运机具的选择依据

选择 300t 汽车式起重机吊装设备。起重机占地长 18m、宽 4m。

起重机的选择依据：设备的重量 24t，则其在吊装时的安全重量为：运输重量×安全系数＝24t×1.1＝26t。

查吊装性能表：300t 汽车式起重机在作业半径为 24m、初杆 39.4m 的情况下吊荷为 28t，结合设备安全重量，其满足吊装要求。

3）钢丝绳的选用依据

结合吊装物的安全重量，选择 4 根长 8m 6×25 直径 24.5mm 钢丝绳作为吊索。绳在 6 倍安全系数情况下允许拉力为：

计算公式：$T=P/K$（人民交通出版社《起重吊装常用数据手册》）

$T=253/6=42.17×4$ 根＝168.68kN。

所以，选择 4 根长 8m 6×25 直径 24.5mm 钢丝绳能够满足吊装需要。

4）施工前的准备工作

① 施工现场组织机构和安排

现场总负责：生产经理

现场管理人员：专业工程师

现场安全员：项目安全员

现场总指挥：吊装单位负责人

施工人员：20 人

② 施工吊装设备及搬运工具

300t 起重机　　　　　1 辆

工具车　　　　　　　1 辆

面包车　　　　　　　1 辆

4m 木托	2 块
千斤顶	4 台
竹胶板	12 块
木板	20 块
道木	20 块
直径 8cm 钢管	12 根
绞盘	1 台
10t 捯链	4 台
电锤	1 把
对讲机	4 台

③ 吊装准备

锅炉吊装时间安排两天，将会在吊装前 7d 通知商务楼锅炉吊装时间，以便商务楼安排工作。

A. 安装施工现场的照明电源，在附楼侧做好临时照明 2 处。

B. 锅炉房南侧通道马路应畅通，须协调商务楼对车库入口做临时封堵，起重机旁杂物应清理干净，保证设备顺利吊装（图 4.5-4）。

图 4.5-4　须提前清理的材料场地

C. 需要土建单位在吊装前 3d 配合将吊装口地下一层与吊装口隔墙拆除并清理垃圾。

④ 墙体拆除时做好安全施工

A. 提前熟悉图纸，明确拆除部位并在现场用油漆表明须拆除的墙体。

B. 拆除施工前，将待拆部位机电各专业管道等切断。防止拆墙时发生意外事故。

C. 拆除施工前在待拆除部位搭设防护脚手架进行封闭。防止拆除时损伤锅炉设备。

D. 拆除施工时在墙体下部柱边或剪力墙边开洞，检查没有线路影响后再依次分层拆除。拆除完一段后进行下一段拆除。

E. 拆除上部 2m 以上墙体时，由于高度较高，人工拆除须搭设施工平台，施工平台采用双排脚手架搭设。脚手架采用双排单立杆的形式，立杆纵向间距 1.5m、横向间距 1.20m、内立杆距墙皮距离 0.30m、步高 1.5m。立杆钢管接长采用对接扣件（图 4.5-5）。

F. 墙体拆除期间安排保安轮流值班确保现场安全。

G. 在锅炉吊装完成，进入锅炉房内后土建可以开始墙体恢复工作，但须留 2.3m×

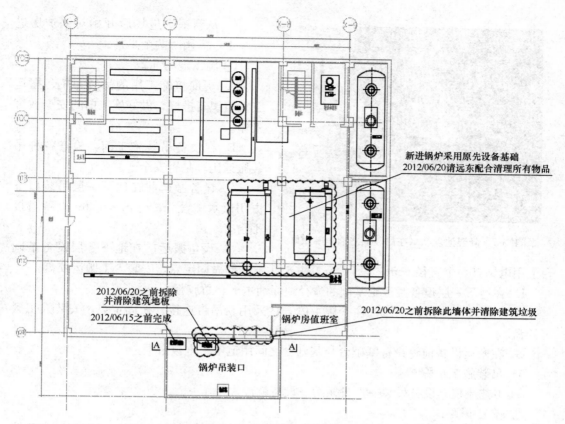

新进锅炉采用原先设备基础
2012/06/20请远东配合清理所有物品

2012/06/20之前拆除
并清除建筑地板
2012/06/15之前完成

2012/06/20之前拆除此墙体并清除建筑垃圾

锅炉房值班室

锅炉吊装口

图 4.5-5　锅炉房需改造部分墙体

2m 的预留洞以便其他机电配套设备进入锅炉房。

⑤ 需要土建单位在吊装前 10d 配合将新的降温池做好（图 4.5-6 和图 4.5-7），机电进行切换，并将旧的降温池拆除并清理垃圾。

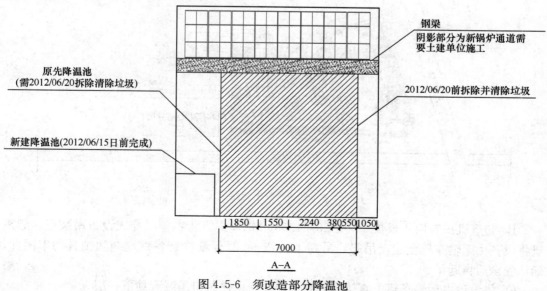

钢梁
阴影部分为新锅炉通道需
要土建单位施工

原先降温池
（需2012/06/20拆除清除垃圾）

2012/06/20前拆除并清除垃圾

新建降温池(2012/06/15日前完成)

1850　1550　2240　380 550 1050

7000

A-A

图 4.5-6　须改造部分降温池

图 4.5-7 降温池现状（在吊装前之前 10d 做好）

⑥ 从新锅炉进场后开始对锅炉房进行施工，需用时两个半月。

⑦ 施工现场准备

A. 提前将施工用的吊装车辆、搬运工人组织安排好，做好施工前的安全教育工作。

B. 在设备吊装施工前，检查各种吊装搬运工具是否安全。

C. 设备搬运前在地下一层吊装口下方用道木铺设 5m×5m×0.3m 设备对接平台。

D. 设备搬运前在地下一层设备基础台上用电钻打一个直径 6cm、深 60cm 孔并放 1 根钢筋做固定点，安装人工搬运绞盘。

E. 在地下一层设备搬运至基础的途径地面铺木板、竹胶板。

F. 利用地下一层楼主体方柱（楼主体方柱采用软吊带连接）做固定点，安装人工搬运绞盘。

G. 在搬运设备前将设备基础台与基础台之间用道木、木板搭平。

5）吊装施工步骤

① 工艺流程：设备吊装→设备搬运→设备就位

② 施工步骤

A. 300t 起重机 1 台，起重机先由锅炉房东南侧通道马路进入到锅炉房南侧通道马路与吊装口对应处，距吊装口 15m，然后锅炉由锅炉房东南侧通道马路进入，停放在门卫值班室与锅炉房南侧通道马路三岔口，起重机吊装占地南北长 20m、东西宽 11m（图 4.5-8～图 4.5-10）。

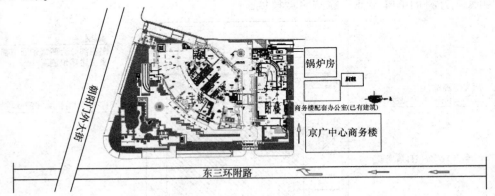

图 4.5-8　锅炉吊装路线图

B. 起重机吊装用 4 根长 8m6×25φ24.5mm 钢丝绳。将钢丝绳穿入设备吊装点，起重机将设备由运输车辆上缓慢吊起，吊高 10～20cm 时仔细检查各钢丝绳和锁具的牢固性，确认安全后再起吊。

C. 将设备由运输车辆上直接吊装到吊装口，由吊装口吊装到地下一层。

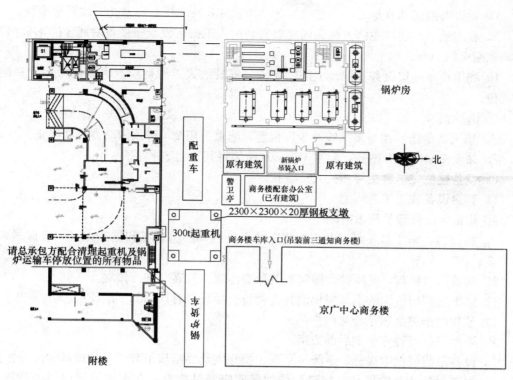

图 4.5-9　起重机作业位置

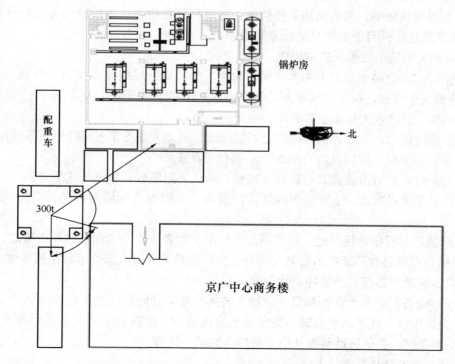

图 4.5-10　起重机作业半径示意图

D. 将设备缓慢落在地下一层已摆好的 2 块长 4m 的木托上，木托下放 8 根滚杠。

E. 利用地下一层楼主体方柱为固定点安装的人工搬运绞盘将设备沿铺设的木板向西、再向北搬运约 20m。

F. 利用地下一层设备基础台上的固定点，安装的人工搬运绞盘将设备搬运到基础台上就位。

③ 锅炉就位

A. 当设备落稳后如与基准线有少许偏差，起重工用 20t 跨顶做动力将其找正。

B. 如设备水平稍有偏差，起重工用 20t 跨顶将其顶起垫平。

C. 设备就位完毕后交与相关人员验收。

D. 其余设备施工工艺同上。

④ 质量保证管理及技术措施

A. 指挥员、施工员应组织参与吊装运输人员认真熟悉现场和施工方案，确保吊装运输安全。

B. 起重用的机具，必须符合国家有关标准。施工员逐一进行核对。

C. 施工过程所使用的钢丝绳检测其是否符合标准，有缺陷的不准使用。

D. 使用的捯链必须是合格的产品。

E. 要严格执行遵守审批后的方案。

F. 设备吊装过程中提升、下降要平稳，操作人员要听从吊装现场指挥员的统一指挥。

G. 吊装运输所有的机具、材料运往现场前应经过检查，在正式吊装前须经指挥员、安全员检查无误后方可正式使用。

H. 合理使用地形，对需借用某些构件、建筑物要征得有关单位的同意，经计算无损建筑物强度质量，并有适当保护措施方能借用。

⑤ 安全文明施工管理及技术措施

A. 坚持"安全第一、以人为本、预防为主"的方针，层层建立岗位责任制；遵守国家和企业的安全规程，在任何情况下，不得违章指挥和违章操作。

B. 现场吊装作业人员必须具有相关的岗位证书。

C. 吊装过程中，天气、风力应符合吊装要求，风力大于等于五级应停止吊装作业。

D. 吊装前应对吊装用具进行检查，必须有人看管。

E. 试吊时，要对吊装机具进行认真检查，确认无问题后，方可正式吊运。

F. 设备吊装过程中，上升、下降速度应缓慢，并随时观察绳索情况，发现问题及时处理。

G. 严禁用单根钢丝绳吊运，以免吊起后侧滑使设备失去平衡而发生严重事故。

H. 吊装现场要有厂家技术负责人在场，由厂家技术负责人指导吊索拴接方法。

I. 设备落地要轻稳，严禁冲击性着地。

J. 托运设备时，只允许钩拉设备钢座上的拖拉孔，其他部位严禁受力。

K. 为防止设备在下吊装孔时与周围建筑结构碰撞，应在设备两端各系一根大绳，分别由两个人牵引，其他行动要听从信号指挥员的统一指挥。

L. 晚上施工控制噪声、不扰民。

⑥ 安全措施

A. 按甲方工程技术要求，对吊装、运输、人工搬运现场，做好一切安全检查和必要的保护工作。

B. 严格按起重搬运操作规程施工，保证所搬运、吊装的设备安全平稳运行就位。

C. 指定现场负责人、安全员并做到统一指挥，分工明确，圆满完成任务。

D. 遵守施工现场各项规章制度，在设备搬运过程中，做好成品保护工作。

E. 做到文明施工、安全施工。

F. 施工工作结束后，由甲方现场验收。合格后，乙方清理施工现场，并及时撤离现场。

（5）酒店蒸汽锅炉的安装

1）编制依据

① 设备与管道安装施工规范

《锅炉安全技术监察规程》TSG G0001-2012

《风机、压缩机、泵安装工程施工及验收规范》GB 50275-2010

《现场设备、工业管道焊接工程施工规范》GB 50236-2011

《气焊、焊条电弧焊、气体保护焊和高能束焊的推荐坡口》GB/T 985.1-2008

《建筑给排水及采暖工程施工质量验收规范》GB 50242-2002

《机械设备安装工程施工及验收通用规范》GB 50231-2009

《工业金属管道工程施工规范》GB 50235-2010

《管道及设备保温》98T901

② 电器仪控施工规范

《电气装置安装工程电缆线路施工及验收规范》GB 50168-2006

《电气装置安装工程 盘、柜及二次回路接线施工及验收规范》GB 50171-2012

《电气装置安装工程接地装置施工及验收规范》GB 50169-2006

《电气装置安装工程 电气设备交接试验标准》GB 50150-2006

《建筑电气工程施工质量验收规范》GB 50303-2002

《自动化仪表工程施工及质量验收规范》GB 50093-2013

③ 建筑安装施工规范

《建筑内外墙涂料应用技术规程》DBJ/T 01-107-2006

《建筑安装分项工程施工工艺规程》DBJ/T 01-26-2003

《建筑装饰装修工程施工质量验收规范》GB 50210-2002

《工业安装工程施工质量验收统一标准》GB 50252-2010

《建筑工程施工质量验收统一标准》GB 50300-2013

《工业金属管道工程施工质量验收规范》GB 50184-2011

2）基础验收

按照设备基础图的要求对锅炉及附属设备基础的位置、尺寸、标高进行复验。其质量要求见表 4.5-11。

3）锅炉就位安装

基础验收、放线、校验合格后，进行锅炉等大件设备的拖装就位。锅炉由于自身重量比较大，需要配备相应的起重设备。在设备就位时，严格执行操作规程和安全规定。确保设备安全就位并及时按照规程对设备进行校正。

项　目			允许偏差（mm）
纵轴线和横轴线的坐标位置			±20
不同平面的标高 （包括柱子基础面上的预埋钢板）			0 -20
平面的水平度 （包括柱子基础面上的预埋钢板或地坪上需要安装锅炉的部位）		每米	5
		全长	10
外形尺寸	平面外形尺寸		±20
	凸台上平面外形尺寸		0 -20
	凹穴尺寸		+20 0
预留地脚螺栓孔	中心位置		±10
	深度		+20 0
—	孔壁垂直度（每米）		10
预埋地脚螺栓	顶端标高		+20 0
	中心距（在根部和顶部两处测量）		±2

　　锅炉在安装就位时根据施工场地具体情况和厂家提供的技术参数（原设计的吊点、拖点）进行吊装、就位，且必须保证锅炉水平安装。

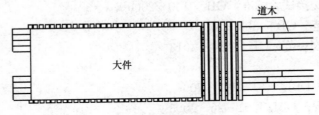

图 4.5-11　锅炉就位

　　锅炉就位倾斜角度坡度不大于 15°，确保锅炉平稳就位。通道上全面积铺设 200mm×200mm 枕木，通道宽度为锅炉宽度的 1.5 倍，枕木上设滚杠将锅炉慢速拖到位。如图 4.5-11 所示。

　　锅炉就位后再用千斤顶分层将锅炉顶起再将枕木和滚杠撤出后，平稳地放到指定位置，锅炉就位后应及时检查是否符合国家及厂家有关规定。

　　4）水泵安装

　　水泵安装须符合《风机、压缩机、泵安装工程施工及验收规范》GB 50275－2010、《机械设备安装工程施工及验收通用规范》GB 50231－2009。水泵安装基本要求如下：

　　① 水泵安装前应做下列检查：

　　A. 基础尺寸、位置、标高等符合设计要求。

　　B. 不应有缺件、损坏、锈蚀等情况，管口保护物和堵盖应完好。

　　泵的找平应符合下列要求：

　　a. 纵、横向不水平度不超过 0.1/1000。

b. 小型整体泵不应有明显的偏斜。

c. 按要求水泵基座应加装橡胶减振片。

d. 泵进出口按规定应设置金属软接头。

② 与泵连接的管路安装

A. 管子内部和管端应清洗干净，法兰密封面不应损坏。

B. 相连的法兰应对中，对中时不应借法兰螺栓强行连接。

C. 泵与管路连接后应复校找正情况。如由于管路连接不正常，应调整管路。

D. 施工时应防止焊渣进入泵内和损坏泵的配件。

5）全自动软水器安装

全自动软水器的选用及安装严格按照《锅炉水（介）质处理检验规则》TSG G5002 - 2010 执行。

① 按现场需要准备基础，也可在地基上水平安装。

② 设备附近地面要有排污口。

③ 入口水压低于要求值，必须加装增压泵。

④ 软化出水管道为直通加热装置，必须加装逆止阀，防止热水回流。

⑤ 保持盐液达到饱和浓度，固体盐液应高于液面。

⑥ 安装完成后应冲洗管道，防止杂质造成管道堵塞及污染。

6）管道安装

① 管道焊接施工质量及技术要求须符合《现场设备、工业管道焊接工程施工规范》GB 50236 - 2011；工艺管道施工质量及技术要求须符合《工业金属管道工程施工规范》GB 50235 - 2010，同时符合设计要求。

② 管道安装前必须对管材、管件对照材质单进行认真检查，供水、回水、排污管道为无缝钢管，其他管道均采用热镀锌钢管。大气直通管的安装必须符合《锅炉安全技术监察规程》TSG G0001 - 2012。所有管材未经检验不得使用。

③ 管道除锈、防腐应在安装前进行，管道试压且经过有关部门验收后及时对焊口进行防腐处理。

④ 管道焊口、吊架间距、管道防腐、管道保温等按设计要求及相关规范施工。

⑤ 大口径管道安装前必须根据现场条件，制定施工措施，确保安全和质量。

⑥ 管道安装所使用的附属材料、垫片、螺栓、电焊条等必须与管材材质及其介质的情况相符，其质量必须符合有关标准。

⑦ 支、托、吊架按照《装配式管道支吊架》88R420 制作与施工，支架间距按设计规定；支、托、吊架制作应用机械切割，禁止用气焊切割。

7）管道加工

① 所有管道均采用机械切割。使用砂轮锯切割时，切口表面平整、不得有裂纹、重皮、毛刺、凸凹、缩口；熔渣、氧化铁等应清除；切口表面倾斜偏差为管子直径的1%，但不得超过 2mm。

② DN25 以下低压管道要用螺纹连接，管道螺纹加工应清洁、规整，无缺丝现象，个别断丝不超过全扣的 10%。

③ 水平管道架设时，采用 $I = 0.003$ 的坡度，坡向便于排气、放水。施工时应在管道

最高点设置放气阀，最低点设置排水阀，具体位置根据现场情况而定。

④ 管子装置偏差：±3mm（间距及垂直度）。

⑤ 管子坡度要求：0.003 的合格率≥95％。

⑥ 直径≥100mm 的管子或壁厚≥5mm 的管子焊接前须开 V 形单坡口。管子、管件组对安装时，应检查坡口质量，不得有裂纹、夹层等缺陷，并对坡口及其内外侧进行清理，清理合格后应及时施焊。焊接全部为氩弧焊打底，电焊加强照面。焊条使用前应进行烘干，使用过程中保持干燥。焊条药皮应无脱落和显著裂纹。

⑦ 管道焊接安装严格按照焊接工艺指导书进行，完成后及时报请检验单位进行探伤检验，合格后做好防护处理。

⑧ 管道安装时，应对法兰密封面及密封垫进行外观检查，不得有影响密封性能的缺陷。法兰连接时应保持平行，其偏差不大于法兰外径的 1.5/1000，且不大于 2mm，不得用强紧螺栓清除歪斜。法兰应保持同轴，其螺孔中心偏差一般不超过孔径的 5％，并保证螺栓自由穿入。

⑨ 管道穿过构筑物时，应加装钢制套管。钢制套管为焊接钢管或无缝钢管，并用机械切割。套管的制造和安装必须符合相关规定。由于是旧锅炉房改造，套管的具体位置视现场情况可适当调整。

⑩ 管道安装完毕后，进行冲洗。

⑪ 热水系统回水干管上的除污器安装在易于除污的位置。

8）阀门安装

① 阀门的安装位置、高度、进出口方向必须符合设计要求、连接应牢固紧密。

② 安装在保温管道上的各类手动阀门，手柄均不得向下。

③ 阀门安装前必须进行外观检查，阀门的铭牌应符合现行国家标准《工业阀门　标志》GB 12220－2015 的规定。锅炉阀门应到检验所检验，合格后方准使用。

9）试验

① 管道水压试验

在安装保温材料前进行水压试验，试验要求如下：

按《建筑给水排水及采暖工程施工质量验收规范》GB 50242－2002 进行。

A. 压力试验前应具备如下条件方可开始试压。

试验范围内的管道安装工程除涂漆绝缘外，按设计图全部完成，安装质量符合有关规定。焊缝及其他待检部位尚未涂漆和绝缘，管道上的膨胀已设置了临时约束装置。

B. 试验用压力表已经检验，压力表为 2 块。有符合压力试验要求的介质。

C. 根据系统运行压力，管道水压试验压力为工作压力的 1.25 倍。管道做水压试验时，管段上的阀门应全开，试验管段与非试验管段连接处应隔断。压力先升至试验压力，观测 20min，如压力下降不大于 0.05MPa 再降至工作压力，做外观检查，以不变形、无异常、不渗漏为合格。

D. 试验结束后，应及时拆除盲板。

E. 管道试压合格后应对系统进行反复冲洗，直至排出水中不夹带泥砂、铁屑等杂质，且水色不浑浊时为合格。

② 锅炉水压试验

本次安装设备为承压蒸汽锅炉系统，应严格按照规范要求进行水压试验。试验用压力表已经检验，压力表为 2 块，有符合压力试验要求的介质。先将压力缓慢升至工作压力 1.25MPa，做外观检查，系统不变形、无异常、不渗漏，保持 20min，无压降；再将压力缓慢升至试验压力 1.6MPa，观测 20min，如压力下降不大于 0.02MPa 再降至工作压力，做外观检查，以不变形、无异常、不渗漏为合格。

③ 锅炉煮炉

采用碱性溶液煮炉，加药量根据锅炉锈蚀、油污情况及锅炉水容量而定。如锅炉出厂说明书未做规定时，可按表 4.5-12 规定计量加药。

锅炉加药量（kg/t 炉水）　　　　　　　　　　　表 4.5-12

药品名称	铁锈较薄	铁锈较厚
氯氧化钠（NaOH）	2～3	3～4
磷酸三钠（$Na_3PO_4 \cdot 12H_2O$）	2～3	2～3

表 4.5-12 中药品用量按 100% 纯度计算，无磷酸三钠可用碳酸钠（Na_2CO_3）代替，用量为磷酸三钠的 1.5 倍。

将两种药品按用量配好后，用水溶解成液体，从上人孔处或安全阀处缓慢加入炉体内，然后封闭人孔或安全阀。操作时要注意对化学药品腐蚀性采取防护措施。

煮炉：加药后进入煮炉阶段，当压力升至℃时，连续煮炉 12h，煮炉结束停火。

煮炉结束后，待锅炉水温降至 60℃时方可将炉水放掉，待锅炉冷却后打开人孔和手孔，彻底清除内部的沉积物，并用清水冲洗干净；检查锅炉，无油垢、无锈斑为煮炉合格。

10）管道保温、防腐

工艺设备、管道保温质量及技术要求须符合《工业设备及管道绝热工程施工规范》GB 50126-2008 及华北标 91SB 系列图集的规定进行。基本要求如下：

保温材料必须符合设计要求（如厚度，材质等）。管道安装完毕后及时进行水压试验，水压试验合格并经有关主管部门验收、防腐合格后才可进行保温工作。

① 保温层的施工

A. 保温工程施工应符合设计要求。

B. 一般按保温层、保护层的顺序施工。

C. 保温制品的拼缝宽度不应大于 3mm。

D. 方形设备或方形四角的保温层采用保温制品敷设时，其四角缝应做成封盖式搭缝，不得形成垂直通缝。

E. 非水平管道的保温工程施工，应自下而上进行。

F. 阀门或法兰处的保温施工，当有热紧要求，应在热紧完毕后进行。保温层结构应易于拆装，法兰一侧应留有螺栓长度加 25mm 的空隙。阀门保温不妨碍阀门填料的更换。

G. 管道端部或有盲板的部位，应设绝热层，并应密封。

H. 施工后的保温不得覆盖铭牌。

② 金属保护层施工

金属保护层的材料厚度为 0.5mm。铁皮圆筒包裹到保温层外面时，应使其紧贴到保温层上，不留空隙，并使纵缝搭接口朝下；水平的管道，其环向接口应沿管道坡向搭向低处。其纵向接缝宜布置在水平中心线下方的 15~45°外，缝口朝下。

11）锅炉试运行

锅炉安装完毕，煮炉合格后，进行 48h 试运行，并记录运行情况。

12）质量管理体系与措施

① 工程质量目标

A. 消除不合格工程，杜绝质量隐患。

B. 分项工程合格率 100%，优良率达到 95% 以上。

C. 单位工程质量竣工验收一次交验合格。

② 确保工程质量的技术组织措施

A. 施工准备保证

认真做好图纸、资料的会审及验收工作，做好图纸会审、设备随机图纸、设备质量证明书及其他使用说明书的验收工作。

确认施工及验收规范和产品质量检验评定标准。

落实工序前后检查工作：检查施工环境条件是否满足要求，机具和计量器具是否经过检验并在有效期内，工程材料及设备验收等是否满足要求。

B. 施工过程中的质量保证

严格执行逐级技术交底制度，要按规定分层次分阶段地进行，要有文字记录和交底人及被交底人的签字手续。交底内容要有针对性，突出重点及施工关键，明确有关的施工资料依据，严格遵照执行，杜绝无依据修改。

要定期检查施工器具、设备的配备是否符合要求，计量器具和检验、试验设备是否有检定标识和标准记录。定期对设备进行必要的维护和保养，如有不符合要求的情况应做好记录，并报有关部门处理。

把好原材料的质量关，坚持严格的进货检验、试验制度，搬运、储存、发放制度。安装前，对于业主提供的设备、材料要认真核实其材质文件及检查外观质量，存在的问题要记录在案，并提出处理意见，对于自行采购的材料要货比三家，择优选购。

无材质证明或质量低劣的材料坚决杜绝进场使用。在产品的验收、运输、储存、安装、交付各阶段应按适当的方法进行标识，以便追溯和更正。

工长要带领作业人员对施工质量进行自检，坚持开展"三工序"活动：即检查上道工序、保证本道工序、服务下道工序，使工序过程始终处于受控状态。

如分项工程施工中发现了重大质量波动，质量负责人应及时组织有关人员对过程能力进行分析、找出原因、制定纠正及预防措施，进行改正并做好记录。

分项工程完成后，由单位工程负责人组织工长、班组长对分项工程质量进行检查评定，专职质检员核定质量等级。

经理部要阶段性的对质量情况组织大、中、小型的检查、评定活动，对存在的问题有针对性地整改。施工过程中坚持实行自检、专检、交接检的三检制度，加强中间交接履行签字确认手续，工程的最终检验、试验应邀请业主方、设计方、质量监督部门代表参加，办理相应的检验、核验手续。

施工技术资料和质量验评资料与施工同步，及时做好资料的收集、整改的汇总工作。

对关键过程的质量控制要与一般的过程控制不同。

工程师组织有关技术、质检人员及工长，对关键工序所配备人员、施工机具、设备、计量器具和检验设备做全面的评定和检查；对所要求的工作环境进行检查，并保留检查记录。

C. 关键施工工艺的质量保证

在本工程中，焊接质量是锅炉安装工程最为重要的环节。因此我公司将在施工前建立质量控制体系以确保焊接工程的质量，并由我公司焊接工程师直接负责本工程锅炉安装中焊接工艺的质量。

施工技术人员的保证措施：我公司焊接工程师，将在施工前挑选实践经验丰富、操作技能水平高的焊接技术人员，进行专门的岗前培训。考试合格的持证焊工方准参加施工作业。并对作业焊工进行不定期的工艺纪律检查，凡是违反国家相关规定及公司制定的《焊接工艺指导书》、《焊接工艺评定报告》等有关保证焊接工程质量工艺规程的焊工，由公司招回并进行培训，培训合格的人员，方可回到施工现场进行施工。

先进设备的保证措施：由于本工程工期较短、施工难度较大，我公司服务客户，确保质量出发，将投入先进的焊接和相关设备保障焊接工程质量和提高焊接生产效率。设备由专人管理、保养，定期维修，并由项目经理部不定期检查设备运行情况登记备案。

焊接焊材的保证措施：我单位考虑到焊接材料是保证焊接质量的基本条件，因此设置焊接材料一级、二级库，建立焊接材料采购、入库验收、保管、烘干、发放、回收制度等。管道、管件、阀门及卷管板材必须具有制造厂的质量证明书，方能入库、使用；由我公司专门人员进行管理，严格遵照国家有关焊接材料采购、验收、保管等制度执行。焊条选择应根据所施焊的母材而定。焊条使用前须烘干，烘干温度为 $150\sim250℃$，烘干后放在保温筒内 4h 后待施焊，并不定期对焊接材料的管理进行抽查登记备案。

焊接过程的保证措施：焊接时应采取合理的施焊方法和施焊顺序。焊接过程中对质量控制要执行工艺纪律，监督焊工和操作者严格按焊接工艺卡所规定的焊接电流、焊接电压、焊条或焊丝直径、焊接层数、速度、焊接电流种类与极性、层间温度等工艺参数和操作要求（包括焊接角度、焊接顺序、运条方法、锤击焊缝等）进行焊接操作。焊接前应检查坡口的质量，不应有裂纹、分层、夹渣等缺陷，当发现缺陷时，应修磨或重新加工；同时，焊工在焊接过程中还要随时自检每道焊缝，项目经理部由专人定期对焊工焊接的工序进行抽查，发现缺陷立即清除，重新进行焊接。

除工艺或检验要求要分次焊接外。每条缝宜一次连续焊完，当因故中断焊接时，应根据工艺要求采取保温缓冷或加热等防止产生裂纹的措施，再次焊接前应检查焊层表面，确认无裂纹后，方可按原工艺要求继续施焊。

在保证焊透和熔合良好的情况下，采用小电流、短电弧、快焊速和多层多道焊工艺，并应控制层面温度。

管道表面必须彻底除锈和清除焊渣，直到露出金属光泽、无油、无酸碱、无水、无灰尘方可涂漆。对每段或每根管应全部除锈后才可刷漆，不得一面刷漆，一面除锈。

③ 可追溯性质量保证措施

A. 制定焊接工艺指导书：根据各分班组承担任务的具体内容及开工日期，编制指导书的编号和日期，按工期顺序排列。以现场实际工作内容确定所焊的焊件钢号制定相应的焊接工艺评定报告的编号。采用何种焊接方法，什么样的接头形式，简明划出坡口、间隙、焊边分布和顺序。母材熔敷金属厚度范围、管子直径范围、焊接位置、编制人和审批人签字和日期。

B. 制定焊接工艺评定报告：焊接工艺评定编号和日期相应指导书编号。焊接方法、接头形式。母材钢号、厚度直径、质量证明书。焊接材料的牌号、直径、质量证明书。焊接位置、焊接接头的外观检查结果、焊接工艺评定结论、焊工姓名和编号、报告人签字和日期。

2. 利旧制冷机组的停机养护

（1）制冷机组停机养护

1）情况说明

京广中心装修改造工程施工工期将历经两年，改造范围为 24 层以下酒店区域的建筑、机电及装修整体改造。供酒店使用的 3 台制冷机组（设备编号 CH-L-01～03，制冷量 2183kW/台）位于 24 层设备层，因酒店改造，制冷机组停机保养，待酒店区域机电系统改造完成后重新启动。

为保证制冷机组在装修改造工期后仍能正常启动，并达到停机前的使用效能，机电单位与制冷机组厂家人员进行多次方案研究，并编制了 3 个设备维护方案，经与项目管理部对方案的多次磋商讨论，最终拟定编制本制冷机组长期停机保养方案。

2）机组长期停机保养方案现状说明

在机电单位进场前，24 层制冷机组已经处于停机、油路通电运行状态，水路系统已停止运行。经现场勘查机电单位在 2010 年冬季前对此机组做了一些前期保护工作：

① 将 24 层设备层机房所有的门洞封堵并贴上封条防止冷气进入。

② 在 24 层安装 2 个温度计，并定期对 24 层温度状况进行监测。

③ 将制冷机组冷却水、冷冻水管路的余水排出。长期保护方案（专业厂家施工）。

3）机组长期养护

① 打开制冷机组两侧的蒸发器、冷凝器水室的端盖。

② 将蒸发器内的制冷剂泵入冷凝器，蒸发器内只留下 0.15MPa 冷媒维持正压，防止空气进入制冷系统。

③ 将机组水管侧管路内余水吹扫，保持机组内部干燥。

④ 对机组进行充氮保养：关闭制冷机组与外界连通的管道阀门，将制冷机组冷冻、冷却管道接口用钢制盲板封闭；向机组水路侧内充入略大于 0.1MPa（表压）的氮气，使之处于略微正压状态，使空气不能进入制冷机组，防止机组铜管与空气接触产生锈蚀。

⑤ 清理启动柜，做电气的检查测试，确保电器安全。

⑥ 制冷机组整机断电，断电点在冷冻机组的本体控制箱处，并同时关闭同层的制冷机组配电柜电源。

4）制冷机组保护

制冷机组因酒店改造需要停机保养两年。在改造期间内，同层设备房内需要进行其他管线的改造施工，制冷机组上方原有的管线须拆除并安装新的管线，为防止施工时对下方制冷机组的损坏，须制作保护罩。

① 保护罩位于制冷机组上方，其外形尺寸要大于机组，能将制冷机组及机组本体连

接所有管线整体罩起，包括其机组本体的电气控制柜部分。

② 保护罩的外形为三角形，主体框架为5号角钢，框架上铺设0.6mm厚的钢板，铆钉固定。

③ 保护罩的支撑为5号角钢制作的四根立柱，立柱高度以高出机组最上方管线20cm左右为宜，立柱与结构地面用膨胀螺栓固定。

④ 保护罩制作完成后应结实牢固，如存在摇晃或不稳，要根据现场情况在适当位置增加支撑。

⑤ 制冷机组用彩条布覆盖，以防施工期间渣土、尘灰等散落在机组外表面，使机组表面受污染。

5) 停机养护建议

制冷机组长期停机保养，在机组开机启动前建议对机组进行内部检查及保养，以使制冷机组具备最佳的使用效能，保养的主要工作有：

① 更换油过滤器及其密封圈。

② 检查油系统回路和油冷却系统，更换回油过滤器。

③ 更换压缩机润滑油。

④ 检查制冷剂冷却系统回路，更换冷媒过滤器。

⑤ 机械清洗机组水侧铜管污垢。

⑥ 平衡系统制冷剂压力。

⑦ 测试压缩机电机、油泵电机绝缘情况。

⑧ 检查制冷剂是否混入氮气，确保制冷剂的纯度满足机组正常运行的要求。

⑨ 将机组内的原制冷剂抽出，并补充制冷剂剂量至694kg/台，使之满足机组正常运行的需求。

3. 空调机房降噪处理

(1) 附楼8层空调机房现状及存在问题

附楼8层屋顶东西侧各一个机房，西侧机房内安装空调设备4台，东侧机房安装空调设备5台。其中西侧机房距最近一栋居民楼仅约50m。当所有机组同时开启，设备噪声会对附近居民生活产生影响，在夜晚尤甚。

(2) 噪声问题分析

风机运转时产生的噪声主要有空气的动力性噪声（即气流噪声）、传动齿轮噪声、电机噪声和调压阀噪声等，其中强度最高、影响最大的则是空气动力性噪声。

经现场噪声测试，所得数据见表4.5-13。

现场噪声测试数据 表 4.5-13

部位	设备编号	设备噪声（dB）	机房外噪声（dB）
西侧机房	EAF-RF-01	60	55
	EAF/SEF-RF-01	65	59
	KEF-RF-01	82	90
	KEF-RF-02	81	89
	综合（全部开启）	85	92

部位	设备编号	设备噪声（dB）	机房外噪声（dB）
东侧机房	EAF-RF-03	62	58
	TEF-7F-01	60	55
	AHU-RF-01	63	56
	AHU-7F-02	64	58
	KEF-RF-03	90	79
	综合（全部开启）	93	85

分析表 4.5-13 数据可知，3 台排油烟机组 KEF-RF-01、KEF-RF-02、KEF-RF-03 所产生噪声最大，其中 KEF-RF-01、KEF-RF-02 在机房外噪声大于机房内噪声，可见空气动力性噪声占主导作用。根据现场安装情况看，此 3 台设备均靠外墙百叶窗安装，风机出风口紧贴百叶窗，气流出风机后无足够长直管段进行整流降噪而直接排至室外，产生较大噪声，为主要噪声源。

在自由声场（自由空间）条件下，点声源的声波遵循着球面发散规律，按声功率级作为点声源评价量，其衰减量公式为：

$$\Delta L = 10\lg(1/4\pi r^2)$$

式中：ΔL——距离增加产生衰减值，dB；

r——点声源至受声点的距离，m。

将机房看做点声源，则距机房最近居民楼（约 50m）处噪声衰减为：

$$\Delta L = 10 \times \lg(1/4 \times 3.14 \times 50^2) = 32.9 \text{dB}$$

根据《声环境质量标准》GB 3096-2008 城市 5 类环境噪声标准值（表 4.5-14）的规定。

城市 5 类环境噪声标准值列表　　　　　　　　　表 4.5-14

类别	昼间（dB）	夜间（dB）
0	50	40
1	55	45
2	60	50
3	65	55
4	70	55

0 类标准适用于疗养区、高级别墅区、高级宾馆区等特别需要安静的区域，位于城郊和乡村的这一类区域分别按严于 0 类标准的 5dB 执行。

1 类标准适用于以居住、文教机关为主的区域。乡村居住环境可参照执行该类标准。

2 类标准适用于居住、商业、工业混杂区。

3 类标准适用于工业区。

4 类标准适用于城市中的道路交通干线道路两侧区域，穿越城区的内河航道两侧区域。穿越城区的铁路主、次干线两侧区域的背景噪声（指不通过列车时的噪声水平）限值也执行该类标准。

本项目位于北京东三环西侧，为居住、商业区，符合第 2 类标准，即夜间对附近居民楼产生噪声不超过 50dB。由上述计算可知，机房外噪声不超过 50＋32.9＝82.9dB 即能满足要求。

（3）噪声解决方案

风机产生的动力性噪声包括风机叶轮旋转时周期性的向外排气所造成的压力脉冲而产生的周期性排气噪声，以及气体涡流在风机叶轮上分裂时引起的涡流噪声两个部分。其中排气的强度主要与叶轮的转速、风机排气的流量和静压等因素有关，其噪声频谱常呈低中频性，并伴有一定噪声峰值。而涡流噪声则取决于风机叶轮的形状，气流相对机体的流速及流态，一般均产生连续频谱的高频噪声。

由于机房内空间狭小，无法更改管道使风机出口远离外墙百叶窗，加装直管段稳定气流流速及流态，故推荐安装消声器进行降噪处理。

阻性消声器主要是利用多孔吸声材料降低噪声。把吸声材料固定在气流通道的内壁上或按照一定方式在管道中排列，就构成了阻性消声器。当声波进入阻性消声器时，一部分声能在多孔材料的孔隙中摩擦而转化成热能耗散掉，使通过消声器的声波减弱。且阻性消声器对中高频噪声有着较好的降低效果。

4. 运行状态下大堂区域空调系统改造

1）改造目的

因现在土建需在一层 X1-X0/Y2-Y2A 区域进行新增钢梁区域，该区域内机电管线需进行拆除或改造。机电单位前期已对该区域机电管线进行管线排查，并已将排查报告呈送。该区域主要机电管线有：首层办公公寓大堂空调送回风管、首层办公公寓大堂内风机盘管供回水管、从 24 层分气缸至地下一层锅炉房的凝结水管等。

2）管线改造步骤

首先办公公寓大堂现有 AHU 空调机组正在使用，为办公公寓大堂夏季提供制冷，冬季提供制热；其次由于首层办公公寓大堂综合吊顶图纸未定，其内部管线未定；第三由于按照机电图纸，首层办公公寓大堂 AHU 将移至地下一层 9 号机房，空调水管同时移至地下一层管井，首层大堂内空调系统将会进行重新安装；所以本次管线改造主要保证办公公寓大堂 AHU 机组的正常使用，待后期正式空调系统确定后再进行最后改造。

根据前期管线排查及土建新增钢梁区域图纸，在该区域内主要需要进行改动的机电管线有：首层办公公寓大堂空调送回风管、首层办公公寓大堂内风机盘管供回水管、从 24 层分气缸至地下一层锅炉房的凝结水管等。

① 首层办公公寓大堂内风机盘管供回水管改造

由于保证首层办公公寓大堂 AHU 的正常使用，所以办公公寓大堂吊顶内风机盘管暂时不考虑使用，其改造方式为对改造区域之风机盘管供回水管直接进行截断封堵。首先提前向项目管理部及物业方申请将对 5～B1 层管井空调管道泄水，届时首层办公公寓大堂 AHU 机组、B1 商务配电室补风机房及主楼配电室补风机房将暂时停用（要项目部通知）；泄水完成后将办公公寓大堂风机盘管供回水管截断并进行封堵；最后打开 5 层管井内阀门，以保证 B1 商务配电室补风机房、主楼配电室补风机房及首层办公公寓大堂 AHU 机组正常使用。

在土建新增钢梁完成后将最初已截断的办公公寓大堂风机盘管供回水管恢复，以保证首层办公公寓大堂风机盘管正常使用。

② 首层办公公寓大堂空调送回风管改造

AHU 机组的空调送回风管进行改造，由于土建结构新增钢梁正好处于 AHU 机组的空调送风管上面，所以对 AHU 机组风管改造为将送风管拆除，然后将回风管往不受新增梁影响区域移动，最后将机组出风端送风管与回风管相连，以保证在土建改造期间办公公寓大堂空调系统的正常使用。

③ 从 24 层分气缸至地下一层锅炉房的凝结水管改造

从 24 层分气缸至地下一层锅炉房的凝结水管管道改造，经与项目管理部沟通，该管道可直接进行管道截断然后使用软管接至原办公公寓大堂雨篷的雨水管（详见附件五）。

④ 首层办公公寓大堂内风机盘管供回水管改造和办公公寓大堂空调送回风管改造，为保证最低程度减少办公公寓大堂空调系统停运时间，两部分改造将同时进行。

3）重点注意事项

① 进行施工前首先必须到项目管理部及物业方开具施工单，得到批准后才能进行改造施工。

② 关闭 5 层空调水管进行管道泄水时，必须安排专人进行看守，以防止跑水现象发生。

③ 拆除前项目专业工长必须带领施工班组长对要拆除空调水管、风管进行标识，防止施工过程中造成错拆或误拆。

④ 在施工程配备临时消防措施，如简易消防水箱、消防水桶、灭火器等，保证施工现场的消防安全。

⑤ 在拆除施工过程中，现场配备项目专职安全员及施工队专职安全员进行现场监督。一旦发生紧急情况及时向项目部、物业方、项目管理部进行汇报。

⑥ 拆除的管道、设备及保温层必须及时清理出场，保证施工现场的安全文明施工。

5. 运行状态下车库区域机电管线改造

1）改造目的

本方案为土建地下一层新建汽车坡道区土建楼板破除、新建车道而进行的锅炉房给水排水、蒸汽凝结水、电缆的移位改造。主要施工区域在地下一层 Y1～Y4/X1～X4 轴范围。

本方案适用于地下一层高温受水室区域锅炉房生活给水、管路的改造；高温受水室凝结水池及其排水管道的移位改造；39 层分汽缸蒸汽凝结水管、生活热水罐凝结水管的移位改造，锅炉房主电缆的移位接驳改造等内容。

2）改造前概况

本次改造的机电管线主要为物业方锅炉房的相关管线，锅炉房目前给 39 层办公、公寓生活热水汽水罐提供蒸汽，在相关管线的改造期间需要停锅炉 4h。为尽量减少对办公、公寓生活热水的影响我司拟将施工时间安排在周末进行，在施工前一天请物业将热水罐热水蓄至最大位置，协调各专业在此之前做好一切施工准备：给排水管道、凝结水管道、电缆桥架等的提前预制安装，在锅炉房停炉后 4h 内完成各专业管线的接驳工作。

3）施工准备及部署

① 技术准备

由技术负责人组织参加施工的专业技术员，班组长认真熟悉现场及相关文件、标准规范，做好现场管线排查标识，图纸绘制。施工前各施工人员接受技术交底和安全培训。

② 机具准备

气焊切割设备、电焊机、切割机、管钳、绳、灭火器、消防水桶等，其他机具根据需要灵活使用。

③ 场地布置

管材、切割、焊接下料等工作主要在首层高温受水室区域进行。

④ 改造前技术准备

工程师带领施工班组长现场逐个排查管线，对要移位改造管线做好标识。标识要求如下：A4纸上标明系统、管道走向；标识采用加粗的黑色记号笔，字迹清楚；标识在管道上粘贴牢固并贴于醒目位置。工程师根据现场情况绘制移位改造区域图纸并标注清楚，标注与现场标识相对应，部分管线密集不易分辨处应附现场照片并说明。

⑤ 确定改造移位范围：根据B1土建坡道破除加固区实际情况，确定各时段改造移位区域及内容。施工前工程部下发已签字拆改施工图纸与施工队并对照现场管道标识进行改造移位，相关工程师现场指挥管理。

⑥ 提出改造移位申请

主要流程为现场管道排查完成、标识清楚、自检完成准备相关资料向监理方、业主方、物业部门提出改造移位申请各方现场检查确认，签字手续完成开始施工。

A. 进行改造移位施工。

B. 施工区域做好围挡及警示标志。

C. 做好管道的泄水排污工作。

D. 改造移位施工前检查阀门是否关闭，由于现场阀门设备运行多年，可能关闭不严密。

E. 水管路系统主要用氧气乙炔切割，施工前要注意以下事项。

a. 主要施工人员必须持证上岗。

b. 灭火器及灭火水桶准备。

c. 搬移排除现场易燃易爆品。

d. 氧气乙炔瓶放置保持安全距离。

F. 对于暂不拆除的管道、设备，也应做好保护工作，以保证其正常使用。

G. 施工现场清理

a. 对施工区域及附近的着火隐患区域进行检查，确保无着火隐患。

b. 对施工现场垃圾废料进行清理，地面清扫干净，在浮尘较多区域须洒水降尘。

c. 施工现场检查，施工完成后管理人员现场核查施工质量及现场安全。

4）改造施工方案具体步骤及措施

本次改造施工电气、给排水、暖通专业要同时交叉进行作业，现场需要拆除的区域如图4.5-12所示。

① 电气专业

B1层结构顶板进行破除工作，此时原供给锅炉房2根动力电缆（YJV4×185）和1根照明电缆（YJV4×70）须改造移位，此部分锅炉房原供电3根电缆已从副楼1号站移位至主楼5层2号站，现由于土建结构破除需要移位，此部分工作不在我司合同范围内。

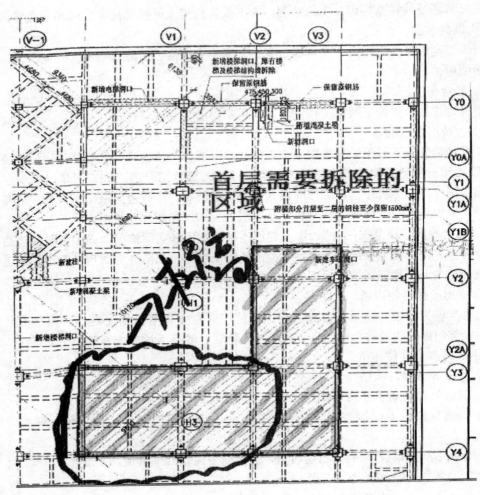

图 4.5-12　现场需要拆除的区域

移位具体工作：

第一步：施工申请单办理，在施工申请单上填写好需要停电锅炉房动力和照明电源开关编号，找总承包方、监理方、业主方、物业方签字确认。

第二步：断电、验电、挂标识牌。在5层2号站将供给锅炉房3个开关拉闸断电，用试电笔对每个开关进行三相验电，验电无误后，悬挂"线路有人维修，禁止合闸"标识牌。

第三步：电缆切断、移位、接驳。3根电缆线路敷设方式为沿顶板下梁底吊装，电缆接驳由三组人分别接一根，利用铜连管连接，采用热缩管密封，再用塑料绝缘胶布和黑胶布缠好，最后用塑料带缠好，用时4h。

第四步：送电与锅炉房物业联系，电缆已接驳好。将送电、送电时，锅炉房安排一人守候，最后验电并确认无误后，待设备运行正常后即可。

② 给水排水专业

B1 层结构顶板进行破除工作，此时原供给锅炉房的一根 $DN15$ 的给水管及集水坑需

106

要改造移位。给水管主要提供锅炉房生活用水及锅炉取样器冷却用水，集水坑主要为蒸汽管线的凝结水疏水，坑内没有任何设备，总承包方将集水坑移位后我司需要配合将 B2 层的排水管道移位改造。（总共停水时间 1h，在电气切换停炉 4h 时段内进行）

材料准备：DN25 镀锌钢管 20m，DN15 镀锌钢管 50m，DN150 镀锌钢管 6m。DN15 玻璃棉保温 5cm 厚 50m。

改造步骤

将新管道路由按照改造后的图纸位置安装完成→关闭阀门接驳管道，此步骤大约需要停水 1h（停水时间在电气切换停炉时间内进行）。→管道重新保温→集水井需要总承包方移出破除区域→预留好管道安装的洞口→在 B2 层将管道切断重新接驳。

改造前情况见图 4.5-13。

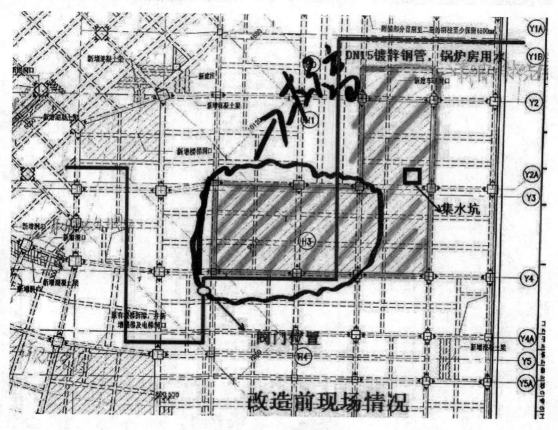

图 4.5-13　改造前情况

现场照片见图 4.5-14 和图 4.5-15。

改造后现场情况见图 4.5-16。

③暖通专业

B1 层结构顶板进行破除工作，39 层分汽缸蒸汽凝结水管、生活热水罐凝结水管及蒸汽主管道 DN20 疏水管需要临时移位改造。在停炉前完成新管道的安装工作，接驳时间 2h（时间安排在电气切换停炉 4h 时段内进行）。此部分管线为办公、公寓使用，我方招标图中亦无此管线，现由于土建结构破除需要移位，此部分工作不在我司合同范围内。

图 4.5-14　阀门位置

图 4.5-15　集水坑位置

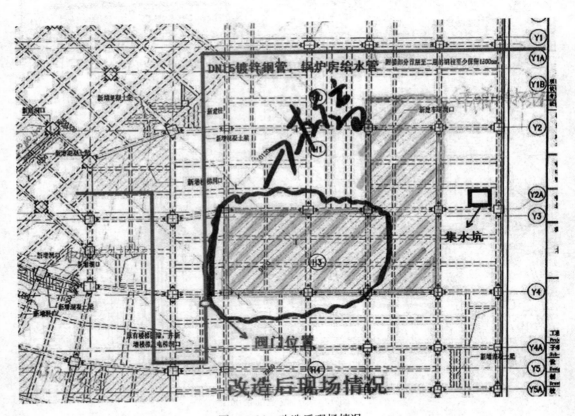

图 4.5-16　改造后现场情况

　　材料准备：$\phi133$ 无缝钢管及 30mm 厚离心玻璃棉保温 60m、$\phi89$ 无缝钢管及 30mm 厚离心玻璃棉保温 40m、DN20 焊接及 30mm 厚离心玻璃棉保温钢管 20m。

　　改造步骤

　　将新管道按照图纸位置安装完成→管道压力试验→管道重新保温→开启 39 层分汽缸及汽水罐、凝结水泄水阀，安排专人看守→地下一层接驳口焊接，并且在焊接完成后立即进行验收，验收通过后关闭 39 层泄水阀，使凝结水走凝结水管至锅炉房凝结水箱（接驳时间 2h，在电气切换停炉时间内进行）→试运行 24h，系统无渗漏。

6. 运行状态下的加压送风系统切换

（1）系统介绍

京广中心原加压送风风机位于 24 层设备层（设备编号 PSF-H-1、PSF-H-2），为地下三层至顶层的核心筒楼梯间及前室加压；4 层高位吊装 2 台加压送风机（设备编号 PSF-PDM-1、PSF-PDM-2），为 4 层至地下三层的楼梯间及其前室加压；附楼为独立的楼梯间加压送风系统，在原附楼 8 层及 9 层各设置 1 台加压风机（设备编号 PSF-ANX-1、PSF-ANX-2）；前室通过与楼梯间之间的余压阀加压送风。

因京广中心改造工作已进行一年多，现场很多系统及设备已被拆除。就加压送风系统而言除 24 层设备层加压风机仍保留外，其余均已被拆除。

（2）改造原因

因《高层民用建筑设计防火规范》GB 50045－95 中 8.3.3 中规定：层数超过 32 层的高层建筑，其送风系统及送风量应分段设计。整栋大厦层数超过 32 层，故办公公寓、酒店及裙房应独立设置 2 套加压送风系统。故在本次改造中，设计方在大厦屋顶机房增设 2 台供给办公和公寓的加压送风系统。更换 24 层设备层的 2 台加压送风机，并且这 2 台风机只供给 24 层以下的酒店和裙房部分。

因考虑现场施工的便利及快捷，机电单位建议将原设计在大厦屋顶机房增设的 2 台供给办公和公寓的加压送风风机，挪至 24 层设备层，其余分区方式不变（图 4.5-17）。

本文主要讲述京广中心办公公寓楼层和酒店楼层加压送风系统的切换，其余新增加压送风系统（附楼、5 层、地下室）跟随现场施工进度进行风机及管道、阀门等安装。

（3）切换施工步骤

1）现场排查：安排专业工程师带领施工队进行现场管路排查，确保在进行加压送风系统切换时不对其他系统造成破坏，保证京广中心办公公寓楼层的正常运行。

2）切换步骤：24 层高位 SPF-PH1-01 及 SPF-PH1-02 风机及其管路安装→土建进行结构风道封堵、隔断→新增办公公寓加压风机与办公公寓加压风道接驳→24 层低位 SPF-24F-01 及 SPF-24F-02 风机及其管路安装→新增酒店区域加压风机与酒店区域加压风道接驳→24 层原有京广中心加压风机拆除。

3）注意事项

① 办公公寓楼层与酒店楼层的楼梯间加压送风系统的切换必须在新增办公公寓楼层加压送风机及其管道安装完成达到使用条件后才能进行切换，必须确保办公公寓楼层的消防安全。

② 在进行办公公寓楼层与酒店楼层的楼梯间加压送风系统切换时必须告知物业及项目管理部。得到双方同意后再进行系统切换。

③ 现场重新安装的办公公寓楼层加压风机安装完成后，必须保证现场供电条件完成，确保风机正常运转。

7. 生活水泵房移位

（1）勘察原商务楼生活给水系统现状

1）水源：自来水由市政管网进入酒店给水管道后，经过软化水系统软化后，存储在地下水池。

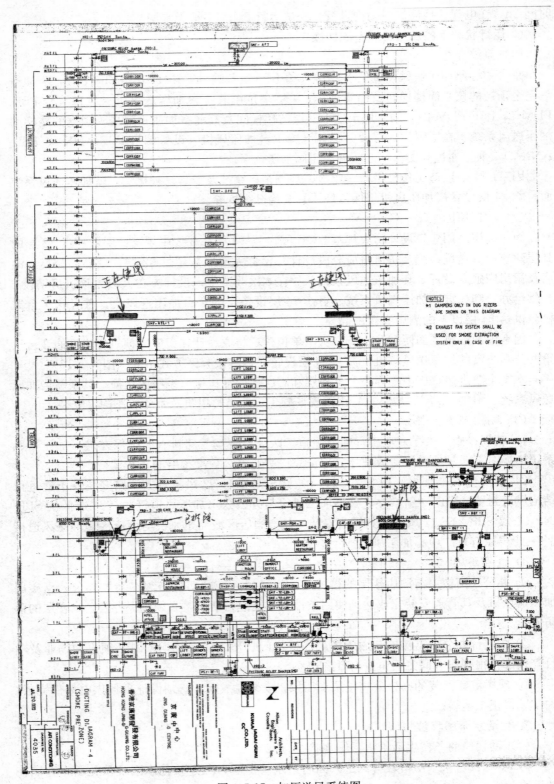

图 4.5-17　加压送风系统图

2）原商务楼的生活水泵房位于地下三层原软水机房内，两台给水泵功率为 11kW，2 台稳压泵，每台功率为 2kW。

3）商务楼、酒店、公寓及办公楼共用盐池房及盐水泵房。

迁移之前须对每台设备及管道阀门进行功能检测，测试水泵运行情况是否正常，再与商务楼物业协商切换时间进行更换（表 4.5-15）。

功 能 检 测   表 4.5-15

序号	需要检测的设备名称	数量	单位
1	1号、2号给水泵	2	台
2	1号、2号稳压泵	2	台
3	电接点压力表	1	块
4	管道上面的阀门	若干	个

4）商务楼生活水泵房设备供电现状说明：现商务楼水泵电源由商务楼首层配电室供给，根据设计要求，商务楼水泵房须移位，配电设施跟随移至新的商务楼水泵房，电源取自原位。由于新建商务楼生活水泵房位置较远，供电干线电缆长度有限，须增加一定电缆及接驳箱至新建商务楼水泵房。

（2）商务楼新建给水系统

1）水源：根据北京市卫生防疫的要求不再继续使用地下混凝土水池，改为不锈钢水箱取水，仍然与办公楼及公寓共用软水设备，通过各自水箱补水管的液压浮球阀及水位监控设备实现管理。

2）新商务楼水箱间内，将单独设置水表，方便用水计费。

（3）给水设备移位前的准备

1）商务楼生活水泵房内的设备在移位之前先完成 B2、B3 层的市政补水管及新建水箱间至商务楼供水管道的安装、管道试压、水质检测合格，达到卫生防疫要求，并通过业主方、监理方及商务楼物业的验收。

2）位于 B3 层的商务楼给水管道安装好之后要进行试压，并通过业主方、监理方及商务楼物业方的验收。

① 新商务楼水箱间的水箱安装完成，经检测合格并通过业主方、监理方及商务楼物业方验收。

② 软水泵房至商务楼泵房的水箱给水管安装完成，管道试压完成。

③ 商务楼水箱间的二次结构墙体砌筑完成，水箱间的门安装完成。

④ 移位前对商务楼的给水设备进行检测，检查管道上面的阀门、压力表等配件是否完好，阀门是否内漏。

（4）给水设备移位

商务楼生活水泵房改造之前要先完成新的商务楼水箱间的 1 号气压罐的安装，以确保移位至水箱间的泵组能够正常使用供水。

1）具体的移位步骤

① 关闭 1 号供水泵及 1 号稳压泵的管路上面的阀门，将 1 号供水泵及 1 号稳压泵迁移至新建的商务楼水箱间内安装完成。此工作需要的时间大概为 7d。将 1 号供水泵及 1

号稳压泵同新安装的气压罐的管路连接到一起，并在管路上面安装好电接点压力表，调整电接点压力表的压力数值，低于 0.55MPa 时启动供水泵，压力在 0.7~0.8MPa 之间时用气压罐稳压。此工作需要的时间大概为 7d。

② 在上面两步进行期间继续使用旧泵房的 2 号供水泵及 2 号稳压泵给商务楼供水，当新的商务楼水箱间的系统调试完成后，利用商务楼晚上用水量少的时候对新旧管道进行切换。切换前需要将管路里面的水放净，从拆除 1 号泵的地方将管路里面的水排放至 DP-5、DP-6 集水井里面从而排至户外。此切换工作需要 1 个晚上的时间。

③ 利用夜晚用水量少的时候停止对商务楼供水，将管道内水放空，此步工作大概需要 2h。

④ 待水放完后，在新旧管道接驳处切断旧供水管道，将已预制好的接有两个闸阀的正三通焊接。这样可以保证在移至新水泵房的水泵不能正常供水前商务楼不会断水，待新建水箱间供水正常后，开始移剩下的 2 号供水泵及 2 号稳压泵。

2）设备移动就位后验收及移交

① 管道切换完成后启动新商务楼水箱间的 1 号供水泵及 1 号稳压泵对管道进行补水，并调试电接点压力表。此工作同上一步骤工作在同一天晚上进行。

② 在管路的末端进行水源的取样检测，检测合格后方能饮用。

③ 安装完成后进行调试，并报业主方、物业方及监理方进行验收。

④ 验收通过后将新商务楼水箱间的系统投入使用，开始移旧商务楼泵房的 2 号给水泵及 2 号稳压泵至新商务楼水箱间内。移位的设备在新泵房已经预留好位置及两侧均用阀门关断管路，移位的设备安装好并与新水箱间的系统连接到一起。

⑤ 此时旧商务楼泵房内的设备全部移位至新的商务楼水箱间内，开始对新连接的系统进行调试。

⑥ 安装与调试结束后报业主方、物业方及监理方进行验收。

⑦ 验收通过后办理移交手续。

3）新建商务楼水泵房控制原理简要说明

① 液位信号装置设三个水位功能——高水位溢流报警、低水位报警、超低水位强制停泵（2 台给水泵，2 台稳压泵）。分隔水箱、移位装置为两套，以便水箱清洗。

② BA 系统信号接入方式：如果接入商务楼原建 BA 系统，高液位报警监视一个点和低液位报警监视一个点，其中两个点位的设备安装及物理链路的布线接线由机电单位进行施工；商务楼物业单位提供 BA 系统编程、中控软件图形界面编辑以及系统设备 BA 控制逻辑关系的建立。

③ BA 系统信号接入不影响水箱及相关设备的采购及安装。

④ 将 1 号供水泵及 1 号稳压泵迁移至新建的商务楼水箱间内安装完成。将 1 号供水泵及 1 号稳压泵同新安装的气压罐的管路连接到一起，并在管路上安装好电接点压力表，调整电接点压力表的压力数值，低于 0.55MPa 时启动供水泵，压力在 0.7~0.8MPa 之间时用气压罐稳压。

⑤ 水箱补水采用液压浮球阀控制。当水位低于设定水位时将对水箱进行补水，并设市政紧急补水点。

⑥ 水泵启动供水采用压力控制。安装电接点压力表及压力开关，调整电接点压力表

的压力数值，低于 0.55MPa 时启动供水泵，压力在 0.7～0.8MPa 之间时用气压罐稳压。

4）电气施工方案

按照业主和商务楼物业的要求，需要新购买一台控制箱（稳压泵控制箱、供水泵控制箱按图合并为单一控制箱）、一台 200A 隔离开关，安装至 B3 层新建商务楼生活水泵房，将电缆进行驳接、调试、验收控制箱使其正常使用即可。

① 移位步骤：包括电缆切换、取电源点及移位

A. 事先定做一台隔离开关、一台水泵控制箱（系统图见附图 C）和一台 T 接箱（位置安装在 B2 到 B3 向下桥架处），隔离开关、水泵房控制箱安装至新建商务楼生活水泵房，驳接箱安装在 T 接位置，连接桥架至新水泵房内部，敷设电缆到隔离开关，并且连接控制箱到隔离开关电源。

B. 将电缆驳接，驳接箱安装到 B2～B3 层桥架处（桥架路由 B2 层从机房引下，B3 处为车位，不影响现场结构布局），调试新生活水泵房隔离开关，使其正常供电。将 1 号供水泵、1 号稳压泵断电并连接到新生活水泵房控制箱，调试水泵电源使其正常运行。

C. 将原生活水泵断电，拆除原生活水泵电缆。在新水泵房内部，连接 2 号供水泵、2 号稳压泵电源至控制箱，调试使其正常运行。

D. 通知商务楼、业主方代表现场验收。

② 弱电部分生活水箱液位探测器安装步骤

第一步：水箱内部消毒前箱体顶端开孔（$DN20$），焊接接口管。

第二步：安装液位浮球至相应高度，收线固定于接头管处。

第三步：接线至控制箱空白接线端子（上端）。

第四步：接线端子下端接线至 DDC 控制箱。

5）施工准备

① 给排水主要施工材料

见表 4.5-16。

给排水主要施工材料 表 4.5-16

序号	材料名称	型号	数量	单位	使用部位
1	铜管给水管	$DN150$	138	m	从软水泵房至商务楼水箱给水
2	铜弯头 90°	$DN150$	7	个	从软水泵房至商务楼水箱给水
3	商务楼生活水箱	13×8.5×1.5（H）有效容积 133m³，总容积 165.7m³，板底厚 2mm，水箱分 2 格	1	座	B3 商务楼生活水泵房
4	铜法兰	$DN150$	50	套	从软水泵房至商务楼水箱给水
5	压力开关	—	1	个	新建商务楼生活水箱间（新增）
6	电接点压力表	1.6MPa	1	个	新建商务楼生活水箱间（新增）
7	气压罐	$D_g=1200mm$，$H=2420mm$，$P=1.0MPa$	1	台	新建商务楼生活水箱间（新增）
8	闸阀	$DN150$	3	个	新建商务楼生活水箱间（新增）

序号	材料名称	型号	数量	单位	使用部位
9	闸阀	DN80	2	个	新建商务楼生活水箱间（新增）
10	闸阀	DN65	4	个	新建商务楼生活水箱间（新增）
11	截止阀	DN50	4	个	新建商务楼生活水箱间（新增）
12	截止阀	DN32	8	个	新建商务楼生活水箱间（新增）
13	水平装过滤器	DN50	1	个	新建商务楼生活水箱间（新增）
14	衬塑钢管	DN150	180	m	商务楼供水管
15	衬塑钢管	DN32	18	m	商务楼供水管
16	衬塑钢管	DN80	18	m	商务楼供水管
17	衬塑钢管	DN50	12	m	商务楼供水管
18	衬塑钢管	DN65	18	m	商务楼供水管
19	变径三通	DN150×150×65	4	个	商务楼供水管
20	变径三通	DN150×150×50	4	个	商务楼供水管
21	变径三通	DN150×100×100	1	个	商务楼供水管
22	变径三通	DN150×150×80	1	个	商务楼供水管
23	弯头	DN80	5	个	商务楼供水管
24	弯头	DN32	10	个	商务楼供水管
25	弯头	DN150	10	个	商务楼供水管
26	变径弯头	DN150×80	1	个	商务楼供水管

② 电气部分施工材料

见表 4.5-17。

电气部分施工材料　　　　　　　　　　表 4.5-17

序号	材料名称	型号	数量	单位	使用部位
1	热镀锌线槽	500×100	110	m	新建商务楼生活水箱间
2	热镀锌线槽	200×100	165	m	新建商务楼生活水箱间
3	电缆驳接箱	Φ50 接线端子	1	台	新建商务楼生活水箱间
4	隔离开关	200A	1	台	新建商务楼生活水箱间
5	水泵控制箱		1	台	新建商务楼生活水箱间
6	动力配电箱		1	台	新建商务楼生活水箱间
7	电线电缆	WDZC-YJV-4×50	180	m	新建商务楼生活水箱间
8	电线电缆	WDZC-YJV-4×16	10	m	新建商务楼生活水箱间

6）质量保证

① 健全工地质量管理体系，实行技术负责人制，负责商务楼水泵移位的专业技术和质量工作。

② 商务楼的新旧管道切换及系统调试时尽量选择在商务楼用水量少的夜晚进行，把施工对商务楼造成的影响减到最低。

③ 建立质量分析小组，经常分析施工过程中出现的技术和质量问题，并负责解决。

④ 严格执行专业操作规程，各专业工种要持证上岗。

⑤ 严格执行质量管理中的自检、专检和交接检查工作，做到各项检查有记录。

⑥ 搞好工序的交接工作，坚持上道工序不合格，下道工序不施工的原则。

⑦ 实行挂牌制，做到明确工作内容，质量管理标准、检验方法和检查验收条件等。

⑧ 执行原材料进厂检查验收制度，做到进厂的材料、半成品都符合设计要求的型号、规格、材质，并有产品合格证或产品质量证明书，由专人、专账、专库管理。

⑨ 开工前组织全体施工人员召开一次联合质检和质量分析会，并做好记录。

⑩ 各工种、工序严格按规范和技术交底操作。

⑪ 检测及试验用器具、仪表必须经计量部门检定认定合格后，并在合格期内使用。

7）安全文明施工保障措施

① 进入现场必须戴安全帽，禁止穿拖鞋或光脚，禁止穿裙子进入工地现场。

② 登高作业必须系安全带，严禁投掷物料。

③ 施工现场临时用电参考执行《施工现场临时用电安全技术规范》JGJ 46-2005。

④ 所有安全措施须经安全部门检查、确认，对施工人员做好安全交底，并记录。

⑤ 严格遵守电工安全操作规程，持证上岗。

⑥ 施工中所用照明、电动工具使用后，应特别注意开关是否断电。

⑦ 要正确使用工具，尤其是各种电动工具应严格按使用说明书规定来使用，不得乱用，以免发生人身和设备事故。

⑧ 现场的工具的材料要严格保管，以防丢失。

⑨ 坚持每天的施工现场整理，做到工完料尽场地清。

⑩ 每项工作完成做好班组施工记录或隐蔽工程记录，做好自检记录。

⑪ 进入施工现场，带齐安全防护用品，临边、临口处注意防护。

⑫ 坚持每周一次安全例会，并做好记录。

⑬ 现场施工时密切配合其他专业施工，做到安全、文明、保质保量，遵守国家现行临时用电规范规程。

8. 盐水机房改造

位于项目地下一层的锅炉房降温补水管、地下三层的盐水泵房相关管道及地下二层的水库洗车给水管前期老化锈蚀严重。为保证各个管道系统能正常使用，业主方要求先使用铝塑管做临时管道接驳满足各个区域的用水要求。工程进入竣工阶段时再按业主方要求重新改造，并根据现场情况对此管道标高位置进行调整。

（1）安装管道路径及方案

1）地下三层原软水泵房池内新增给水泵 2 台（一用一备）。

2）供水泵吸水从 B4 层软水水池内抽水，并安装底阀及相关补水箱及管道；供水压力值控制在 0.25~0.35MPa，定压补水。水泵进出水主管径为 $DN50$。

3）水泵补水管由原软水机房内市政给水供给（$DN15$），经补水箱供引水管道内。原盐水泵房内补水管道更新，管径 $DN25$；冲盐水池内加装四个冲洗喷头，管径 $DN25$；冲盐水池内安装搅盐管及冲洗管，管径 $DN25$；冲盐池房管道引入一根 $DN25$ 管道与原车库给水管连接；B1 锅炉房内降温补水管由 B3 层引上一根 $DN25$ 管道，在 B1 层 X-5/Y1A 轴线处与原钢管接驳；所有新增接驳口处增加相关阀门。

4）所有相关管道安装路径和标高按现场情况确定。管道安装完成并全部保温，验收合格后将原临时管道全部拆除。

（2）管材及安装方式

管材：PPR 管连接方式：热熔连接。

（3）管道改造时间及准备工作

1）工人、机具、材料、安全防护措施等全部齐备。

2）需要的资料（施工动火证明、方案等）报批完毕。

3）管道提前按方案施工完成，达到切换所有条件。

4）前期所有准备工作完成后，请物业方、业主方等相关人员进行检查，合格后确定具体时间及日期进行切换施工。

5）管道的切换时不影响管道正常运行，并与物业方、业主方等相关人员沟通后进行施工。

（4）安全保障措施

1）特种人员上岗须有相应的上岗证，人员进场前应进行安全、消防教育，进入现场时必须戴好安全帽，严禁现场吸烟、酒后作业。

2）所有安全措施须经安全部检查、确认，对施工人员做好安全交底并做好记录。

3）施工中所有照明、电动工具使用后，应特别注意开关是否断电，使用符合临时用电规范的配电箱。

9. 运营状态下的给水干管改造

（1）商务楼进水管道及酒店水泵房给水管道穿越墙体进入核心筒改道

1）原管道图纸路由穿越核心筒的实际现状。

见图 4.5-18。

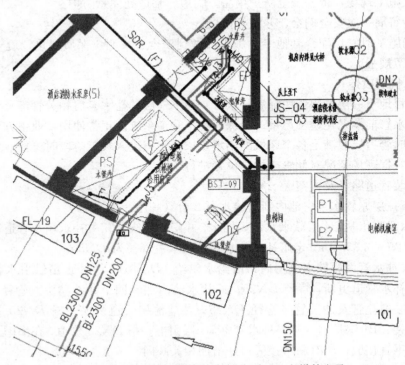

图 4.5-18　原设计图纸管道路由图（从 E3 电梯前室及

P1、P2 电梯前室穿越梁进入核心筒）

2）新管线穿越核心筒路由图。

见图4.5-19。

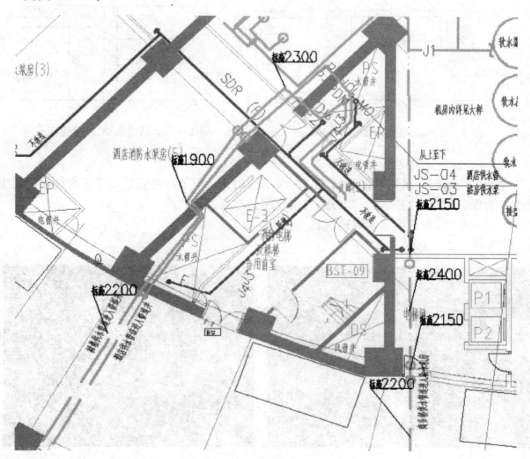

图4.5-19　管线穿越核心筒路由图

3）管道路由改向原因

原设计图纸中，Φ159的商务楼水箱进水管道、Φ219酒店供水管道及Φ133的裙房给水管道穿越核心筒梁进入软化水泵房，但因核心筒一圈均为10mm钢梁，无法开洞。

4）新管线路由

① Φ159的商务楼水箱进水管道：紧贴墙体边梁底进入电梯前室后利用两个半弯翻向上，贴顶板进到电梯前室里，遇到梁之后，再向下翻弯，最终沿梁底进入核心筒。因梁底标高距地面距离为2350mm，管道外径为159mm，再加2mm的橡塑保温，最终外径为163mm，再加管道支架及木托，最终管道的最低点标高距地面标高为2150mm。

新安装Φ159的商务楼水箱进水管道穿越P1、P2电梯前室剖面图见图4.5-20。

② Φ219酒店供水管道及Φ133的裙房给水管道：从E3电梯旁边的水管井内进入，但因梁底距离地面的高度为2350mm，管道外径为219mm，再加2mm的橡塑保温，最终外径为259mm，再加管道支架及木托，最终管道的最低点标高距地面高度为1900mm。进入水管井之后，再由水管井拐向消防水泵房，由消防水泵房接入管道井。

新安装 Φ219 酒店供水管道穿越水管井进入消防泵房剖面图见图 4.5-21。

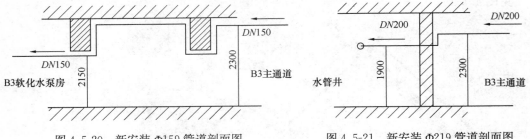

图 4.5-20　新安装 Φ159 管道剖面图　　　　图 4.5-21　新安装 Φ219 管道剖面图

（2）B2 鲜花处理房给水干管改造

原有鲜花处理房区域管道影响土建二次结构砌筑，但该部分管道出于正在使用的机电管线，为保证施工进行及运营部分的正常使用，对其进行改造。

1）地下二层花房内给水管道现状

见图 4.5-22～图 4.5-24。

图 4.5-22　接至 B3 层生活水泵房　　　　图 4.5-23　至顶层生活水箱给水管

图 4.5-24　至 25 层生活水箱给水管

以上两根管道分别为顶层水箱、25 层生活水箱给水供水管道，因新建的花房吊顶标高要求，需要重新排布新的管道路由并拆除原有管道。

118

2) 新管道安装步骤

① 新安装管道的材质及品牌

见表 4.5-18 和图 4.5-25。

新安装管道的材质及品牌
表 4.5-18

序号	材料名称	型号	数量	单位	使用部位	备注
1	衬塑钢管	DN250	56	m	B2 花房	承压 36kg
2	衬塑钢管	DN200	38	m	B2 花房	承压 36kg
3	衬塑三通	DN250×200	2	个	B2 花房	承压 36kg
4	衬塑大小头	DN250×200	2	个	B2 花房	承压 36kg
5	衬塑 90°弯头	DN250	34	个	B2 花房	承压 36kg
6	衬塑 90°弯头	DN200	18	个	B2 花房	承压 36kg
7	衬塑沟槽法兰片	DN250	12	个	B2 花房	承压 36kg
8	衬塑沟槽法兰片	DN200	14	个	B2 花房	承压 36kg
9	衬塑卡箍	DN250	70	个	B2 花房	承压 36kg
10	衬塑卡箍	DN200	34	个	B2 花房	承压 36kg

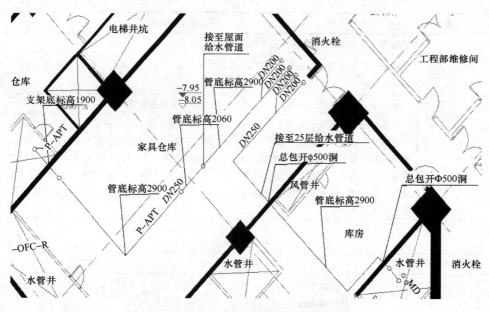

图 4.5-25　新管道路由图

② 接至屋顶水箱的管道，按照图 4.5-25 所示的路由从 B3 生活管道井内直接升高紧贴小梁进行敷设，遇到大梁之后降下沿梁底敷设。穿过大梁之后再翻起沿小梁敷设，最后在花房梁的外侧弯头法兰片处进行切换。

③ 接至 25 层生活水箱的给水管道，按照图 4.5-25 所示的路由图在 B3 生活管道井内直接升高紧贴小梁进行敷设，并使水管绕开风管井，拐向 5 号水管井。当遇到剪力墙时，在门框的过梁上开 Φ500 的孔洞，最终使得新做水管与原有管道在管道井内进行切换。

④ 管道安装完成之后，进行新安装管道的试压冲洗工作。当水质清晰度达到饮用水标准之后，请业主方、监理方及物业方进行验收，验收合格之后进行管道的切换。

⑤ 管道的切换工作

A. 接往屋顶的生活水管道：选在周一至周五用水量较少的上班时间进行切换工作。在切换之前先通知办公楼物业方开启水泵，把屋顶水箱加满水并邀请业主方代表到现场之后，打开 B3 层与水泵连接处的阀门，放完原供水管道里面的余水，排完余水之后再利用 2h 的时间进行新旧管道的切换。

B. 接往 25 层办公楼水箱的管道：选在周六或周日进行。在切换之前先通知办公楼物业开启水泵，把 25 层的水箱加满水并邀请业主方代表到现场之后，打开 B3 层与水泵连接处的阀门，放完原供水管道里面的余水，排完余水之后再利用 2h 的时间进行新旧管道的切换。

10. 酒店客房洁具拆除

本工程是要将 20 年前的酒店工程进行整体改造，改造前的拆除工作由总承包单位负责拆除。由于 20 年前的施工图纸不清晰，因此拆除洁具工作前须做好系统排查，避免发生跑水影响到 24 层以上正常使用。拆除内容见表 4.5-19 和表 4.5-20。

拆除内容　　　　　　　　　　　　　　　　　　表 4.5-19

专业	部位	拆除内容
给排水	B1-23 层	地下一层至 23 层给排水管道、阀门及洁具
		在管井、竖井内的办公楼，公寓的给水排水立管不拆除，由给水排水专业分包做好标识，以免拆错
		借用现有的给水系统，作为施工用水，给水排水分包做好配合
		洁具包括：全套手持花洒、全套头顶花洒，全套龙头面板开关阀芯，三孔面板龙头，方型台下盆马桶，全套浴缸龙头连开关，浴缸、客房浴缸，总统套房面盆及面盆龙头，浴缸去水、浴缸龙头，坐便器（劳芬），面盆龙头，台下盆，面盆（唯宝），电子马桶，厨盆，厨盆龙头，厨盆隔气、角阀、软管，坐便器排污弯管，面盆弹跳去水口，浴缸排水，坐便器上水角阀及软管，P/S 弯，台上盆，面盆樽形隔气，感应龙头，洗手盆，拖布池及去水，拖布池龙头，手动皂液器

处理办法　　　　　　　　　　　　　　　　　　表 4.5-20

部　位	项　目	处理办法
3～17 层 22～23 层工程位置	浴缸配件、厨房设备、电扶梯及其他机电设备	拆除、弃置
1、2 层 18～21 层 23 层套房及公共区域	浴缸配件（完好的马桶、花洒、洗手盆、龙头及所有洁具）	拆除并回收，酒店二次利用，其余出售的配件则储存在业主方的储物间内
6 层洗衣房内所有设备		拆除、弃置

（1）洁具拆除的重（难）点及特点

1）给排水系统复杂

拆除前查清给排水系统设置情况（管井内给水排水立管由给水排水专业分包方做好标识）；找到从管井出来的关断阀门，关闭该阀门。

2）拆下洁具的成品保护

洁具为易碎的陶瓷产品，在拆除过程中做好洁具的拆除工作和成品保护是洁具拆除的重点。拆卸洁具前先对洁具进行外观检查，找准固定洁具的螺栓，若螺栓生锈，则涂抹黄油确保在拆除过程中能顺利进行。

3）拆除洁具时，用力均匀，不能使用猛力或野蛮拆除。

4）洁具的五金配件如水龙头、感应器等拆除下来，由专人收集，及时保管入库。

（2）洁具的储存

由于23层以下均属于酒店改造区域，拆除下来的部分洁具业主需回收，因此这部分洁具的储存、保管和移交是洁具拆除后的工作重点。

① 在拆除的上、下层中，选下一层的某个房间作为洁具的存放地点。

② 按规格型号做好拆除洁具的登记。

③ 提前与业主沟通，做好移交准备工作。

（3）拆除施工部署

结合本工程改造的特点，从人、机、料、法、环等方面制定科学合理的施工部署，确保本工程工期、质量、安全、环境保护等目标的顺利实现（表4.5-21）

施工部署原则   表4.5-21

序号		施工部署原则
1	人	选择综合素质高、具有丰富同类工程施工经验的管理人员担任管理职位； 选择与我单位长期合作、劳动力充足的劳务队伍
2	机	充分利用现有电梯，进行垂直运输； 拆除所必需的工具提前准备好
3	料	制定科学的拆除施工计划； 洁具拆除后搬运至统一规划的堆场，存放安全，尽量避免损耗
4	法	编制合理的拆除作业指导书； 根据本工程现场情况在做好防火措施、保证安全的前提下进行拆除工作
5	环	充分了解原给水排水系统设置情况； 排查给水排水管路系统，关闭阀门，确保拆除时管路内无水； 加强现场文明安全施工管理，做好防突发事件应急保障措施； 做好内、外部关系协调，确保现场顺利施工

（4）主要施工方法

1）拆除准备

① 工具准备：梯子、操作平台、切割机、氧气乙炔、管钳、扳手。

② 堆放库房：现场指定一个库房作为拆除材料集中存放场所，按材料类型、形式堆码整齐。

③ 现场勘察：由于24层以上继续使用，有些系统继续运行，所以有的管线能拆，有的不能拆。做好标识，禁止拆的做红色标识，可以拆的做绿色标识，以方便施工时辨认。

④ 断电作业：任何电气工程的管线、设备拆除，必须先断掉其电源，保证无电操作。

⑤ 管路泄水：在管道拆除之前，必须将管道系统中的水有组织地排放。排水点选择

在管路系统的低点。打开系统排水阀，用软皮管将水引入到附近的积水坑、排水沟、地漏中。原管线未设置排水阀的部位，可利用设备附近的压力表、温度计接口进行泄水，卸下压力表、温度计，从该部位接临时水管至设备机房排水点。地沟部分管道避免在沟内进行泄水，须在管道接入地沟之前进行，避免水泄入管沟中无法排走。

2）拆除方法

① 管道工程拆除的施工流程

现场勘察→制定方案→关断阀门→拆除保温→管路泄水→管路附件拆除→管道拆除→支架拆除→废料清运。

② 拆除的施工原则

A. 管道拆除时先拆除支管、与设备连接的附件，再拆除主管道；先拆除小管道再拆除大管道；先拆除上部管道再拆除下部管道。

B. 拆除管道过程中先拆除给水系统的管道，以便于其他系统拆除工程中的余水排走。

C. 在走廊吊顶管道拆除时应充分考虑与其他专业的配合作业，如管道下方有风管、灯具时，须先拆除下方障碍后再实施管道的拆除。

D. 在拆除计划的安排时，应与结构专业进行充分协调，同一部位的拆除必须避开上下交叉作业，事先错开拆除时间。

③ 关断阀门

找到给水水源，关断连接管道的阀门并加设堵板，切断所拆除部分与原有管道的连接。

④ 管路附件拆除

设备接口处的管路拆除时先拆卸软接头，再拆除管路阀门、过滤器、温度计、压力表。法兰阀门拆除时用扳手卸掉法兰两端螺栓，丝扣阀门拆除时用管钳拧松丝扣。蝶阀拆除时先将蝶阀关闭，防止蝶阀阀板卡在管段法兰处。大型闸阀、过滤器拆除时在阀门上方用绳拴住阀体，避免阀门拆卸过程中突然摔下造成安全事故（图 4.5-26）。

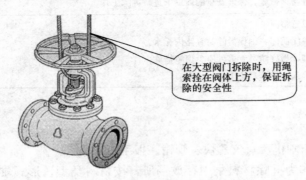

在大型阀门拆除时，用绳索拴在阀体上方，保证拆除的安全性

图 4.5-26 阀门上方用绳拴住阀体

⑤ 管道拆除

对于法兰连接钢管，直接从法兰处拆卸；对于焊接或丝扣连接钢管，则用气焊切割。钢管拆除主要使用气割进行，$DN200$ 以下的钢管拆除时，用辅助绳索对拆卸管道进行下降。对于 $\geqslant DN200$ 的钢管采用门字架下落，用捯链捆绑于要拆卸钢管的合适位置，管道切割后放下捯链。拆卸的钢管长度，对于法兰连接、弯管段，根据实际情况确定；对于直管段，以 4m 为一节。钢管两端断开后，缓慢放下捯链，在下落过程中，应保持其重心的平衡。

拆除穿楼板管道时沿管道周圈将楼板后浇洞剔凿，然后将管道从后浇洞中取出。拆除卫生间暗埋管道时应与装修专业配合，在卫生间瓷砖拆后剔槽取出。管沟管道拆除时应从通道口附近开始进行，逐步拆向内部。并根据管井运输通道的大小，选择适当截断长度，以便于管道运输。

⑥ 支架拆除

支架的拆除在管道拆后进行，主要采用气割、钢锯等工具进行。但对于原结构预埋钢板或与钢结构相连的支架，视情况予以保留。

3）洁具拆除

现场勘察→制定方案→关断阀门→管路泄水→洁具拆除→洁具附件拆除→洁具及附件回收移交业主。

拆除步骤如下：

① 首先对给水排水系统进行排查，对管井内立管做出标识，此部分不能拆除。

② 由机电专业对每层管井立管的分支管（供本层的给水管）的阀门做出标识。

③ 关闭每层分支的支路管路阀门。

④ 在卫生间内对给水管路进行排水，直至排净。

⑤ 采用扳手、管钳、螺丝刀等工具对洁具拆除。

⑥ 拆除洁具的五金配件如水龙头、感应器、角阀等。

（5）安全文明施工措施

1）规定 2m 以上的作业即为高处作业，在高处作业时，必须佩戴安全带；使用的人字梯必须使用可靠的张拉绳，在顺手的位置设置工具袋和零件袋。在高处作业时两个人一组，一人高处作业、一人看护，严禁抛掷零件和工具。

2）在进房间拆除洁具时，保管好钥匙，人走即锁门。

3）在管道井内施工的时候，将上、下两层的洞口用木板封闭，在下层显眼位置设置"施工危险区域，请绕行"的标志，防止上层掉落物体及本层掉落物体伤害下层施工或经过的人员。

4）电焊作业时，随班组配备手提式灭火器。

（6）成品保护措施

洁具为陶瓷产品，容易破碎，在拆除和搬运过程中需小心、轻拿轻放，对工人进行洁具拆除注意事项的交底，施工过程中具体保护措施如表 4.5-22 所示。

施工过程中具体保护措施 表 4.5-22

覆盖	对需要回收的洁具采取覆盖措施，防止成品损伤
封闭	指定堆放在专门的房间内，门上锁
巡逻看护	对已拆下的洁具将实行全天候的巡逻看护，防止无关人员和不法分子偷盗、破坏
搬运	在搬运过程中轻拿轻放，确保洁具在搬运过程中不被损坏
贮存	拆除下来需要回收的洁具配件分规格、分类别堆放在指定的房间，钥匙由专人保管
	对拆除下来的洁具按规格型号进行登记，做好记录

（7）施工中的应急措施

本着"预防为主、自救为主、统一指挥、分工负责"的原则，使事故造成的损失和影响降至最低程度。

应急情况分析见表 4.5-23，应急事件预防措施见表 4.5-24，紧急情况的抢险措施见表 4.5-25。

应急情况分析　　　　　　　　　　　　　　表 4.5-23

序号	紧急情况	险情
1	跑水	电气短路、楼板被水泡
2	火灾	人员伤亡、财产损失
3	触电	工程质量受损，进度滞后
4	突发传染病	人员伤亡
5	中暑	人员伤亡
6	高空坠落、物体打击、伤害	人员伤亡

应急事件预防措施　　　　　　　　　　　　表 4.5-24

应急事故类型	可能发生的事故	预防措施
跑水	主立管与支管阀门未关断，或阀门突然坏掉	确认阀门关闭。 阀门关闭后在卫生间出水点把水排净。 把控制该立管的阀门找到，及时关闭该阀门
触电事故	不遵守手持电动工具安全操作规程；照明灯具金属外壳未做接零保护，潮湿作业未采用安全电压；大机械设备未设防雷接地；非专职电工操作临时用电等	1. 综合采用 TN-S 系统和漏电保护系统，组成防触电保护系统，形成防触电二道防线。 2. 不乱接乱搭电器设备。 3. 坚持"一机、一闸、一漏、一箱"。配电箱、开关箱合理设置，避免不良环境因素损害和引发电气火灾，其装设位置应避开污染介质、外来固体撞击、强烈振动、高温、潮湿、水溅以及易燃易爆物等。 4. 按照《施工现场临时用电安全技术规范》JGJ 46-2005 的要求，做好各类电动机械和手持电动工具的接地或接零保护，保证其安全使用。凡移动式照明，必须采用安全电压。 5. 坚持临时用电定期检查制度
高处坠落物体打击事故	不明白建筑物内通道设置，失足坠落，高处作业物料堆放不平稳；嬉戏、打闹、向下抛掷物体；不使用劳保用品，酒后上岗，不遵守劳动纪律	1. 熟悉楼层内走廊及各门的布置，熟悉环境。 2. 严禁在施工现场嬉戏、打闹及向下抛物体。 3. 严禁酒后上班。 4. 超过 2m 必须系安全带
中毒事故	电焊气体；或工人食用腐烂、变质食品	1. 电焊施工时，要配备通风设施。 2. 工人生活设施符合卫生要求，不吃腐烂、变质食品。 3. 暑伏天要合理安排作息时间，防止中暑脱水的发生
火灾事故	电气线路超过负荷或线路短路；电热设备、照明灯具使用不当，大功率照明灯具与易燃物距离过近；电焊机、点焊机使用时电气弧光、火花等引燃周围物体	1. 电气操作人员要认真执行规范，正确连接导线，接线柱要压牢、压实。 2. 现场用的电动机严禁超载使用，电机周围无易燃物，发现问题及时解决，保证设备正常运转。 3. 使用焊机时要执行用火证制度，并有人监护，施焊周围不能存在易燃物体，并配备防火设备。电焊机要放在通风良好的地方

应急事故类型	可能发生事故的环节	预防措施
易燃、易爆危险品引起火灾、爆炸事故	施工现场吸烟、焊、割作业点乙炔瓶发生器等危险品的距离过小	1. 在有挥发性、易燃性等易燃、易爆危险品的现场不得使用明火或吸烟，同时应加强通风，使作业场所有害气体浓度降低。 2. 焊、割作业点与氧气瓶、电石桶和乙炔发生器等危险品物品的距离不得少于 10m，与易燃、易爆物品的距离不得少于 30m

紧急情况的抢险措施　　　　　　　　　　　　　　表 4.5-25

序号	项目	采取措施
1	报警联络方式	一旦发生事故时，施工现场应急救援小组在进行现场抢救、抢险的同时，要以最快的速度通过电话进行报警，如有人员伤亡的，要拨打"120"急救电话和相关主管部门电话；如果发生火灾，应拨打"119"火警电话和相关主管部门电话
2	触电	一旦发生触电伤害事故，首先使触电者迅速脱离电源，其次将触电者移至空气流通好的地方，情况严重者，边就地采用人工呼吸法和心脏按压法抢救，同时送往北京市朝阳医院进行救治
3	高处坠落	高处坠落及物体打击事故的抢险措施，工地急救员边抢救边送往北京市朝阳医院
4	中毒	施工现场一旦发生中毒事故，立即让病人大量饮水、刺激喉部使其呕吐，并立即送医院抢救，向朝阳区卫生防疫部门报告，保留剩余食品以备检验
5	火灾	1. 迅速切断电源，以免事态扩大。切断电源时应戴绝缘手套，使用有绝缘柄的工具。当火场离开关较远时须剪断电线，火线和零线应分开错位剪断，以免在钳口处造成短路，并防止电源线掉在地上造成短路使人员触电。 2. 当电源线因其他原因不能及时切断时，一方面派人去供电端拉闸，一方面灭火时，人体的各部位与带电体保持一定充分距离，抢险人员必须穿戴绝缘用品。 3. 扑灭电气火灾时要用绝缘性能好的灭火剂：如干粉灭火器、二氧化碳灭火器、1211灭火器或干砂，严禁使用导电灭火剂扑救。 4. 在气焊中，氧气软管着火时，不得折弯软管断气，应迅速关闭氧气阀门停止供氧。乙炔软管着火时，应先关火，可用弯折前面一段软管的办法将火熄灭。 5. 一般情况下发生火灾，工地先用灭火器将火扑灭，打开消火栓系统灭火，情况严重立即打"119"报警，讲清火灾发生的地点、情况、报告人及单位等

11. 酒店客房淋浴间地漏移位

精装单位图纸变更改动，第一版图纸客房淋浴间地漏在淋浴间右边（外侧），精装设计单位出具的第二版图纸将地漏改在淋浴间左边（里侧）。

（1）拟拆除区域的现状及影响范围

1）新版精装图纸出来时，土建单位已开凿完所有地漏位置的穿楼板洞，所有洞口作废。

2）机电给排水专业已安装完成 80% 的客房淋浴间地漏，现需要将已安装好的地漏全部拆除。

3）地漏拆除后，土建单位将原地漏洞口进行封堵，并在新的地漏位置处开洞。

4）新地漏位置开洞后发现地漏位置在客房钢梁后面，该处钢梁阻碍地漏接管至排水立管，需要对钢梁进行开洞处理。

5）新位置地漏安装时，80％地漏下方机电管线已施工完成，需要将部分机电管线拆除后进行地漏安装。

（2）地漏拆除及安装

1）拆除前的准备工作

① 找业主方确认需要改位置的精装图纸。

② 选择 15 层作为拆除样板层，对每个户型内需要拆除的数量进行统计，整个拆除过程需要业主方、监理方全程见证。

③ 与业主方及监理方确认拆除量、报废材料量、新安装的材料及人工量，并在现场进行签证。

2）地漏及机电管线拆除

① 各专业分开进行拆除，进行交叉施工。

② 地漏拆除后移交土建单位进行封堵。

3）地漏二次安装

① 精装单位进行定位放线，土建单位开洞。

② 与精装、土建单位共同确认开洞位置，不存在偏差后再进行工作面移交。

③ 地漏安装、封堵、闭水试验、监理方报验。

④ 机电各专业进行恢复施工，施工完成后报监理验收。

（3）安全文明施工

1）拆除前后做好与精装、土建及机电内部的沟通配合工作。

2）做好其他专业的成品保护。

3）土建方集中开完洞后要对洞口进行安全防护。

4）地漏安装完成后要及时通知土建方进行洞口封堵。

5）工人施工时要注意临时用电安全。

6）施工过程中要注意文明施工，做到工完场清。

12. 发电机房机组吊装及常备电源切换

本方案适用于既有改造工程应急柴油发电机组的维护、利旧及吊装运输情况，现以京广中心项目利旧发电机组为例，进行机组吊装、长备用电源切换等情况进行介绍。

（1）发电机组吊装

1）工程概况

本项目原紧急电源设有两台 800kW 高压发电机，为酒店、办公和公寓部分服务。高压柴油发电机房位于附楼首层，目前现状为配合北京京广中心改造，附楼须拆除后新建，位于附楼首层两台高压发电机须搬运，根据业主工地指令要求，将两台发电机移出，一台运出工地、仓储、保管，待新附楼建好后运回，安装使用；另一台根据业主安排处理。

2）编制说明

① 对高压柴油发电机的现状、检测和检查，做详细记录。同时对发电机的配套设备和有关文件做登记，供各方确认。

② 为实施方案中的设备和各类材料的准备、技术措施、质量控制、安全保证措施及应急预案等诸多方面的保障的落实，以确保方案的合理性、可行性。

3）设备吊装前的准备工作

① 图 4.5-27 为高压发电机吊装示意图。发电机房北侧玻璃幕墙、钢柱、室外空调机和基础及发电机组排风处的降噪隔墙和百叶窗拆除（图 4.5-28 和图 4.5-29），清理运输通道上的材料、垃圾等，由于运输发电机通道为商务楼和附楼中间通道，不能影响商务楼车辆正常进出，考虑好吊车和运输发电机板车占用位置。

② 发电机移位前检测、检查项目：启动状态、包括空压启动装置（空压机）、电压、频率、散热器、水冷循环泵、热交换器。

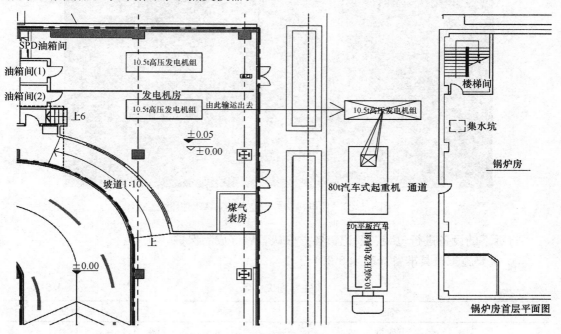

图 4.5-27 高压发电机吊装示意图

图 4.5-28 发电机房北侧百叶窗及钢柱拆除北侧隔声墙体拆除

膨胀水箱热控阀、阀门、滤污阀防冻剂、减振器、消声器、悬挂装置、烟气处理装置、热绝缘、日用油箱、输送管滤污阀、供油泵。

③ 移机前拆除工作，将两台发电机组的排风风斗、排烟消声器、排烟管、油管、日用油箱、油泵拆除；拆除输出电缆、并机柜、输出开关及接地电阻箱等。

图 4.5-29　发电机房外侧空调机和基础拆除

将拆下的设备进行包装、登记、各方确认，做好成品保护。

④ 主要施工机具准备（表 4.5-26）

主要施工机具　　　　　　　　　　　　　　表 4.5-26

序号	名称	规格	数量
1	起重机	80t	1 台
2	捯链	10t	2 只
3	吊装钢绳	6 分×4m	2 付
4	捆扎钢绳	6 分×4m	1 付
5	捆扎钢绳	5 分×4m	2 付
6	尼龙带	2t×2m	2 付
7	锚点		4 只
8	厚钢板	δ20mm1.8×6m	4 块
9	卸扣	12.5t 级	8 只
10	卸扣	8t 级	4 只
11	卸扣	4 分～1 寸	共 20 只
12	千斤顶	10t	2 只
13	千斤顶	5t	2 只
14	坦克轮	15t	1 套
15	辊轮	10t、6t	各 1 套
16	捯链	5t、3t	各 2 只
17	开口	2t	2 只

128

序号	名称	规格	数量
18	大撬棒		2根
19	条头钢板		8块
20	平板汽车	20t	1台
21	枕木	220×200	20根
22	枕木	250×100	4根
23	牵拉钢绳	4分×20m	2根
24	卷扬机	3t	1台
25	底盘架		1副

⑤ 施工人员在施工前应认真熟悉施工现场设备布置平面图，认真熟悉现场周边环境和现场情况，了解现场设备安装具体位置。

⑥ 施工前提前进行实地考察，复核各项参数是否满足机组垂直水平运输条件。

⑦ 拖运前查看设备的存放地点、外形尺寸和单件重量，了解拖运路线，考虑运输空间、路由的高度和宽度，道路的平整、加固、清理等，必须提前做好准备。

⑧ 运输前本吊装方案需要进行结构设计核算，结构设计同意后方可运输。

⑨ 设备吊运前应进行箱体检查，并形成验收文字记录，应由甲方、监理方、施工方和厂商等代表签认。发现有缺陷时，及时向现场负责人报告。

⑩ 运输前邀请甲方、监理方及供应厂商参加，与施工方共同签认该设备予以运输、吊装书面手续，各方书面签认齐全后，方可进行运输、吊装。在运输、吊装过程中，设备供应厂商应进行指导。

⑪ 运输时对各锚点、机械设备、钢丝绳、索扣、吊链等一系列运输工具、辅助运输工具等先进行自检、互检、确认、核实无误后方可操作。

⑫ 本工程设备运输吊装之前，技术人员应做出详细运输、吊装、安全技术交底和模拟操作，当施工人员完全领会意图后方可操作。

4）起重机、平板汽车使用流程（图4.5-30）

图4.5-30 起重机、平板汽车使用流程

5）设备吊装运输步骤

将发电机组减振垫固定螺栓松开，用4台5t千斤顶将发电机组顶起，垫上枕木，然后将减振垫拿开。

① 将发电机组固定在预先做好的底盘架上，从基础台上平移下来，用卷扬机将机组经过排风百叶窗洞口移出到室外。

② 用80t起重机，就近将发电机组吊到20t的平板汽车上，然后运输到42km外朝阳区东坝皮村临时仓库封存。

③ 再用 80t 起重机将机组卸下，在机组底座下方使用滚杠，利用锚固在地面上的卷扬机牵引发电机。机组水平运输，运至仓库指定地点封存。

6）人员组织

总指挥：1 人

副总指挥：1 人

指挥员：2 人

安全员：1 人

起重人员：起重工 8 人

卷扬机操作人员：2 人

电工：2 人（持证上岗）

吊装指挥人员：1 人

7）组吊装运输安全、消防、环保措施

① 进入施工现场必须戴好安全帽。高处作业必须正确使用安全带。

② 专业人员的设置、配置要持证上岗。吊装运输时，各专业人员及起重人员由专人统一指挥，统一调度。起重吊装指挥人员必须持证上岗，作业时应与操作人员密切配合，执行规定的指挥信号。操作人员应按照指挥人员的信号进行作业，当信号不清或错误时操作人员可拒绝执行。设备起吊后操作人员要听从口令、认真操作、统一起放。

③ 卷扬机安装时基座必须平稳牢固，与结构柱的拉结点应牢固可靠，钢丝绳和结构柱拉结时必须垫上木枋从而保护结构柱；卷扬机操作人员必须坚守岗位，上班前穿好劳动保护用品，操作时精力集中、严禁开机离岗；作业前必须全面检查卷扬机的安全装置、防护设施、电气线路、制动装置和钢丝绳等，全部合格方可使用；钢丝绳与卷筒及吊笼连接牢固，不得与机架或地面摩擦。通过道路时，应设置过路保护装置；放绳时钢丝在卷筒上至少应保留三圈；在卷扬机制动操作杆的行程范围内，不得有障碍物或阻卡现象；卷筒上的钢丝绳应排列整齐，严禁在转动中用手拉、脚踩钢丝绳；作业时任何人不得跨越正在作业的卷扬机钢丝绳；作业中如发现异响、制动不灵等情况，应当立即停机检查，排除故障后方可使用；如半途停电，应当切断电源，将机组降至所在层洞口钢管上，各层洞口事先预备好 6 根 $\phi273 \times 7$ 的钢管，如有情况迅速将机组落在钢管上。

④ 工作前，必须检查钢丝绳及钢丝绳的连接部位的安全情况，如有断丝或钢丝绳直径明显变细，必须立即更换钢丝绳；起重用的吊钩和吊环严禁补焊。

⑤ 起吊机组时，机组应绑扎牢固、平稳，不得在机组上再放置零星物件。

⑥ 严格执行《建设工程施工现场供用电安全规范》GB 50194 以及现场所制定的各项有关规定，严格禁止非电工人员对现场用电进行操作。

⑦ 严禁酒后作业、严禁施工过程中做与施工无关的事情，施工人员穿戴必须整齐，不得妨碍工作。

⑧ 凡是 2m 以上的高空作业，要搭设脚手架。首先由工长提出书面要求由架子工搭设，架子投入使用前需要安全部门检查验收，合格后方可使用。

⑨ 机组吊装运输前应将运输通道及周围障碍清理干净，防止磕碰工伤事故的发生。

⑩ 对各锚点在运输起吊前要认真检查，牢固可靠后方可起吊运输。

⑪ 每件设备必须试吊，试吊离开地面100mm，并认真检查各锚点以及卷扬机的稳定性、制动的可靠性、重物的平稳性、绑扎的牢固性。经确认吊装无误后方可进行正式起吊，同时用拴拉绳拴拉以防其晃动。

⑫ 吊运现场必须保证足够照明。

⑬ 设备重物在起吊过程中，下方不可有人员停留走动或工作。重物吊运时严禁从人上方通过。重物起升和下降速度应平稳、均匀，不得突然制动。

⑭ 施工作业区要做好安全防护，地面要设安全警戒区，并由专人看管。

⑮ 现场消防设备应配备齐全，并保证有效、可靠。

⑯ 严格执行现场用火制度，电气焊工应严格按安全操作规程施工。

⑰ 对现场的氧气、乙炔瓶分别保管，做好防晒、防火、防砸等防护措施，做好警示标志，保证安全距离；配备足够品种及数量的消防器材。

⑱ 施工现场严禁吸烟，设备吊运时项目主管人员、项目工程师、专业主管工长和安全员必须在现场全程监控。

8）运输的成品保护措施

① 设备搬运吊装时要做好成品保护措施。

② 设备吊装时，吊装的绳索必须挂在设备的专用吊环上，不得将绳索捆绑在设备机壳、轴承及接管上。与设备机壳接触的绳索，在棱角处垫上柔软材料，防止磨损机壳及绳索被切断。

③ 机组吊装时按产品吊装点吊装，并派有关人员参加，厂家技术人员进行指导。设备部件等搬运时，应防止碰撞损坏，并保护好面漆。

④ 对设备的裸露电器元件、感应探头等做好包裹，并有保护措施，防止丢失。

9）过程中的应急预案

① 机械设施故障应急预案

为防止在吊装过程中机械设备产生故障，机电单位会要求吊装公司做好备件准备，若有设备在此期间损坏，则马上进行备件更换，确保吊装正常运行，现场设有专人处理此类突发事件。

② 人员损伤事故应急预案

为应对吊装过程中产生的人员安全事故，机电单位会做好相关处理，具体如下：

A. 第一时间抢救伤员是第一要务，现场指挥人员要沉着、冷静地对现场的条件和环境做出判断，有效地组织人员对伤员进行抢救，减轻伤员痛苦、安定人心、消除人员的恐惧心理。

B. 事故发生区域要快速采取措施，防止类似事件再次发生。

C. 事故发生后要努力保护现场，迅速通知相关机构，等待有关部门及时处理。

D. 发生事故单位要严格按照事故的性质和严重程度，遵循事故报告的原则，快速向有关部门报告。

E. 相关负责人的联系方式。

（2）发电机组常备电源切换

1）常备电源切换之前需要落实的工作事项（表4.5-27）

常备电源切换之前需要落实的工作事项 表 4.5-27

序号	工作内容	完成状况	跟进处理单位	备注
一	切换方案的再次落实及时间的确定			
1	业主组织酒店及各方落实切换方案及实施时间		业主方	
2	确定时间后，函件告知各用电单位，调试当天将会停电，如：电梯施工方，模块机房，首层中控室，酒店区域的机房，物业方等		业主方、机电施工方	
3	调试日之前，将配电室工作模式调整到 4 台低压变压器都正常运行的状态		业主方协调	
4	调试日当天，四路进线及两路低压母联置于"自投自复"模式		机电施工方	
5	需业主协调其他单位进行机房之外部分的噪声测试		业主方	
二	配电室及供电系统需要准备的相关事项			
1	检查配电室内所有的机电设备无报警		机电施工方	
2	切换调试之前，检查 4 台变压器实际运行电流		机电施工方	
3	检查火警系统正常，无报警		机电施工方	
4	两组低压柜的低压母联投切时继电器已经设置完成		机电施工方	
5	完成两台 ATS 开关的参数设置，接线及切换调试前进行模拟调试		机电施工方/ATS	
6	所有由配电室馈出的末端 ATS 开关（包含应急母线段），要事先检查一次，切换档须置于"AUTO"档		机电施工方	提前 2 天全面检查
7	低压开关是否已经储能完成，可以自动合闸；低压进线与母联断路器机械/电气联锁机构灵敏			
8	检查配电室低压供电系统所有线路供电正常		机电施工方	
9	确保 ATS 柜转换开关在"正常供电"状态，确保 ATS 柜转换开关在"自动"模式		机电施工方/ATS	
三	发电机房及配电室需要完成及检查的相关事项			
1	发电机日用油箱储备油满足运行 30min 以上，确认发电机房供油管路通畅、没有集气、做试启动		机电施工方	
2	发电机房送、排风机可以正常运行		机电施工方	
3	发电机房内接地连接完善		机电施工方	
4	联动试验前保持发电机"启动档"位于"自动"状态		机电施工方	
5	设定发电机启动和延时停机的时间		机电施工方	
6	完成发电机配电室低压柜联动调试，发电机相连主进线开关 G1、G2、G3、G4 处于"分闸"位置；实验前再次检查；与配电室内供电相序一致，切换前仅合闸 G1、G2、G3 开关		机电施工方	
7	发电机带负载测试及现场单机调试完成，相序测试与配电室三相电的相序一致		机电施工方	
8	调试日当天，再次对发电机馈出母线进行检查		机电施工方	
9	记录发电机运行电压，电流，运行频率，运行负荷，功率因数，运行冷却液温度，运行油压，发电机运行转速，运行过程中的机房内部噪声测试		机电施工方	

序号	工 作 内 容	完成状况	跟进处理单位	备注
四	人员组织安排及试验仪器仪表需要准备的事项			
1	所有设备厂家的技术人员到场，应急工具准备就绪		机电施工方	
2	测试人员全部就位；业主方，监理方及相关人员（含高压操作人员）就位		机电施工方	
3	试验切换期间，准备好电筒及临时照明		机电施工方	
4	测量仪表（包括：万用表、相序表、温度枪），计时工具；通信工具（对讲机、手机），必要的电工劳保用品		机电施工方	

2）发电机常备电源切换操作步骤（表4.5-28）

发电机常备电源切换操作步骤　　　　　　　　　　表 4.5-28

序号	步骤顺序	操作内容	操作人员	影响范围	停电时长	备注/注意事项
1	第一步	分高压柜 AH4-211 开关（供 1 号变压器）	物业人员操作/业主协调	1AA05-1AA13 共计 9 台柜体所在开关负荷，详见附件图纸	1s 以内，在第二步低压母联开关合闸后，恢复送电	主要包含以下负荷（B1F，B2F，B3F 一/二/三防火分区照明及应急照明，含锅炉房照明，B3F 所有水泵房照明，酒店接管区域照明）。模块机房备用电源，B1F 弱电机房，B1F 厨房区域，B1F/B2F 换热站，弱电管井，柴油发电机房
2	第二步	1AA04 柜所在母联开关自动合闸（1 号变压器所在低压母线段的母联开关）	自动合闸	同时 1AA01 低压主进开关自动分闸		保持单电源模式运行 5min，无异常后再进行下一步操作
3	第三步	分高压柜 AH5-212 开关（供 3 号变压器）	物业人员操作/业主协调	2AA03-2AA11 共计 9 台柜体所在开关负荷	1s 以内，在第四步低压母联合闸后，恢复送电	受影响主要负荷：B3F/B2F/B1F 消防及空调动力，裙楼及地下室动力，锅炉房照明及动力，弱电管井电源，盐水泵房，办公公寓/酒店生活水泵房，中控室监控屏电源，中水泵房电源，裙楼动力电源
4	第四步	2AA04 柜所在母联开关自动合闸（3 号变压器所在低压母线段的母联开关）	自动合闸	同时 2AA01 低压主进开关自动分闸		保持单电源模式运行 5min，无异常后再进行下一步操作

序号	步骤顺序	操作内容	操作人员	影响范围	停电时长	备注/注意事项
5	第五步	分高压柜 AH20-221 开关（供 2 号变压器）	物业人员操作/业主协调	1 号、2 号变压器所带全部负荷		对高压柜 221 开关及高压柜 222 开关同时分闸操作
6		分高压柜 AH19-222 开关（供 4 号变压器）	物业人员操作/业主协调	3 号、4 号变压器所带全部负荷		
7	第六步	1AA19 柜所在 ATS 转换开关自动发出发电机启动信号	自动		ATS 开关在判断失电后，执行 1.5s 延时	2 号变压器所在低压母线段的 ATS 开关，其一由 G2 回路来
8	第七步	2AA19 柜所在 ATS 转换开关自动发出发电机启动信号	自动		ATS 开关在判断失电后，执行 1.5s 延时	4 号变压器所在低压母线段的 ATS 开关，其一由 G3 回路来
9	第八步	低压柴油发电机收到信号后启动，直到发电正常输出	自动	1 号、2 号、3 号、4 号低压柜馈线全部停电（详见附图）；累计时间约 20s		如期间无正常输出，将立即停止下一步，采取应急措施，及时恢复 2 号、4 号变压器高压侧供电
10	第九步	1AA19 柜所在 ATS 转换开关在判断发电机供电符合要求后，开关动作，供电至 2 号变应急母线段	自动		10~15s	对应各母线段详见图纸附图
11	第十步	2AA19 柜所在 ATS 转换开关在判断发电机供电符合要求后，开关动作，供电至 4 号变应急母线段	自动			
12	第十一步	发电机工作正常启动并带负荷运行			持续运行 5min	5min 为建议时间
13	第十二步	在发电机供电运行期间，手动将 2 号、4 号变低压进线开关分闸，然后"手动"将 1 号、3 号变低压进线柜合闸	机电施工方			如恢复送电的变压器选择 2 号、4 号变压器，则跳过此步操作

序号	步骤顺序	操作内容	操作人员	影响范围	停电时长	备注/注意事项
14	第十三步	合高压柜 AH4-211 开关（供 1 号变压器）	物业人员操作/业主协调			说明：合闸、模拟市电恢复
15	第十四步	合高压柜 AH5-212 开关（供 3 号变压器）	物业人员操作/业主协调			说明：合闸、模拟市电恢复
16	第十五步	1AA19 柜所在 ATS 转换开关自动转换到市电，发出发电机停车信号	自动			发电机在收到两转换开关中的信号（以后者发出信号为准）
17	第十六步	2AA19 柜所在 ATS 转换开关自动转换到市电，发出发电机停车信号	自动			
18	第十七步	发电机将先执行冷机动作，后自动停机	自动			在发电机运行期间，测试记录相关数据
19	第十八步	合高压柜 AH20-221 开关（供 2 号变压器）	物业人员操作/业主协调			
20	第十九步	1AA04 柜所在母联开关手动分闸	机电施工方	2 号变压器供电的所有负荷受影响	5s 中内恢复	
21	第二十步	1AA26 低压主进开关手动合闸（2 号变压器低压）	机电施工方			1 号、2 号变低压柜恢复切换之前状态
22	第二十一步	合高压柜 AH19-222 开关（供 4 号变压器）	物业人员操作/业主协调			
23	第二十二步	2AA4 柜所在母联开关手动分闸	机电施工方	4 号变压器供电的所有负荷受影响	5s 中内恢复	
24	第二十三步	2AA23 低压主进开关手动合闸（4 号变压器低压）	机电施工方	恢复切换之前状态		3 号、4 号低压柜恢复切换之前状态
25	第二十四步	现场设备送电后，检查设备运行情况	机电施工方			

序号	步骤顺序	操作内容	操作人员	影响范围	停电时长	备注/注意事项
26	第二十五步	测试结束,恢复切换试验之前模式运行	物业人员操作/业主协调			
27	第二十六步	整理测试资料	机电施工方			

(3) 主配电室常备电源切换流程及延时控制

1) 由常用电切换至备用电

第一步:常用电的电压低至正常值(AC220V)的-10%(即:输出低于198V)后,开关控制器立即执行1.5s的常用电源断电延时,则发出发电机启动信号。

第二步:在转换开关发出常用电源失效信号给发电机控制器之时,转换开关将立刻监视备用电源之质量;仅当电压及频率达到正常值范围内时,备用电源才被接受。此过程通常会需要10~15s左右;在备用电源未投入使用前,如常用电恢复,则优先转换至常用电。

第三步:当备用电源达到正常值范围后,通过控制器,在10s范围内即转换至备用电源。

第四步:转换之后,开关将保持在备用电源位置,直到常用电源恢复。

2) 由备用电切换至常用电电源

第一步:当转换开关检测到常用电恢复时,负载转换至常用电的动作将准备开始启动。

第二步:在监视到常用电电源品质不低于电压正常值范围时-10%(即:输出电压不低于198V)后,控制器延时30s后自动切换至常用电源。

第三步:切换至常用电源之后,发电机即开始执行"发电机冷却停机延时",在180s后发出发电机停机信号。

之后,所有电路恢复以应对下一次事件发生。

附:1. 地方供电局要求,普通用户的自有配电室内10kV高压母联只能置于"手动"位,不可设置成"自动"位。

2. 本常备电源投切转换方案为两路低压进线及母联置于自动模式。

3. 文中所述常用电源为市电,备用电源为发电机所供电电源。

4. 前次文件批复意见所涉问题回复如下:针对2号、4号变压器应急母线段,发电机投入时两处"市电-柴发"转换开关的投入点可以在开关参数范围(包括电压、频率、时间)内根据用户要求进行设置,保持一致;投入时,发电机已经确定处于可稳定输出状态,故电源质量将不会产生影响。与两路进线对应的低压母联开关的投切时间可通过继电器控制,可以依照用户需求在(0~10s)进行设置,如使用方没有给出意见,将设置成0.5s。具体调试过程中,可以根据调试情况修正投切时间的设置值。

3) 低压柴油发电机简易操作步骤说明

本操作说明为发电机组简易操作,仅限于日常保养维护,了解更多细节需要详细阅读机组随机资料。

① 启动前检查

发电机组停止工作，确认机组已经停机后才从事以下检查：

机组外观：首先是查看发电机组外观有无漏油漏水现象，有无明显螺栓、接线头、皮带等松动。

检查机油：拔出机油标尺，确认机油在低点（L）与高点（H）之间。

检查冷却液位：查看发电机组水箱内冷却液是否足够，如果偏少要及时补充。机房环境温度低于 25℃时，需要打开水套加热电源给发电机加温。

检查启动电池：打开电池盖，查看电池桩头是否有氧化物；打开控制屏检查充电器是否工作，查看电池电压是否在 25～29V 之间。

检查柴油：查看日用油箱确保柴油充足和进回油阀门都在工作位置。

检查空气：查看空气滤芯器外表面是否有附着物或杂物影响其正常工作，检查风机控制箱开关按钮是否在正确位置。

检查完以上工作没有异常情况，就可以进入启动开机环节了。

② 启动发电机组

只要选择控制器上面开关按键到相应模式就可操作机组

● 停止模式键：按停止模式键发电机进入停止模式。

⏻ 自动模式键：按自动模式键发动机进入自动模式。

● 运行键：按运行键将使发动机进入运行模式。

③ 故障复位

⚠ 红色停机故障指示灯：红灯闪烁表示有停机故障，按停止模式键查看故障并进行清除后，再对控制器进行复位。🔕 蜂鸣器消声键，🔄 复位所有故障，直到指示灯熄灭表示故障已经复位。

13. 总配电室移位及供电切换

（1）编制说明

以本工程主楼五层 2 号配电室内低压配电柜的各馈线切改为例，介绍配电室拆除移位技术。

（2）京广中心项目原 2 号配电室及 B1F 主配电室现状

1）酒店 2 号配电室目前所带的大部分负荷均由原附楼主配电室切改而来。主要为办公区、公寓、锅炉房、公司、商务楼餐厅、B2F 模块局、办公楼与公寓大堂、中控室及其他区域的保障及消防设备供电。

2）酒店低区及附楼的改造施工用电电源均取自五楼 2 号配电室。如：附楼塔式起重机的电源、低区的临时施工电源、临时照明电源、临时消防电源。

3）地库一层主配电室内 3 号、4 号变压器低压系统设备已经安装就绪，计划于 7 月 5 日完成测试并开始送电。

4）据业主指令，B3F 核心筒区域的相关设备及供电电缆使用原系统的电缆，本次切改只是将此部分电缆由主楼 2 号配电室切改至地库一层主配电室；部分应属于 1 号、2 号变压器低压系统要供电的负荷，由于施工区域的供电路由与负荷参数未最终确定，暂时只考虑先接至3号、4号低压柜备用开关做过渡处理。

5）切改施工计划于7月7日开始，7月21日左右结束；非施工用电部分切改。具体实施过程将积极与物业沟通，根据物业方对办公楼及公寓的设备运行需要考虑具体的切改时间，各回路的实施时间将根据情况稍做调整。

（3）五楼2号配电室开关接驳情况及切换计划（不含临电部分）

见表4.5-29。

五楼2号配电室开关接驳情况及切换计划　　　　　　表4.5-29

序号	配电柜	回路号	容量	配电箱编号	用电设备描述	功能	供电电源	计划完成时间
1	S/S2-2A	2LA-21-18	400A		1FPB3-1高层喷淋泵	公寓用	B1F-3号4号	
2	S/S2-2A	2LA-21-1	250A		保持原装，1～7F照明（供给5层联通机房电源，1F照明，M2机房）		B1F-1号2号	
3	S/S2-2A	2LA-21-3	250A	BS1PPB3-1	办公楼、锅炉房、裙楼给水泵2台（一用一备）30kW/台		B1F-3号4号	
4	S/S2-2A	2LA-21-22	250A	1LPB3-1	P1、P2电梯	使用	B1F-1号2号	
5	S/S2-2A	2LA-21-24	250A	BS1PPB3-2	B3F污水泵、雨水泵	楼排水用	B1F-3号4号	
6	S/S2-2A	2LA-21-13	250A	BS1LB1-1	地下室照明		B1F-3号4号	
7	S/S2-2A	2LA-21-7	250A		华阳公司电源		B1F-3号4号	
8	S/S2-2A	2LA-21-12	250A		B1层新建配电室照明、动力临时供电/B2模块房		B1F-1号2号	
9	S/S2-2A	2LA-21-20	400A		1PPB3-11	公寓/办公用	B1F-3号4号	
10	S/S2-2A	2LA-21-2	250A	BS2L5-2	酒店1～7F照明，公寓大堂照明/供给10号弱电井消防柜	公寓/办公用	B1F-1号2号	
11	S/S2-2A	2LA-21-6	250A	1PPB3-WRP	中水泵	公寓/办公用	B1F-3号4号	
12	S/S2-2A	2LA-21-23	250A	1APBL-1B	锅炉房，2台（含备用）30kW/台	锅炉房	B1F-3号4号	
13	S/S2-2A	2LA-21-8	250A	1APBL-1A	锅炉房	锅炉房	B1F-3号4号	
14	S/S2-2A	2LA-21-19	250A		商务楼餐厅电源		B1F-3号4号	
15	S/S2-2A	2LA-21-9A	250A	1FPB3-1A	高层消火栓泵2台（一用一备），140kW/台		B1F-3号4号	
16	S/S2-2A	2LA-21-9B	250A	1FPB3-2	高层水泵2台（一用一备），75kW/台		B1F-3号4号	
17	S/S2-2A	2LA-21-17	125A		中控室消防电源备用回路（经五楼3号管井转接至中控室内）	中控室	B1F-1号2号	

序号	配电柜	回路号	容量	配电箱编号	用电设备描述	功能	供电电源	计划完成时间
18	S/S2-2A	2LA-21-16	250A	1FPB3-1（B）	高层喷淋泵2台（一用一备），150kW/台		B1F-3号4号	
19	S/S2-2B	2LG-23-13	400A	1FPB3-1A	高层消火栓泵2台（一用一备），140kW/台		B1F-3号4号	
20	S/S2-2B	2LG-23-9A	250A	B2层新建模块局电源/APE-B2-MKJ2		联通机房	B1F-1号2号	
21	S/S2-2B	2LG-23-20	250A	BS1PPB3-5	盐水泵，污水泵		B1F-3号4号	
22	S/S2-2B	2LG-23-7	125A	BS1LB1-2	地下二、三层照明（主）		B1F-3号4号	
23	S/S2-2B	2LG-23-11	125A	1PPB3-8A	软化水泵（3台）/地下3F		B1F-3号4号	
24	S/S2-2C	2LG-23-1	250A	B1层新建配电室照明、动力一临时供电2/A楼梯照明			B1F-3号4号	
25	S/S2-2C	2LG-23-3	250A	B2层新建模块局电源2/B楼梯照明		联通机房	B1F-3号4号	
26	S/S2-2C	2LG-23-4		B楼梯照明2L8-2-2L23-2			B1F-1号2号	
27	S/S2-2C	2LG-23-17		中控室消防电源主用回路(2L1-COM)		中控室	B1F-1号2号	
28	S/S2-2B-1			1F控制室电源			B1F-1号2号	
29	S/S2-2B-1			中控室分体空调电源			B1F-1号2号	

（4）各供电回路切改的前应准备工作或具备的条件

1）地库一层主配电室3号、4号变压器低压系统已经正常投入运行，馈出正常。

2）地库一层主配电室至核心筒3号、7号管井部分的梯架路由具备安装条件，并且安装完毕。

3）准备好各类型电缆与低压开关的接驳材料。

4）由于酒店很多区域的供电为配合土建改造施工，进行过多次电源线路改造，为减少切改造成的影响，故首先对前期排查结果进行一次确认，以免误将不该停电的区域停电或拆除。

5）尽量先对具备备用回路的供电线路先行切改，减少竖井施工时电缆移送的难度。

6）协调土建单位，将地库一层3号与7号管井外的堆放建筑材料移出，以便切改期间具有整理线缆的空间。

（5）各回路的电缆切改移位具体施工步骤

第一步：由于主楼2号站所供电的设备停电将影响正在运行区域的照明或动力设备正常运行，故在每次施工前，需要先与区域/设备管理方物业沟通各回路的具体的停电切换时间。

第二步：协调配电室及水泵房管理人员，对要切改的回路进行停电，对设备末端对应供电开关进行"分断"，并于机房端确认停电。

第三步：停电后，安排人员确认停电所影响区域与预期一致时，于末端设备开关处进行放电，再打开开关所在柜体门板，对可进行直接拆除的回路从柜体的出线端子上拆除、包扎；对直接拆除存在安全隐患的，于柜体外用感应验电器进行确认不带电后，进行手动割断。

第四步：于割断后的电缆于柜体侧进行绝缘包扎，并于开关上贴上"禁止合闸"封条，再安排人工将电缆末端包扎裹好，慢慢从配电室内部退出到走廊和竖井。

第五步：查看电缆在竖井的绑扎情况，于5楼竖井的上端用滑轮及麻绳吊住，慢慢将电缆退至B1F电气管井，尽量避免电缆外皮在移动期间受到损伤。

第六步：于3号或7号管井外整理好电缆后，确定后切改的电缆的电源开关所在位置，顺着电缆梯架将电缆摆至电缆梯架上由人工整理，于管井处预留适当长度以便后期整理到位。

第七步：将电缆从梯架上端引至开关所在处，整理好预留长度，将多于部分电缆割除，加工好接线鼻子。

第八步：将电缆从梯架上端引至开关所在处，整理好长度，将多于部分电缆割除，压接加工好接线鼻子对电缆进行绝缘测试，确认合格后进行下一步。

第九步：将需要接驳的开关置于"分"位置，确认后再将电缆ABC相分别接入端子/铜排，绑扎好柜内电缆。

第十步：ABC/N三相确认无误后，在保证末端开关处于分位置时，于新接驳的开关处试送电。

第十一步：试送电时，安排人员于设备端开关同时检测，ABC相电压正常后，再进入下一步骤。

第十二步：对设备试送电运行，如有问题，再做检查处理直至合格。

第十三步：设备运行正常后，对开关进行挂牌警示。

第十四步：检查现场，整理好施工区域，与管理方办理手续。

（6）施工机械设备及人员组织

1）机具配备：动力滑轮、麻绳、平板车、摇表、万用表、感应验电器、智能查线仪、麻布、手推液压车、捯链、大绳、接地线、活动扳手、螺丝刀、老虎钳、锤子、凿子、脚手架等。

2）人员组织

总指挥：1人

副总指挥：2人

成员：6人

施工队长：2人

施工成员：15人

（7）安全文明施工

1）进入施工现场戴好安全帽，系好下颌带，禁止吸烟，高空作业挂好安全带。

2）操作人员必须具有电工证及实际操作能力，严禁无证人员进行操作。

3）配电柜进线电缆和母线停电后拆线时，悬挂接地线进行发电，直到无火花或听不见叭叭声响。

4) 在进行电缆、母线拆除工作时，电气专业工程师和专业安全员须旁站，时刻监督指挥操作。

5) 设备吊装时，首先要检查吊环是否有开焊现象，卡扣要锁好。

6) 起重机起吊时，设备下禁止站人，起重机旋转半径内禁止有物料堆放和站人。

7) 设备吊装时，两个信号工到位，起重机操作人听到准确信息才能起吊或落地。

8) 统一指挥、集中操作。

京广五楼 2 号配电室各柜体开关的接驳情况一览表，见表 4.5-30。

京广五楼 2 号配电室各柜体开关的接驳情况一览表　　　　　　表 4.5-30

序号	配电柜	回路号	容量	配电箱编号	用电设备描述	功能	供电电源
1	S/S2-2A	2LA-21-18	400A	1FPB3-1-高层喷淋泵		公寓用	B1F-3 号 4 号
2	S/S2-2A	2LA-21-1	250A	保持原装，1-7F 照明（供给 5 层联通机房电源、1F 照明、M2 机房）			B1F-1 号 2 号
3	S/S2-2A	2LA-21-3	250A	BS1PPB3-1	办公楼、锅炉房、裙楼给水泵 2 台（一用一备）30kW/台		B1F-3 号 4 号
4	S/S2-2A	2LA-21-4	250A	1FPB3-3B	低层消火栓泵 2 台（一用一备）75kW/台	施工消防	施工用电
5	S/S2-2A	2LA-21-22	250A	1LPB3-1	P1、P2 电梯	使用	B1F-1 号 2 号
6	S/S2-2A	2LA-21-24	250A	BS1PPB3-2	B3F 污水泵、雨水泵	楼排水用	B1F-3 号 4 号
7	S/S2-2A	2LA-21-13	250A	BS1LB1-1	地下室照明		B1F-3 号 4 号
8	S/S2-2A	2LA-21-14	250A	1FPB3-3A	低层喷淋泵 2 台（一用一备）90kW/台		B1F-3 号 4 号
9	S/S2-2A	2LA-21-7	250A	公司电源			B1F-3 号 4 号
10	S/S2-2A	2LA-21-12	250A	B1 层新建配电室照明、动力临时供电/B2 模块房			B1F-1 号 2 号
11	S/S2-2A	2LA-21-25	125A	（原作样板层装修用电，待查）			施工用电
12	S/S2-2A	2LA-22-1	250A	消火栓增压泵 2 台，45kW/台，低层喷淋增压水泵 2 台，30kW/台）（原状态）		施工消防	施工用电
13	S/S2-2A	2LA-21-20	400A	1PPB3-11		公寓/办公用	B1F-3 号 4 号
14	S/S2-2A	2LA-21-2	250A	BS2L5-2	酒店 1～7F 照明，公寓大堂照明/供给 10 号弱电井消防柜	公寓/办公用	B1F-1 号 2 号
15	S/S2-2A	2LA-21-6	250A	1PPB3-WRP	中水泵	公寓/办公用	B1F-3 号 4 号
16	S/S2-2A	2LA-21-23	250A	1APBL-1B	锅炉房 2 台（含备用）30kW/台	锅炉房	B1F-3 号 4 号
17	S/S2-2A	2LA-21-8	250A	1APBL-1A	锅炉房	锅炉房	B1F-3 号 4 号
18	S/S2-2A	2LA-21-19	250A	商务楼餐厅电源			B1F-3 号 4 号

序号	配电柜	回路号	容量	配电箱编号	用电设备描述	功 能	供电电源
19	S/S2-2A	2LA-21-9A	250A	1FPB3-1A	高层消火栓泵2台（一用一备），140kW/台		B1F-3号4号
20	S/S2-2A	2LA-21-9B	250A	1FPB3-2	高层水幕2台（一用一备），75kW/台		B1F-3号4号
21	S/S2-2A	2LA-21-17	125A	中控室消防电源备用回路（经五楼3号管井转接至中控室内）		中控室	B1F-1号2号
22	S/S2-2A	2LA-21-16	250A	1FPB3-1（B）	高层喷淋泵2台（一用一备），150kW/台		B1F-3号4号
23	S/S2-2B	2LG-23-9B	400A	1FPB3-2	低层水幕110kW/台		B1F-3号4号
24	S/S2-2B	2LG-23-13	400A	1FPB3-1A	高层消火栓泵2台（一用一备），140kW/台		B1F-3号4号
25	S/S2-2B	2LG-23-9A	250A	B2层新建模块局电源/APE-B2-MKJ2	联通机房	B1F-1号2号
26	S/S2-2B	2LG-23-20	250A	BS1PPB3-5	盐水泵、污水泵		B1F-3号4号
27	S/S2-2B	2LG-23-15	250A	2AP5-2	2AP5-3配电箱供给2号变电室空调用电/配电室用		B1F-3号4号
28	S/S2-2B	2LG-23-16	250A	首层大堂空调机组		一楼大堂	
29	S/S2-2B	2LG-23-7	125A	BS1LB1-2	地下二、三层照明（主）		B1F-3号4号
30	S/S2-2B	2LG-23-11	125A	1PPB3-8A	软化水泵（3台）/地下3F		B1F-3号4号
31	S/S2-2B	2LG-23-19	125A	设备已经拆除，需复查			
32	S/S2-2B	2LG-23-14	125A	2号变配电室空调用电（配电室拆除时停用）			
33	S/S2-2C	2LG-23-1	250A	B1层新建配电室照明、动力—临时供电2/A楼梯照明			B1F-3号4号
34	S/S2-2C	2LG-23-3	250A	B2层新建模块局电源2/B楼梯照明		联通机房	B1F-3号4号
35	S/S2-2C	2LG-23-4		B楼梯照明2L8-2～2L23-2			B1F-1号2号
36	S/S2-2C	2LG-23-16		分闸状态（查实是否停用）			
37	S/S2-2C	白牌子	400A	附楼塔式起重机电源		施工用电	施工用电
38	S/S2-2C	2LG-23-17		中控室消防电源主用回路（2L1-COM）		中控室	B1F-1号2号
39	S/S2-2C	2PG-24-2		2FP5-1（供5楼消防泵）		施工消防	施工用电
40	S/S2-2C	2LG-23-21		供高压盘照明，加热器（配电室自用）			
41	S/S2-2C	2PG-24-1		S4电梯电源			B1F-3号4号

序号	配电柜	回路号	容量	配电箱编号	用电设备描述	功 能	供电电源
42	S/S2-2C	2PG-24-3		2PP5-1,供水泵电源(已停用)			
43	S/S2-2B-1			施工用电		施工用电	施工用电
44	S/S2-2B-1			1F 控制室电源			B1F-1 号 2 号
45	S/S2-2B-1			中控室分体空调电源			B1F-1 号 2 号

14. UPS 应急电源系统移位

（1）项目概述

首层中控室内原有 2 套 UPS 系统：

UPS-A 系统 20kVA,由中控室内强电配电箱供电,带 3 路负荷回路。

UPS-B 系统 6kVA,由中控室内 2L1-COM 配电箱供电,带 1 路负荷回路。

UPS-A、B 设备配电箱供电回路,见表 4.5-31。

UPS-A、B 设备配电箱供电回路　　　　　　　　　　表 4.5-31

序号	编号	线 路
		UPS-A 配电箱配线表
1	UPS-A-01	UPS-A 负荷配电箱——外侧矩阵供电插排
2	UPS-A-02	UPS-A 负荷配电箱——光端机柜内,光端机供电插排
3	UPS-A-03	UPS-A 负荷配电箱——内侧矩阵供电插排
4	UPS-A-04	UPS-A 负荷配电箱——消防系统控制台供电插排
5	UPS-A-05	UPS-A 负荷配电箱——外侧硬盘录像机供电插排
6	UPS-A-06	UPS-A 负荷配电箱——外侧电视墙供电插排
7	UPS-A-07	UPS-A 负荷配电箱——中间电视墙供电插排
8	UPS-A-08	UPS-A 负荷配电箱——内侧电视墙供电插排
9	UPS-A-09	UPS-A 负荷配电箱——内侧视频分配器供电插排
10	UPS-A-10	UPS-A 负荷配电箱——供竖井内监控系统供电（目前无负荷）
11	UPS-A-11	UPS-A 负荷配电箱——供竖井内监控系统供电（目前无负荷）
12	UPS-A-12	UPS-A 负荷配电箱——供竖井内监控系统供电（目前无负荷）
13	UPS-A-13	UPS-A 负荷配电箱——消防主机供电插排（目前无负荷）
14	UPS-A-14	UPS-A 负荷配电箱——消防主机供电
15	UPS-A-15	UPS-A 主机——UPS-A 负荷配电箱（UPS-A 输出线缆）
16	UPS-A-16	强电配电箱——UPS-A 负荷配电箱（市电直接供电电线缆）
17	UPS-A-17	强电配电箱——UPS-A 主机（UPS-A 输入线缆）

序号	编号	线　路
		UPS-B 配线表
1	UPS-B-1	UPS-B 负荷配电箱——UPS-B 主机（UPS-B 输入线缆）
2	UPS-B-2	UPS-B 主机——UPS-B 负荷配电箱（UPS-B 输出线缆）
3	UPS-B-3	UPS-B 负荷配电箱——公寓监控电视墙、有线电视显示墙供电插排
4	UPS-B-4	2L1-COM 配电箱——UPS-B 负荷配电箱（UPS-B 负荷配电箱输入线缆）

　　UPS-A 设备配电箱共带 14 路负荷回路，其中 11 路由市电直接供电，剩余 3 路由 UPS-A 系统供电，见图 4.5-31、图 4.5-32。

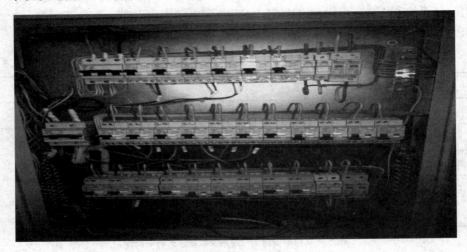

图 4.5-31　UPS-A 配电箱接线板

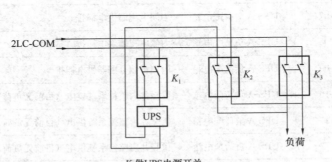

K_1供 UPS 电源开关

K_2 UPS 输出电源开关

K_2 电路电源开关

图 4.5-32　UPS-B 配电箱接线图

　　UPS-B 系统仅 1 路负荷回路为公寓监控电视墙、有线电视显示墙供电。额定负荷为 6kVA（220V×27.3A）。

（2）UPS 系统移位方案实施

见图 4.5-33 和图 4.5-34。

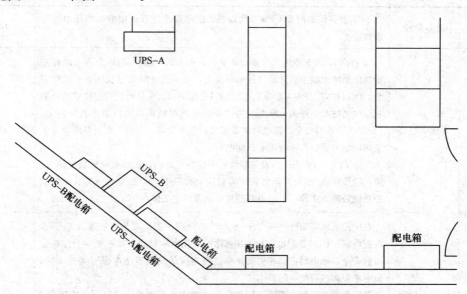

图 4.5-33　移位前 UPS 系统平面位置图

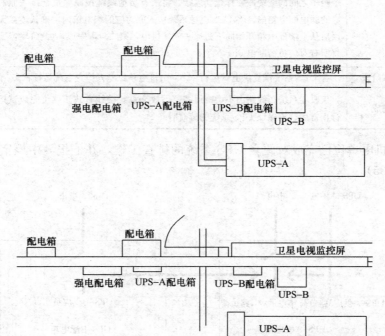

图 4.5-34　移位后 UPS 系统平面位置图

（3）主体方案表

为尽量减少 UPS 系统移位过程中造成的对应负荷系统断电停用时间，此次 UPS 系统移位分为五个阶段（表 4.5-32）

主体方案表

表 4.5-32

序号	阶段	工作内容	工作时间
1	准备阶段	对需要移位的两套 UPS 系统设备、配电箱及所有进出的线路路由进行细致排查	1 天
2	实施一阶段	1. 将两套 UPS 系统所有负荷断电，其中 UPS-A 配电箱内有两条回路是给新增消防控制主机和消防控制台供电，如果断电时间过长则影响消防安全，所以在对 UPS-A 配电箱断电前需要相关消防单位将此回路移植切换到相应的消防配电箱内。断电后将两个弱电配电箱负荷改由市电直接供电。（为保证设备的安全，断电时需要相关物业单位将对应的负荷设备电源开关关闭后机电单位再进行配电箱断电） 2. 将两套 UPS 系统的设备移位到中控室走廊内，然后重新安装并测试。第一阶段完成。（此阶段需将所有对应负荷断电 2h，断电时整栋大楼的监控系统将停止工作，卫星电视监控电视墙停止工作）	4 天
3	实施二阶段	在中控室内隔墙旁开一个 100mm×100mm 的洞，跟走廊连通。将 UPS-A 配电箱、UPS-B 配电箱和上端强电配电箱所有对应负荷断电（为保证设备的安全，断电时需要相关物业单位将对应的负荷设备电源开关关闭后，机电单位再进行配电箱断电）。 然后将此 3 个配电箱箱一同移位至中控室外走廊的内墙壁上。然后将 3 个箱子之间的线缆按原样重新连接。将所有负荷线缆按原样重新接入原对应的弱电配电箱内，将 UPS 电源系统接入原对应的配电箱内。确认连接无误后从上端配电箱开始向下游逐一恢复供电，第二阶段完成。（此阶段需要将所有对应负荷断电 6h）	2 天
4	调试阶段	各 UPS 系统恢复供电试运行 12h，由机电单位专人检查系统运行状态	1 天
5	完成	仅改变系统布线路由不增减设备，不改变系统接线方式。移位完成试运行正常后，不保证 UPS 系统的续航时间	—

1）前期机电单位已完成对两套 UPS 系统的排查工作，并上报《中控室 UPS 排查报告》（图 4.5-35）。

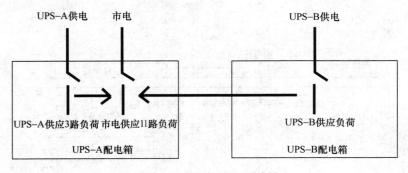

图 4.5-35　对两套 UPS 系统排查

2）将两套 UPS 系统所有负荷接入 UPS-A 配电箱内，由市电直接供电。具体示意图见图 4.5-36。

3）待所有设备及配电箱移位完成后，将所有负荷线缆按原样重新接入各自 UPS 系统

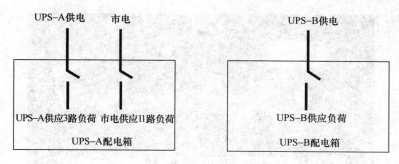

图 4.5-36　UPS 供电

内，系统复原。

4）各 UPS 系统恢复供电试运行 12h，机电单位专人检查系统运行状态。

5）本次移位工程机电单位仅改变系统布线路由，不增减设备、不改变系统接线方式。

系统移位完成，试运行正常后，不保证 UPS 系统的续航时间。

15. 利旧电气管井移位

（1）管井排查情况

管井内共有配电箱 3 台，见图 4.5-37。

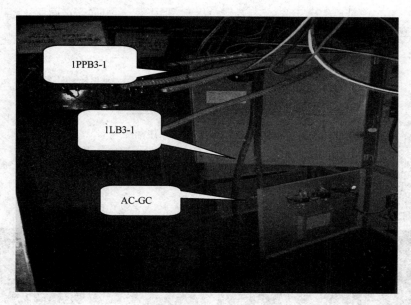

图 4.5-37　配电箱

（2）3 号管井原配电箱明细及系统图

见图 4.5-38。

1）1PPB3-1 系统图（图 4.5-39）

2）1PPB3-1 主电源取自 B1F 主配电室 3 号变 2AA8 低压柜 B-WPE-37。

3）1LB3-1 与 AC-GC 分别负载地下三层停车场照明及风机电源。

（3）3 号管井内新装配电箱明细说明

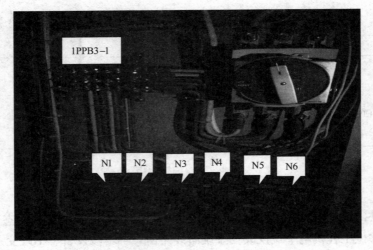

图 4.5-38　3 号管井原配电箱及系统图

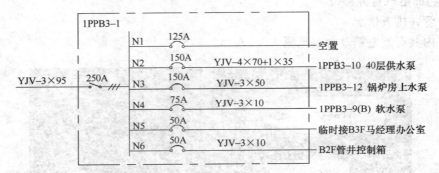

图 4.5-39　1PPB3-1 系统图

1）如图 4.5-40 所示，3 号管井内新装配电箱分别为：ALE-B3-01、AP-B3-01、AL-B3-01、AP-B3-03

2）系统图如图 4.5-41 和图 4.5-42 所示。

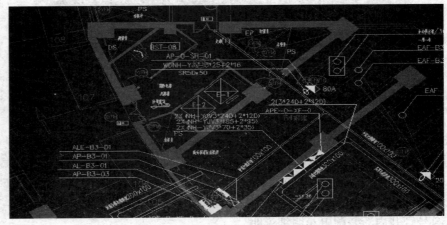

图 4.5-40　3 号管井内新装配电箱

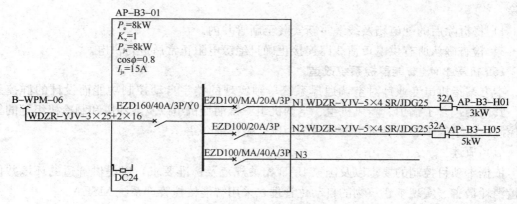

图 4.5-41　系统图一

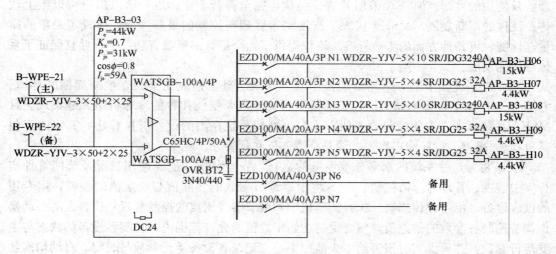

图 4.5-42　系统图二

（4）移位难度分析

1）新装配电箱功率无法匹配原 3 号管井内配电箱所带负荷功率，如 40 层供水泵和锅炉房上水泵。

2）因移位停电时间可能超过 5h，将会对原 3 号管井内配电箱 1PPB3-1 所带重要负荷如 40 层供水泵、锅炉房上水泵等造成不可估量的严重后果。

3）原 3 号管井内所带负荷电缆大部分为三芯电缆，移位需要对其进行接驳处理，因年代久远，部分电缆已老化，接驳不能保证其正常使用。

4）3 号管井内走线较复杂，除强电专业外还有移动、联通等电话网络供应商设备及管线，拆除极不方便。

5）接驳所用电缆长度较短，采购较为不便。

（5）移位步骤

1）将原有管井配电箱各进线及出线回路排查清楚。

2）切断原有配电箱下口所有用电负荷。

3）对配电箱进行断电处理，并观察至少 6h，确认无影响后，进行原有配电箱及线缆拆除。

4）将拆除后的配电箱及线缆重新安装至新管井内。

5）检查确认所有供电负荷线路连接正确且绝缘电阻正常后进行供电。

16. 机房 BMS 智能群控系统改造

本方案指机电专业针对空调通风系统单独实现的楼宇自动控制功能而设计的群控系统，其内容包含了锅炉、新风机组、空调机组、排油烟机组以及冷却塔和制冷机组等的集中控制，以京广中心项目机房群控系统为例，做详细介绍。

（1）概述

依据本项目控制的要求以及国家 BAS 相关规范及标准要求，以提供舒适的环境并使能量消耗最省、实现本建筑物的自动化管理，采用智能楼控管理系统 MSEA。

MSEA 作为 METASYS 系统的延续和发展，采用了最新的软、硬件设计，具有易于理解及使用的界面。MSEA 采用开放式结构，完全符合工业标准，所以用户可以跟上软件及硬件的不断发展。MSEA 代表了智能楼宇管理与控制的最新潮流，体现了最新的质量、性能、可靠性方面的工业标准，不仅提供了当今最好的资源管理系统，并且保证了系统以后的发展。

MSEA 系统除了是一个完整的楼宇管理系统之外，还能完全独立控制周围的环境。它还有一个别的 BAS 系统无法比拟的特点：MSEA 系统能和智能冷冻机组无缝集成。且 MSEA 系统有非常完善的包含主机、水泵、冷却系统在内的设备群控算法，算法内容包括自动加/减机、设备顺序启停、设备故障分析和预警等。

BAS 将对这些系统的众多分散设备的运行、安全状况、能源使用情况及节能管理实行集中监视、管理与分散控制。BAS 将根据调节参数的实际值与给定值的偏差，用专用的仪表设备（由各种传感器、执行调节机构和调节器等组成的控制装置）代替人的手动操作调节控制各参数的偏差值，使之维持在给定数值的允许范围内；检测各设备的状态与主要运行参数，并提供实时报警给中央监控中心；记录各设备运行参数与时间，自动均衡各互为备份设备的运行，提供各设备的维护提示等，从而实现提高建筑的舒适性、管理效率、节约人力、节约能耗与运行费用，使得由 MSEA 系统控制的建筑成为一个真正意义的节能型智能建筑。

我们根据本项目的要求，将整个项目划分为以下两个子系统：

1）冷热源群控系统（CPA）

2）远程监控诊断中心（RMC）

由于 METASYS 网络的灵活性和扩展性，对于空调末端及其他楼宇设备自控系统则可根据业主需求灵活调整。在无须对原有网络结构进行任何改变的情况下，只需要在网络上简单增加 FEU 的数量就可以轻松实现整个建筑乃至建筑群的楼宇设备的高效能自动控制。

（2）冷热源群控系统

1）CPA 控制概述

本系统中冷热源群控系统的监控包括冷冻机组内部参数的监测、冷冻水系统、冷却水系统、冷冻机组与膨胀水箱的监测与控制、锅炉内部参数的监测、换热站系统、24h 冷却水系统、板式换热器、锅炉、二次侧热水循环泵、二次侧冷却水泵、一次侧冷却水泵软化水箱的监测及控制，MSEA系统按每天预先编排的时间假日程序来控制制冷系统/制热系统的启停和监视各设备的工作状态。

在冷冻机组群控系统内，多台冷水机、冷却泵、冷冻泵可以按先后顺序运行（图4.5-43）。通过执行最新的优化程序和预定时间程序达到最大限度的节能，可以减少人手操作可能带来的误差，并将冷源系统的运行操作简单化。集中监视和报警能够及时发现设备的问题，可以进行预防性维修，以减少停机时间和设备的损耗，通过降低维修开支而使用户的设备增值。

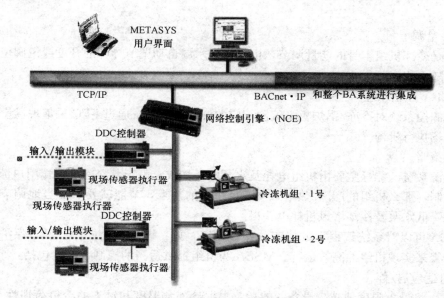

图 4.5-43　冷冻机组群控控制设备系统图

2）CPA控制目的

冷热源群控的目的是在冷水机/锅炉的产冷/热量满足建筑物内的负荷的需求的情况下，使空调设备能量消耗最少，并使其得到安全运行及便于维护管理，取得良好的经济效益和社会效益。简单地说，就是要节能和优化管理。

冷热源群控的监测与控制，其主要功能有如下三个方面：

① 基本参数的测量

A. 冷水机的运行和故障参数以及机组温度、压力、电流、水流、累积工作时间等相关状态参数检测。

B. 冷冻水循环系统总管的出回水温度、流量和旁通水阀压差检测；冷冻水泵的运行状态、手自动信号和故障参数检测；冷冻水电动蝶阀开关状态检测。

C. 冷却水循环系统总管的出回水温度检测；冷却水泵和冷却塔风机的运行、手自动信号和故障参数检测；冷却水电动蝶阀开关状态检测。参数的测量是使冷源系统能够安全正常运行的基本保证。

D. 锅炉的运行和故障参数以及机组温度、压力、电流、水流、累积工作时间等相关状态参数检测。

E. 板式换热器一次侧的供回水温度、压力，二次侧的供回水温度、压力、电动调节阀的反馈及控制、蝶阀的开关状态及蝶阀开关控制。

F. 热水循环系统总管的出回水温度、压力检测；热水循环泵的运行状态、手（自）动信号和故障参数检测。

② 冷热源系统的全面调节与控制

即根据测量参数和设定值，合理安排设备的开停顺序和适当地确定设备的运行台数，最终实现"无人机房"，这是计算机系统发挥其可计算性的优势。通过合理的调节控制，节省运行能耗而产生经济效益的途径，也是计算机系统与常规仪表调节或手动调节的主要区别所在。

③ 能量调节

主要是冷冻机组本身的能量调节，机组根据水温自动调节导叶的开度或滑阀位置，电机电流会随之改变。

3）CPA 控制原理

冷热源控系统对冷冻/锅炉机组编制相应的群控及联锁，通过 FEC 采集现场设备信息和控制现场执行机构。

控制策略

冷热源系统的能耗主要由机组电耗及水泵电耗构成。由于各冷冻水末端用户都有良好的自动控制，那么机组的产冷/热量必须满足用户的需求，节能就要靠恰当地调节机组运行状态来降低水泵及冷却塔风机耗电获得。

MSEA 可以对系统编程完成特定的操作顺序，如：设备自动操作、设备保护、数据转发和报警来实现机组的高效运行。MSEA 为机组提供适当的控制，其中包括：

① 自适应启/停

MSEA 将最大限度地减少设备的能耗，根据冷冻水温度和过去的冷负荷惯性/反映时间来自动调节冷水机—泵—冷却塔的启/停时间来逐一控制冷冻水泵、冷却水泵、冷却塔和冷水机组。

② 机组排序/选择

用户可以选定超前/滞后机组，并重新安排其顺序。MSEA 将自动预测冷负荷需求/趋势，并根据过去的能效、负荷需求、冷水机—泵—冷却塔的功率和待命冷水机的情况自动选择设备的最优组合。用户可以交替地选择最优/同等的冷水机组运行时间，冷冻水和冷却水阀门将根据冷水机的选定情况而开/关。MSEA 系统能够控制冷水机的任何配置。用户可以在某个现场位置启动冷水机组，也可以选择自动启动。任何冷水机得到开机命令却未能启动的，应按指定要求发出报警。控制器得到报警后，启动下一台最适合的机组。

③ 最优机组负荷分配

机组的能耗是最令人关注的，它由压缩方式、冷媒、制冷量、压缩机规格和换热器规格等因素构成，只有冷水机制造商本身才最熟悉自己的产品特性。江森的自控产品MSEA 正是在这个基础上开发出来，结合冷水机的不同特性，做出最优化的计算程序，获得最好的节能效果，这是一般的控制系统无法比拟的。

MSEA 将根据能效和最优设备组合自动为每台机组分配负荷。MSEA 在保持冷冻水/采暖水的供/回水设定值状态的同时，也将重新设定每台机组的冷冻水/采暖水出口温度以优化机组的负荷分配。任何并联机组若处在循环回路上但无水流过，蒸发器会发出报警。

④ 冷冻水重设

冷水机组将根据下列方法之一（用户可选）自动重设/调节冷冻水的出口温度：

A. 对于单台冷水机或一般供水情况，保持冷冻水的供水温度恒定（例如7℃）。

B. 保持冷冻水的回水温度恒定（例如12℃）。

C. 冷水机的冷却水入口温度应降低到与出口温度相差3℃的范围内，以减少扬程并获得最大限度的节能。

⑤ 低负荷控制

不允许单台机组在低于可选工况点（如30％的负荷）下运行，除非只有单台机组用于承担冷/热负荷。当冷负荷低于25％时，MSEA将选择冷水机启停控制以便充分发挥其能效或根据冷负荷惯性/反应时间和档案数据来选择连续运行。

⑥ 断电后自动启动

当发生断电时所有设备将停机一段时间，这段时间的长短可以选定。然后，设备将依次启停以最大限度地减少功率的峰值需求。

⑦ 备用机组的自动启动

当机组或辅助设备不能启动或因紧急故障而停机时，备用机组及其相关辅助设备应自动启动。

⑧ 故障报警

MSEA靠正反馈/或紧急故障电路来识别并确认机组，泵和冷却塔风机的故障。同时将显示报警信息。

⑨ 降温时间的需求限制

冷水机启动后在达到满负荷之前，可以在一段可选的时间范围内，逐步给机组加载，使其功率达到一个可选的极限值。

⑩ 泵排序和控制

泵迟于电动蝶阀但先于机组启动，并根据机组的运行和冷负荷需求排序。停泵的控制也是一样。

⑪ 压差控制

根据冷冻水供回水压差控制旁通阀的开度，以保证系统的平衡。

⑫ 膨胀水箱

当膨胀水箱水位低于设计低水位时，自动打开补水阀门。当补水至设定高水位时，自动关闭补水阀门。

4）CPA控制内容

① 制冷站的监测内容

本冷源系统位于24F冷冻站内，冷冻水系统采用一次泵系统。冷水机组设计冷冻水进出水温度为7/12℃，冷却水进出水温度为37/32℃。本系统主要设备包括冷水机组3台（CH-24-01～03）、一次冷冻水泵3台（CHWP-24-01～3）、冷却水泵3台（CDWP-24-01～03）、冷却塔3组（CT-RF-01～03）。群控管理系统由中央计算机、DDC及现场传感器和执行器等构成，可以完成整个制冷系统的自动节能运行。本系统还与制冷机组通信，通过集成的方式读取更多的机组内部参数，从而更好地完成冷源系统的群控；同时，本系统可提供标准通信接口给大楼楼宇自控系统，以便大楼管理人员充分了解本系统运转信息。

A. 监测内容

冷水机组集成内容

本系统通过网关接口与制冷机组就地控制屏通信，集成如下信息：

冷水机组运行，故障状态监视（供电电压过高过低报警，传感器故障报警，压缩机过载报警，压缩机低压、高压报警，压缩机排气温度过高报警，出水温度过高过低报警，防冻保护报警，水流量过低报警，油差压力报警，电机过热报警，减载失败报警，油位开关报警，油槽温度、压力报警，相序保护报警）。

冷水机组内部数据：供电电压、蒸发器进出水温度，冷凝器进出水温度，蒸发器冷凝器制冷剂压力、饱和温度、吸气温度、吸气过热度，压缩机进排气温度，压缩机吸排气压力，系统工作压力，压缩机工作时间、运行状态，机组实时能量数据，机组运行状态、运行时间，机组启动次数，供油压力，油槽压力，供油温度，油槽温度，额定电流百分比。

冷水机组设置及调整点位：进出水温度设定、冷量限定的设定值、清除报警。

B. DDC 监控内容（具体参见系统监控原理图）

冷冻水泵、冷却水泵、冷却塔手/自动状态、启停状态、故障报警、启停控制。

制冷机组冷冻水/冷却水进出水压力，水流量。

带电加热冷却塔水盘水温度、低液位监测。

冷却电加热的控制。

冷却塔管道电伴热状态、故障监测。

冷却塔回水蝶阀开关控制。

冷却水供回水温度监测。

冷冻水供回水温度监测。

冷却水旁通阀控制。

冷冻水旁通阀控制。

高位膨胀水箱高低液位报警。

C. 制冷系统控制策略

系统控制

系统启动：整个系统控制设置一个系统启动点（软件点），当系统各设备置于自动模式时，启动此点可进行系统启停操作。

负荷控制：系统监测冷冻水的供回水温度和流量计算系统总负荷，结合当前运行机组的负荷，以决定当前制冷机组启停台数。

制冷机组运行过程中，系统监测总冷冻水管的供回水温度和流量，计算总负荷。当负荷大于在用机组总负荷的 90% 或所有在运行机组负荷度大于 95% 并保持 15min 后，系统增加一台机组运行；当总负荷低于在用机组总负荷的 40% 且任一机组负荷度低于 40% 并保持 15min 后，系统减少一台机组运行。

系统加减机间隔时间：1h。

关联设备选择：制冷机组与冷却水泵、冷冻水泵、冷却塔对应，对应关系见表4.5-33。

制冷机组	冷冻水泵	冷却水泵	冷却塔
CH-24-01	CHWP-24-01～03 任一	CDWP-24-01	CT-RF-01
CH-24-02	CHWP-24-01～03 任一	CDWP-24-02	CT-RF-02
CH-24-03	CHWP-24-01～03 任一	CDWP-24-03	CT-RF-03

冬季时 CT-RF-01 不运行。

同类设备按上述对应关系互为备用，当在用设备发生故障或给出开启信号 30s（制冷机组为 5min）没有正常启动时，及时启用备用设备，停止在用设备。

顺序启动：当任何一台制冷机组需投入使用时，启动顺序如下：冷却塔进水蝶阀/制冷机冷却水蝶阀开启→阀门开到位→冷却塔风机启用（根据回水温度增减风扇）→冷却水泵开启→延时 10s→冷冻水泵开启→水流开关动作→延时 120s→制冷机组开启。

顺序停止：当任何一台制冷机组需停止使用时，停止顺序如下：制冷机组停止→冷却塔风机停止→延时 600s→冷却水泵停止→冷冻水泵停止→延时 300s→蝶阀关闭。

均衡运行时间：每次加减机组时，包括制冷机组、冷却水泵、冷冻水泵、冷却塔均遵循以下原则：增加启动的设备为运行时间最短，减少的设备为运行时间最长（本系统冷水机组与冷却泵、冷却塔是固定对应关系，因而以冷水机组的启动时间作为参考）。

供回水压差控制：监测供回水总管间水压差，与设定值（可供用户修改）做比较，调节旁通阀的开度，维持供回水压差恒定。

冷冻水泵控制：冷冻水泵与制冷机组一一对应，对应关系见表 4.5-33，系统根据制冷机组开启的台数及最小运行时间自动开启相同台数的冷冻水泵。

当感应到任意冷冻水泵出现故障报警（包括机组故障、控制失效）时，根据最小运行时间选择备用冷冻泵投入使用，关闭故障冷冻泵。

冷却水系统控制

冷却水泵投入台数控制：冷却水泵与制冷机组一一对应，对应关系见表 4.5-33，根据制冷机组开启的台数及编号自动开启其对应的冷却水泵。

当感应到任意冷却水泵出现故障报警（包括水泵故障、控制失效）时，根据最小运行时间选择备用冷水机组系统投入使用，关闭故障冷却水泵及对应的冷水机组、冷却塔。

冷却水塔投入台数控制：制冷机组与冷却塔一一对应，对应关系见表 4.5-33，根据制冷机组开启的台数及编号，自动开启其对应的冷却塔。

当任意冷却塔出现故障报警（包括风机故障、控制失效）时，根据最小运行时间选择备用冷水机组系统投入使用，关闭故障冷却塔及对应的冷水机组、冷却泵。

冷却水回水温度控制：监测冷却水供水管水温，作为冷却塔风机控制依据。

冷却水旁通阀控制：夏季模式旁通阀关闭，冬季运行根据冷却水回水温度调节旁通阀开度。

风机台数控制：系统监测回水总管温度与设定值（可供用户修改）做比较，控制冷却塔风机的启停台数。

加药系统控制：本系统通过网关与加药系统控制主机通信，完成如下控制功能：

远程控制启停。

系统运行数据监测：在线检测 pH 显示；在线检测电导率显示；低液位报警显示；加药泵的故障运行状况显示。

系统控制变量：通过电导率值的设定控制电磁阀排污量的大小；通过 pH 值的设定控制加药泵的加药时间及流量；通过腐蚀率的设定控制加药泵的加药时间及流量。

系统报警及保护功能监测：低液位报警；加药泵故障报警。

冷却塔电加热器控制：本系统在 CT-RF-02、CT-RF-03 2 台冷却塔设有电加热器，DDC 接收液位开关和温度传感器的信号，通过电气系统来实现对水盘电加热器进行控制。利用温度信号（通常设定温度是低于 4℃ 自动加热，高于 7℃ 时停止加热）来实现对加热器的自动运行，而液位开关是保护系统正常运行。当液位低于设定水位时，系统将停止运行，这样可避免加热器干烧。

管道电伴热监测：本系统冷却水管道电伴热系统由专业控制器就地实现控制，DDC 监测管道电伴热的状态、故障信号。

② 24h 冷却水系统的监测内容

A. 系统简介：本系统的监控主机采用制冷系统群控主机，现场配置 DDC、传感器、执行器等对如下设备进行集中监控：位于 B2 层换热机房的 2 台板换、3 台一次变频冷却水泵、3 台二次变频冷却水泵、一套补水装置及位于屋顶的 2 台冷却塔。

B. 监测内容：系统通过就地安装的 DDC，主要对如下内容进行监控（具体参见系统监控原理图）：

一次冷却水泵、二次冷却水泵手/自动状态、启停状态、故障报警、启停控制、频率控制及反馈。

冷却塔风机手/自动状态、启停状态、故障报警、启停控制。

板换一次、二次进出水温度和压力监测。

一次、二次冷却水总供回水温度监测。

二次冷却水供回水压力监测。

冷却塔水盘水温度、低液位监测。

冷却电加热的控制。

冷却塔管道电伴热状态、故障监测。

冷却塔进水蝶阀开关控制。

板换一次、二次水阀控制。

补水系统监控。

加药系统监控。

C. 监测监控策略

本系统为 24h 机房冷水系统，为一个多设备联动的控制系统。

启动顺序：

a. 启动一次冷却水主管上电动碟阀，即：板换一次侧电动碟阀→冷却塔供水电动蝶阀→启动二次冷却水主管上电动碟阀，即：板换二次侧电动碟阀。

b. 启动一次冷却泵→启动二次冷却泵。

c. 启动冷却塔（如果需要）。

关闭顺序：

a. 关闭二次冷却泵→关闭一次冷却泵。

b. 等待 2min（水流循环时间）。

c. 关闭冷却水主管上电动碟阀，即：主机（或板换）冷却侧电动碟阀→冷却塔供回水电动蝶阀及冷却塔→关闭冷冻水主管上电动碟阀，即：主机（或板换）冷冻侧电动碟阀。

自动加减载：

系统设定点为：二次侧总管回水温度＝37℃（可调整）。系统启动时，首先启动一套设备，即："需求数量"＝1。

当总管回水温度高于设定点并维持 2min，则"需求数量"＋1。

当总管回水温度低于设定点并维持 2min，则"需求数量"－1。

即：系统启动后，2≥"需求数量"≥1。

上述设备包括 1 台板换、1 台一次泵、1 台二次泵、1 台冷却塔。

均衡运行：本系统板换、一次泵、二次泵均互为备用，每次加减载时遵循最小运行时间原则：启动运行时间最小的设备，停止运行时间最大的设备。

备用自投：本系统板换、一次泵、二次泵均互为备用，当任一设备出现故障（故障报警、控制失效）时，自动启动备用设备，停止故障设备。

压差控制：系统设定点：二次供回水压差＝200kPa（可修改）；二次供回水压差通过监测的供回水压力计算得出系统启动后：

当"需求数量"≥1 并且"供回水压差"大于设定点，维持 2min。

则：进行 PI 计算，调节二次冷却泵频率，使压差趋近于设定点。

设备数量对照：

1 台二次冷却水泵→ 1 台板换启用→ 1 台冷却塔启用→ 1 台一次冷却水泵

2 台二次冷却水泵→ 2 台板换启用→ 2 台冷却塔启用→ 2 台一次冷却水泵

冷却塔风扇的控制：以上"冷却塔启用"是指冷却塔进水蝶阀打开，其冷却塔风扇的动作如下：

冷却塔进水蝶阀关闭，则该冷却塔的风扇关闭。

冷却塔进水蝶阀开启，则该冷却塔的风扇是否开启由以下条件决定：

32℃（可调整）≤冷却塔出水温度风扇运行。

冷却塔出水温度＜30℃（可调整）风扇停止。

板换一次泵频率的调节：对于两侧蝶阀处于开状态的板换，根据板换二次侧出水温度调节其一次侧水泵的频率，保证出水温度。

出水温度设定点为：33.5℃，即：通过调节板换一次泵的频率来控制二次侧供水水管温度。

冷却塔电加热器控制：本系统两台冷却塔均设有电加热器。DDC 接收液位开关和温度传感器的信号，通过电气系统来实现对水盘电加热器进行控制。利用温度信号（通常设定温度是低于 4℃ 自动加热，高于 7℃ 时停止加热）实现对加热器的自动运行。而液位开关是保护系统正常运行。当液位低于设定水位时，系统将停止运行，这样可避免加热器干烧。

管道电伴热监测：本系统冷却水管道电伴热系统由专业控制器实现控制，DDC 监测管道电伴热的状态、故障信号。

加药系统控制：本系统通过网关与加药系统控制主机通信，完成如下控制功能：

远程控制启停。

系统运行数据监测：在线检测 pH 显示；在线检测电导率显示；低液位报警显示；加药泵的故障运行状况显示。

系统控制变量：通过电导率值的设定控制电磁阀排污量的大小；通过 pH 值的设定控制加药泵的加药时间及流量；通过腐蚀率的设定控制加药泵的加药时间及流量。

系统报警及保护功能监测：低液位报警；加药泵故障报警。

补水系统控制：本系统通过网关与补水系统控制主机通信，完成如下控制功能：

远程控制启停。

系统运行数据监测：出水压力显示；系统工作压力显示；机组工作状态显示；报警显示。

系统控制变量：进出水压力设定与调整。

系统报警及保护功能监测：故障报警。

③ 换热站的监测内容

A. 系统简介

本系统的监控主机采用制冷系统群控主机，现场配置 DDC、传感器、执行器等对如下设备进行集中监控：

地库 B2 层换热机房、酒店裙房及附楼空调热水汽-水换热器 2 台及配套热水循环泵 3 台、补水泵 1 套。

地库 B1 层换热机房、酒店裙房及附楼采暖热水汽-水换热器 2 台及配套热水循环泵 3 台、补水泵 1 套。

24 层换热机房、客房空调热水（汽-水换热器）2 台及配套热水循环泵 3 台、膨胀水箱 1 套。

24 层换热机房、办公公寓大堂空调热水（水-水换热器）2 台及配套热水循环泵 2 台。

B. 监控内容

系统通过就地安装的 DDC，主要对如下内容进行监控：

监测热水循环泵的手自动状态、启停状态、故障报警、频率控制及反馈。

监测板换一次水供回水温度/压力、二次供回水温度/压力（水-水换热器）。

监测板换一次蒸汽温度/压力、二次供回水温度/压力（汽-水换热器）。

监测板换二次供水温度，与设定值比较，自动调节一次水阀开度，以稳定二次出水温度。

监测系统总管供回水温度/压力。

补水系统的监控。

膨胀水箱高低液位监测。

C. 系统监控策略

本楼共有板换机组 4 组，基本控制功能一致。

启动顺序：

a. 启动二次空调水主管电动碟阀，即：板换二次侧电动碟阀。

b. 启动二次热水循环泵。

c. 调节一次阀开度。

关闭顺序：

关闭一次电动调节阀。

等待 2min（水流循环时间）。

关闭二次热水循环泵。

d. 关闭二次侧电动碟阀

自动加减载。

系统设定点为：B2 热站二次侧总管回水温度＝50℃（可调整）。

B1 热站二次侧总管回水温度＝60℃（可调整）。

汽水换热系统二次侧总管回水温度＝50℃（可调整）。

水水换热系统二次侧总管回水温度＝40℃（可调整）。

系统启动时，首先启动一套设备，即："需求数量"＝1；当总管回水温度低于设定点并维持 2min，则"需求数量"＋1。

当总管回水温度高于设定点并维持 2min，则"需求数量"－1。

即：系统启动后，2≤"需求数量"≤2。

上述一套设备包括 1 台板换、1 台热水循环泵。

均衡运行：本系统板换、热水循环泵互为备用，每次加减载时遵循最小运行时间原则，启动运行时间最小的设备，停止运行时间最大的设备。

备用自投：本系统板换、热水循环泵均互为备用，当任一设备出现故障（故障报警、控制失效）时，自动启动备用设备，停止故障设备。

压差控制：系统设定点：二次供回水压差＝200kPa（可修改）。

二次供回水压差通过监测的供回水压力计算得出。

系统启动后，当："需求数量"≥1 并且"供回水压差"大于设定点，则维持 2min。

进行 PI 计算，调节热水循环泵频率，使压差趋近于设定点。

设备数量对照：1 台热水循环泵→1 台板换启用；2 台热水循环泵→2 台板换启用。

补水系统控制：本系统通过网关与补水系统控制主机通信，完成如下控制功能：

远程控制启停。

系统运行数据监测：出水压力显示；系统工作压力显示；机组工作状态显示；报警显示。

系统控制变量：进出水压力设定与调整。

系统报警及保护功能监测：故障报警。

④ 燃油燃气锅炉的监测内容

A. 系统简介：本系统的监控主机采用制冷系统群控主机，现场配置 DDC、传感器、执行器等对如下设备进行集中监控：

新增 2 台 8t 蒸汽锅炉。

锅炉配套补水泵 2 台。

软化水箱 1 台、凝结水箱 1 台。

B. 监控内容：系统通过就地安装的 DDC，主要对如下内容进行监控（具体参见系统监控原理图）：

监测锅炉补水泵的手自动状态、启停状态、故障报警。

锅炉供气压力、温度监测。

1路高压蒸汽和3路低压蒸汽供气温度、压力、流量监测。

软化水箱高低液位监测。

凝结水箱高低液位监测。

系统通过集成网关的形式与锅炉本体控制屏通信，通过开放协议与之进行数据交换收集锅炉数据资料，监控内容如下：

远程控制启停。

系统运行数据监测：供电电压；供气温度显示；系统工作压力显示；机组工作状态显示；报警显示；排烟温度；CO_2含量；每台锅炉的热效率；烟道蝶阀工作状态。

系统控制变量：供气温度设定调整。

系统报警及保护功能监测：缺水；超温；传感器损坏；燃机故障；燃气压力低；安全工作压力保护；锅炉压力超高。

系统监控策略。

C. 启停顺序

本系统锅炉具备自动联动补水功能，启停顺序由锅炉本体控制。

D. 自动加减载

系统设定点＝单台机组额定供气量。

系统总供气流量（由各分支流量计算得出）。

系统启动时，首先启动一套设备，即："需求数量"＝1。

当总供气流量大于设定点90％并维持2min，则"需求数量"＋1。

当任一台供气流量小于设定点40％并维持2min，则"需求数量"－1。

即：系统启动后，2≥"需求数量"≥1。

E. 均衡运行

本系统蒸汽锅炉互为备用，每次加减载时遵循最小运行时间原则：启动运行时间最小的设备，停止运行时间最大的设备。

F. 备用自投

本系统蒸汽锅炉均互为备用，当任一设备出现故障（故障报警、控制失效）时，自动启动备用设备，停止故障设备。

均衡运行：系统每次启停或加减启停台数，均遵循最小运行时间原则：启动最小运行时间的设备，停止最大运行时间的设备。

G. 冷冻站的启动顺序为：

启动冷却水泵。

启动冷冻水泵。

启动冷水主机。

启动热水循环泵。

启动锅炉机组。

H. 冷冻站的停止顺序为：

停止冷水主机。

停止冷冻水泵。

停止冷却水泵。

停止锅炉机组。

停止热水循环泵。

机组加载的条件。

当温度设定值 UP-TSP（12℃）低于冷冻水总回水温度（持续 5min）；或者冷冻负载的设定值 UP-BTUSP（1000RT）低于冷冻水冷冻负载时（持续 5min）。同时已运行的机组数量为 1 台，则加载一台机组运行。

I. 机组卸载的条件

当温度设定值 DN-TSP（10℃）高于冷冻水总回水温度（持续 5min）；同时冷冻负载的设定值 DN-BTUSP（1000RT）高于冷冻水冷冻负载时（持续 5min）。同时已运行的机组数量为 2 台，则卸载一台机组运行。

J. 冷/热负荷的计算

冷/热负荷通过以下公式进行计算：

冷负荷 ＝（冷冻水回水温度－冷冻水供水温度）×冷冻水总管流量×1.7

其中：冷冻水回水温度的单位为℃；冷冻水供水温度的单位为℃；冷冻水总管流量的单位为 l/s。

5）CPA 软件及功能

① 控制算法

CPA 能提供 P、PI、PID 及其他控制算法，为冷冻水温度、冷却塔风机、冷水机上载/卸载和冷冻泵、冷却泵、采暖水温度、板换温度调节、热水循环泵启停控制。设定值、偏差和比例系数可精确调整，以保证机组控制的稳定性。

② 判定逻辑

CPA 基于各式各样的运行工况，为智能机组的控制做出逻辑判定。该软件必须能执行比较，即大于、小于和等于，和类似的逻辑判定。

③ 公式处理

CPA 软件具有求解数学方程的功能，以便计算出机组的变量和机组控制器的信息。

④ 时钟/日历

CPA 软件和控制算法中包括一不间断的实时时钟，能够给出时间、日期、月份、年度和星期。

⑤ 命令和信息

CPA 软件为系统编程和向控制器发出命令，还能显示/打印出信息、基于机组运行状态的报警以及控制器的输入。

⑥ 安全密码

CPA 软件要有三级密码保护，它们分别为：仅读取信息、有限地改动机组的控制和CPA 重新编程。

⑦ 档案数据

CPA 软件具有存储档案数据和设备记录的功能。

报警、报告和机组记录

CPA 系统能够显示机组的报警和信息。包括：冷水机故障报警、锅炉故障报警、泵故障报警、冷却塔风机故障报警、高/低温报警、所有输入的上/下限报警、所有计算值（如冷水机效率）的上/下限的报警以及 CPA 系统诊断。

CPA 系统能够存储和显示机组的数据、档案记录和报告。报告包括：机组的功率档案、每日的制冷量、机组的运行时间、超前/滞后机组的选择、冷负荷档案、BTUH/（冷吨一小时）、冷水机故障、最近的冷水机报警、冷却塔运行时间、泵运行时间、自然冷却运行时间。冷水机记录包括：所有冷水机组的工作温度，压力，冷水机功率，泵、冷却塔和冷水机的运行状态。

6）MSEA 实现 CPA 的配置

整个系统由三级组成。操作站级，主要由带鼠标及彩色显示器的个人计算机和打印机组成，运行由江森公司 WEB 浏览器读取 NCE 数据进行实时监控操作功能，是整个系统及实施操作的主要人-机界面。管理人员和操作者，主要通过观察显示器所显示的各种信息以及打印机所记录的各种信息了解当前或以前各种机电设备的运行状况，也是通过键盘或鼠标的操作来改变各种机电设备的运行状况，从而达到管理者各种特定的控制要求。操作站级以高速通信方式与次一级——智能网络控制器（NCE）级进行信息交换，其通信速率达 10 兆波特。因而其实时性更强，几乎无通信阻塞之忧。

智能网络控制器级，其功能主要是实现网络匹配和信息传递，具有总线控制，I/O 控制功能。MSEA 系统其区域网络（N1）用的是符合国际工业标准的 Ethernet 网络，该网络高速可靠因而应用广泛。而 MSEA 系统的通信网络则选用 BACNET 总线，BACNET 总线是以 RS-485 为基础设计的，具有简单可靠的特点、适合于各种机电设备现场控制器的通信要求，而且特别易于施工。在这里网络控制器就承担了从 N1 至 BACNET 的总线匹配、通信管理的功能，是现场控制器与操作站通信联系的纽带。

现场控制器（DDC）构成系统的第三级。其主要功能是接收安装于各种机电设备内的传感器、检测器之信息，按 DDC 内部预先设置的参数和执行程序自动实施对相应机电设备进行监控，或随时接收操作站发来的指令信息，调整参数或有关执行程序，改变对相应机电设备的监控要求。

MSEA 系统还具有可扩展性强的特点，不仅可随意增设 DDC 以扩充监控设备之要求，亦可增设 NCE，与所需"进网"系统的连接。因而将深受业主以及物业管理者的欢迎。

母线系统改造

① 编制说明及依据

本方案适用于本工程地库二层商务楼新安装 4 根母线（2 根 2000A 和 2 根 2500A）与原商务楼的 4 根母线进行接驳。未尽事宜或施工中有特殊要求，须遵照国家标准规范或设计要求及有关部门的规定执行。

编制依据

强弱电系统技术规格说明书。

新世界酒店项目机电改造对其他专业的影响报告。

与建设单位签订的合同文件。

现场实际排查报告。

② 改造前后母线情况介绍

A. 本项目电源由两路 10kV 市政电源引入，并设 2 台 800kW 高压发电机，为酒店、办公和公寓服务，高压柴油发电机房位于附楼首层，没有设置高压分界室，2 路 10kV 市政电源直接引入设在附楼 2 层 1 号总配电室内，再由此供给主楼 5 层 2 号酒店配电室 2 台 2000kVA 变压器、24 层 3 号办公楼配电室 2 台 2000kVA 变压器、39 层 4 号公寓配电室 2 台 2000kVA 变压器、附楼 2 层 5 号商务楼配电室 2 台 1000kVA 变压器。且其中一路 10kV 电源与高压柴油发电机在高压配电柜处做互投，平时 2 路 10kV 市政电源同时工作，互为备用，高压柴油发电机不工作；当 2 路市电同时失电时，高压柴油发电机启动，为酒店、办公和公寓的一二级负荷供电，满足一二级负荷供电要求。

B. 改造前的低压配电系统说明：本项目原有商务楼低压供电主要分为两部分，一部分由 5 号站商务楼变压器供电，另一部分由 1 号总站变压器供电。商务楼 5 号站和 1 号总站的变压器及其低压柜均设在附楼二层。馈电通过 2×2500A＋2×2000A 封闭母线经位于地下二层的机电隧道送电至商务楼。商务楼 5 号变配电室设置在附楼 2 层，2 台变压器容量为 1000kVA，连接 2×2000A 封闭母线。1 号总变配电室设置在附楼 2 层，2 台变压器容量为 2500kVA，其中有两个 2500A 的馈线断路器为商务楼供电，连接 2×2500A 封闭母线。

C. 改造后的低压配电系统说明：改造后的商务楼低压供电与酒店低压供电系统完全独立。即在地下一层新建独立的商务楼变配电室，内设 2 台 2500kVA 变压器及其配套的高低压开关柜，其中低压开关柜为 7 面，断路器额定电流（1600A/2500A/1600A/2500A）与原为商务楼供电的断路器一致。且馈电 2×2500A＋2×2000A 封闭母线经位于地下二层的机电隧道送电至商务楼。

③ 改造方法及步骤

A. 准备工作

a. 根据现场实际情况将商务楼原 4 根母线相序已排查清楚，相序为正相序，面对负荷侧母线相序从左至右排列为：N、L1、L2、L3。并对 4 根母线依次进行编号：2500A 主母线为 S2，2500A 备用母线为 S4，2000A 的主母线为 S1，2000A 的备用母线为 S3（每年 7～9 月份也同时投入运行）。新安装 4 根母线相序，在商务楼低压柜订货加工前，与该厂家、母线厂家对供电相序调整专门进行了协调，使新、旧母线供电相序不变，保持原供电相序，前后吻合。

b. 施耐德母线厂家依据现场排查情况，提供新安装母线与低压配电柜接驳详图（图 4.5-44）。

c. 施工机具准备：手推叉车、捯链、大绳、电锤、红外线水平仪、对讲机、力矩扳手、1000V 绝缘电阻表、相序检测仪。

d. 由 B1 层新建商务配电室至地库二层封闭母线管井房，新母线安装路由完全具备安装条件，并已将新母线安装完成，电阻值遥测为合格。

e. 商务楼原 4 根母线品牌为施耐德，施工单位新安装母线与原品牌相同。原母线防护等级为 IP66，新安装母线防护等级为 IP65。提供产品说明、技术参数、母线路由、新旧母线接驳位置（图 4.5-44 和图 4.5-45）。

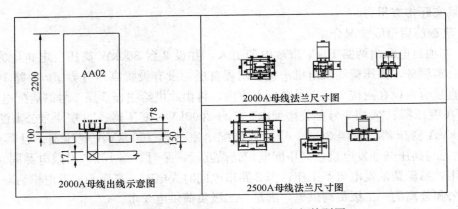

图 4.5-44 新安装母线与低压配电柜接驳图

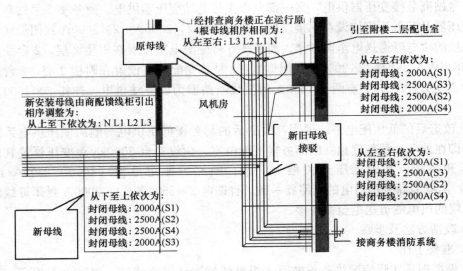

图 4.5-45 新旧母线接驳示意图

f. 人员组织

组长：1 人。

副组长：1 人。

组员：5 人。

安全员：1 人。

厂家技术员：1 人。

g. 新、旧母线接驳流程图

见图 4.5-46 和图 4.5-47。

商务楼新母线安装、原旧母线排查现状及新旧母线接驳步骤

A. 根据审批的 B2 层新安装的 4 根母线路由图，将新购买 4 根母线按照路由安装至母线切换处，新安装母线与新建商务楼低压配电柜连接在 7 月底完成，B1 层新建商务楼配电室低压主进线柜和馈线柜开关处于打开状态。

B. 经业主确定两路高压分别在 8 月 20 日和 27 日两个时间段做切换，定于 8 月 20

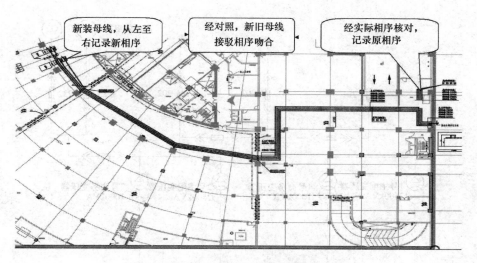

图 4.5-46　商务楼新安装母线路由平面图

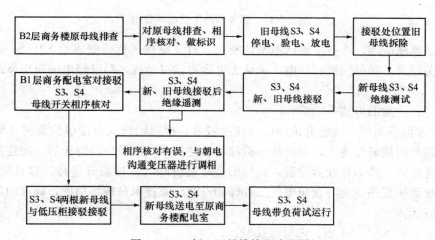

图 4.5-47　新、旧母线接驳流程图

（星期六）和 21 日（星期日）对 2 号高压回路切换，8 月 27 日（星期六）和 28 日（星期日）对 1 号高压回路切换，每路高压上所带低压侧供给商务楼母线跟随切换，与商务楼负责人协调达成一致。

　　根据目前排查的实际情况是：商务楼的 4 根母线（2000A 2 根、2500A 2 根）分别编号为：正在使用的 2000A 为 S1，2500A 为 S2，停用的 2000A 为 S3，2500A 为 S4。经与商务楼负责人李经理沟通得知 8 月份用电负荷较大，5 号站 2 根母线 S1、S3 都得投入运行，才能满足负荷要求。

　　4 根母线的电源分别为 4 台变压器供电，2 台变压器的高压供电是由两路外网供电，其编号为：201 和 202；编号 201 由市政外网 1 号高压供电，编号 202 由市政外网 2 号高压回路供电（图 4.5-48）。

　　C. 商务楼新、旧母线具体接驳步骤为

第一步：S3、S4 断电、验电、放电、挂接地线。

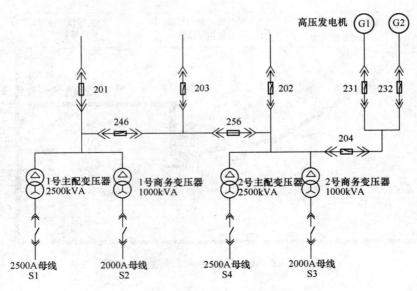

图 4.5-48　商务楼高压供电示意图

高压 2 路断电后，待高压确认电缆切断后，对 2 路高压负荷侧供给 S3、S4 备用母线开关柜开关断开，对母线进行验电，确认无电后再挂接地线，对已停电的两根母线进行放电 10min。

第二步：拆除旧母线 S3 和 S4。

在 B2 层商务封闭母线管井内新旧母线接驳处，拆除旧母线至接驳位置时，原连接器保留在与新母线接驳母线上，保护性的拆除母线连接器。慢慢松动螺栓后，将连接器轻轻抽出，避免碰撞，待旧母线拆除后，再将旧连接器拆除（连接器分量轻、容易操作），避免旧母线接驳头损伤，此时我司电气工程师和母线厂家技术员现场指挥，确保旧母线接驳处接头完好无损。

第三步：对 S3 和 S4 新、旧母线接驳。

第四步：由电力局配合将电送至接驳 S3、S4 母线的馈线柜，进行相序核对，确定相序为正相序时，将 S3、S4 母线与低压柜接驳好，进行送电工作；如核对相序有误，及时跟朝阳电力局沟通，高压侧变压器进行调相，相序调好后再进行下一步工作。

第五步：B1 层商务楼配电室低压柜与新安装母线接驳。在 B1 层商务配电室内，对安装好母线再一次进行绝缘遥测，绝缘值合格后，将新安装 S3、S4 母线与低压馈线柜开关接驳好，通知商务楼物业管理人员，B1 层新建商务楼配电室送电工作一切就绪，需要商务楼管理人员配合核对原商务楼配电室母线主进开关断开状态，电源将送至原商务楼配电室，请商务楼物业负责人再次对相序核对，如无误后，再将电送至负荷设备端运行（图 4.5-49）。

第六步：S1 和 S2 母线切换步骤与之相同（图 4.5-50）。

根据原商务楼母线相序布置 2 根 2000A 和 2 根 2500A 新母线入配电柜相序。

馈线柜底板开孔尺寸图见图 4.5-52。

④ 安全防护措施

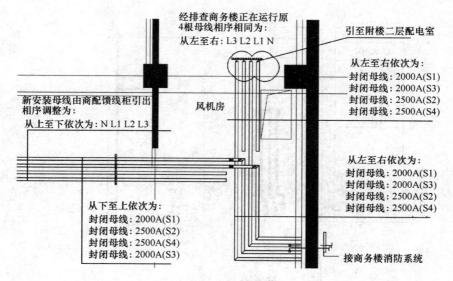

图 4.5-49 S3、S4 母线切换后示意图

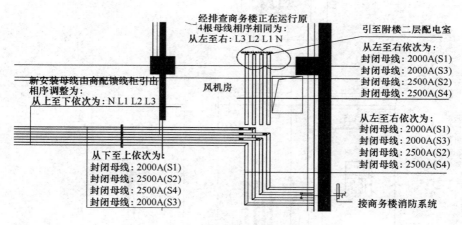

图 4.5-50 S1、S2 母线切换后示意图（一）

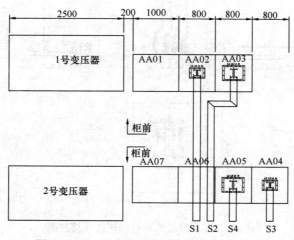

图 4.5-51 S1、S2 母线切换后示意图（二）

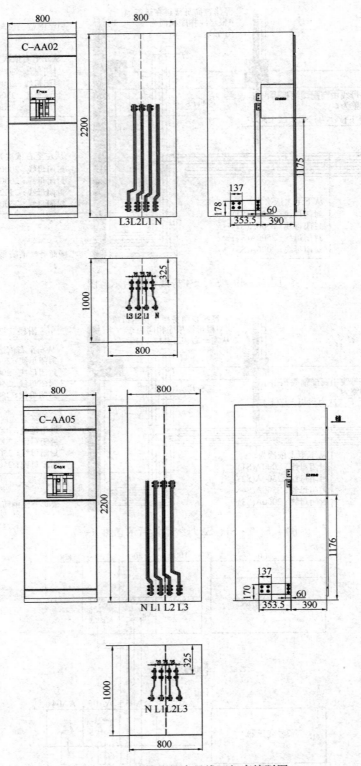

图 4.5-52 馈线柜内母线正相序接驳图

A. 操作人员戴好绝缘手套、穿绝缘鞋。

B. 操作人员必须具备电工证及实际操作能力，严禁无证人员进行操作。

C. 操作者在进行旧母线拆除时，保证旧母线接驳端完好无损，严禁碰撞正在运行的母线。

D. 在进行新旧母线连接时，压接牢靠。

E. 统一指挥、集中操作。

F. 拆除母线时，用绝缘木板遮挡好其他正在运行的母线，避免拆除及安装过程中操作者碰撞带电母线及使用的工具撞击母线。

G. 拆除、安装母线时，利用高度合适移动的操作平台拆卸、安装，轻抬、轻放，避免母线的碰撞，或碰撞其他带电母线。

H. 现场进行安全技术交底工作，精选劳务队中技术骨干、有经验的电工进行操作。

I. 施工时，专设安全员看护，保证操作者安全，同时保证操作区域的安全施工。

J. 原旧母线在拆除时，断电后先进行放电工作，确保操作者安全。

⑤ 应急救援预案

A. 应急救援小组成员

组长：2人。

副组长：1人。

组员：5人。

B. 应急救援知识培训

施工安全防护、作业区内安全警示设置、个人的防护措施施工用电常识；对危险源的突显特性辨识；事故报警；紧急情况下人员的安全疏散；现场抢救的基本知识。

C. 基本应急救援器材清单：医疗急救药箱、担架、干粉灭火器、手电筒、常用电工组合工具、麻绳、小车、工具车、面包车。

D. 触电急救

人触电以后，可能由于痉挛或失去知觉等原因而紧抓带电体，不能自行摆脱电源。这时使触电者尽快脱离电源是救活触电者的首要因素。在实践过程中，应根据具体情况，以快为原则，选择采用合适的方法，并应注意以下问题：电源开关在就近的，应立即用单手操作将电源开关切断；电源开关较远或不知道在何处的情况下，救护人不可直接用手或其他金属及潮湿的物体作为切断电源的工具，而必须使用干燥的木棍或适当的绝缘工具，将电线挑开，使触电者脱离危险；防止触电者脱离电源后可能的摔伤，特别是当触电者在高处的情况下，应考虑防摔措施。即使触电者在平地，也要注意触电者倒下的方向，注意防摔；如果事故发生在夜间，应迅速解决临时照明问题，以利于抢救，并避免扩大事故，把触电者抬至安全通风的地点，立即进行人工呼吸。其具体方法如下：

a. 口对口人工呼吸法：把触电者放置仰卧状态，救护者一手将伤员下颌合上、向后托起，使伤员头尽量向后仰，以保持呼吸畅通。另一手将伤员鼻孔捏紧，此时救护者先深吸一口气，对准伤员口部用力吹入。吹完后嘴离开，捏鼻手放松，如此反复实施。如吹气时伤员手臂上举，吹起停止后伤员口鼻有气流呼出，表示有效。每分钟吹气16次左右，直至伤员自主呼吸为止。

b. 心脏按压术：将触电者仰卧于平地上，救护人将双手重叠，将掌根放在伤员胸骨下部，两臂伸直，肘关节不得弯曲，凭借救护者体重将力传至臂掌，并有节奏性冲击按压，使胸骨下陷 3～4cm。每次按压后随即放松，往复循环，直至伤员自主呼吸为止。

⑥ 机电主要材料的运输

A. 工程背景

本工程属于改造工程，主要施工内容为：在原有结构不改动的情况下，对内部的功能分区以及机电系统进行改造。

B. 运输方式-零星材料及拆除材料

a. 机电零星材料主要依靠原有酒店客梯 S1～S5 电梯运送，其中 S4～S5 电梯井到 5 层。

b. 拆除材料同样主要依靠原有酒店客梯 S1～S5 电梯运送，其他部分拆除管道需要在现场切割 1.8m 长，大型风机等设备需要在拆除部位利用氧气-乙炔切割后运送。

C. 运输方式-大型材料及设备

a. 大型材料，例如管道、型钢等材料，利用整栋楼的消防电梯 E1/E2 电梯进行运送，须在一层室外将管道切至 2.2m，DN200 以上管道须切割至 1.8m 才能运送。

运输前提前一天向物业方提出申请（只能申请一部电梯），运输时间为晚上 7：00 至次日凌晨 6：00。

b. 空调机组、离心风机箱等设备运输，同样利用 E1/E2 消防电梯进行运送，运输前专业厂家要到场将设备进行分解，设备及连接件进行编号包装。运至需要安装部位后再进行整体组装。

⑦ 屋面冷却塔运输

A. 运输数量

本工程冷却塔共 14 台，型号分别为 SKB-160TS0×4（12 台）及 SKB-130TS0（2 台），前者位于大厦 52 层屋面，后者布置于锅炉房屋面。

B. 运输方式

由于本工程为改造项目，冷却塔配件的垂直运输将使用大厦内部的货梯进行。机电单位经认真勘察现场，确定了如下冷却塔运输方案。冷却塔为散件发货，现场进行组装。

冷却塔配件包装形式如下：

电机：木箱包装。

风机：牛皮纸箱包装。

皮带轮及螺栓等：牛皮纸箱包装。

百叶窗：塑料包装。

其他配件（玻璃钢配件及铁件）：无包装。

考虑不影响大厦原有单位的正常工作，机电单位冷却塔配件将于周六或周日运抵现场经大厦北侧的通道进入施工现场，然后由汽车坡道运至地下室，冷却塔配件就卸于地下室，码放整齐、必要时做好遮盖防护（图 4.5-53 和图 4.5-54）。

由于汽车坡道的限高为 3.4m，大型车辆无法通过，机电单位将把工厂发来的货物先卸至仓库，再通过小型货车运至施工现场。

图 4.5-53 运输通道

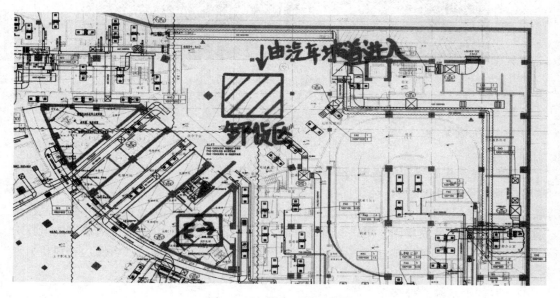

图 4.5-54 设备运输平面图

　　冷却塔配件卸于地下室后，机电单位将向土建单位提交 E3 货梯（图 4.5-55）的使用申请，由于配件数量多，且施工工期紧张，须保证机电单位独立使用货梯。

　　由于货梯的内部尺寸为 2.3m（长）×1.5m（宽）×2.5m（高），空间较小，机电单位将部分较大的冷却塔配件进行处理后再通过货梯运输。比如冷却塔的下部水槽为 3.6m（长）×2.3m（宽）×0.5m（高），在工厂发货前，就将下部水槽进行三分割处理，保证每段都能够达到货梯使用要求。

图 4.5-55　货梯运输图

冷却塔配件经货梯运至顶层后，再经过室内走廊及阳台门（图 4.5-56）运到屋面施工区域，码放整齐，必要时做好遮盖防护。

图 4.5-56　走廊及阳台门

17. 冬季临时供暖配套措施

（1）系统概况

1）蒸汽系统

热源：冬季供暖热源为锅炉房新建 2 台 8t 锅炉提供蒸汽。一路经高压分气缸直接至 24 层，减压至 0.3PMa 后，经设置在 24 层的低压分气缸，分至酒店客房空调热水汽水板换、24 层的 PAU 机组加湿及酒店 22 层和 23 层客房生活热水汽水板换。另一路经高压分气缸，专供 B1 层洗衣房用。裙楼、附楼及地下室空调热水热源由设置在锅炉房的低压分气缸分别送至 B1、B2 层换热机房并经汽水板换后，分别作为补风机（含厨房补风机）和新风空调机组的热源。

2）空调水系统运行简介

① 酒店客房部分采用新风机组加风机盘管运行方式，在 5 层设备层有 2 台新风机组供酒店低区使用，24 层设备层有 2 台新风机组供酒店高区使用，酒店卫生间排风分高低区汇总至新风机组处进行热回收后再排出室外。

② 酒店大堂采用全空气系统，机组位于地下一层空调机房 5，同时大堂外区接近玻璃幕墙处设置两管制风机盘管，抵消部分负荷。幕墙附近设置散热器用于冬季辅助采暖。

③ 裙房餐厅采用全空气系统，同时外区紧接玻璃幕墙处设置风机盘管，抵消部分负荷。

④ 酒店附楼和塔楼办公部分采用新风机组加风机盘管运行方式，机组于空调机房就近取新风送入室内。附楼宴会厅采用全空调系统，2台空调机组位于宴会厅顶部夹层。

（2）供暖施工组织机构

1）组长职责：全面负责供暖施工的材料进场，现场监管、劳动力协调及安全监督。

2）副组长职责：配合组长对劳动力、进度及技术进行监管并解决供暖所需的条件协调。

3）电气职责：负责协调及组织电工对用电设备进行定期巡视及解决现场存在的电气故障等电气方面的技术问题。

4）通风空调职责：是整个冬季供暖方案实施的核心，保证空调水系统的完善，组织专人对空调系统运行时进行巡视，避免漏水等意外事故的发生。组织应急小组对出现的突发事件进行处理。

5）给排水职责：负责协调空调系统的水源及排水的组织，同时配合空调班组进行水系统的巡视。

6）材料职责：协调材料、设备供应商配合空调系统相关设备调试的技术支持。

（3）冬季供暖运行方案

1）供暖需具备的前提条件

① 燃气管道完成，具备供气条件。

② 1～7层AHU空调机组及风机盘管安装完成达到使用条件。如外幕墙等其他外部条件无法实现将不能采用正式供暖系统作为冬施供暖，请土建单位单独采取临时供暖措施。

③ 低压配电室具备送电条件。

④ 为避免误操作对空调设备造成影响，供暖期间空调机房门、强电井门及空调水管井门应安装完成并上锁。

⑤ 定压补水系统应安装完成并具备补水条件。

⑥ 与供暖有关的系统应安装完善。

2）供暖方式

① 酒店客房部分

酒店客房部分采用风机盘管加空调热水进行供暖，如22～23层精装修图纸在冬施供暖前无法确定，将启动设置在24层的2台PAU机组对22～23层进行供暖。

需要供电的设备有酒店客房（含走廊及后勤）的所有风机盘管、24层的2台PAU机组和空调热水循环泵。

② 裙楼及地下室

原则上采用风机盘管＋新风空调机组的方式，具体执行情况须根据幕墙及土建施工对附楼的封闭情况确定。若未完全封闭，为设备运行安全考虑，建议土建单位采用临时增加暖气片的方式进行供暖。若采用正式采暖系统进行冬季供暖，需要供电的设备有风机盘管、新风空调机组、补风机和设置在B2层的空调热水循环泵。

③ 附楼

附楼采用AHU机组对火锅餐厅、宴会厅、多功能厅、泳池进行供暖。热源由设置在

B2 层换热站内的空调热水提供。

3）供暖运行原理

① 蒸汽系统运行原理

B1 层锅炉房 2 台 8t 燃气锅炉提供 0.8MPa 蒸汽至高压分汽缸，高压分汽缸分 3 路：一路通过 14 号管井供至 24 层经减压阀减压到 0.3MPa 后进入设置在 24 层的低压分汽缸内并经汽水板换置换出供酒店供暖所需的空调热水；二路经高压分汽缸直接供至 B1 层洗衣房内；三路经高压分汽缸减压至 0.3MPa 后供至设置在锅炉房内的低压分汽缸内，经低压分汽缸通过 14 号管井分别供至 B1、B2 层换热站内经汽水板换置换出供裙房及附楼供暖所需的高温热水和低温热水。

蒸汽加湿系统预留阀门，待冬季供暖实施后再进行管道与设备的接驳。

② 空调水运行原理

酒店区域的供暖，其热源由供至 24 层的低压蒸汽经汽水板换置换出低温热水，经设置在 24 层的空调热水循环泵供至酒店区域。空调热水管道经 24 层至 23 夹层后分支分别供至酒店客房区域管井。

裙楼、附楼及地下室空调热水由设置在 B2 层的换热站提供，采暖热水由 B1 层换热站提供。

③ 电气运行原理

B1 层主配电室 1 号、2 号低压柜投入运行，3 号管井低压母线及配电箱安装完并受电运行。

锅炉房区域：使用既有电源供电，新电源也积极完成安装。

地下室部分：B2 层、B3 层空调机房的正式电源电缆基本到位，可以启动部分机房以满足供暖。B1 层、B2 层换热站水泵控制箱及电缆到场后并安装配电箱、敷设电缆投入运行。

酒店裙楼部分（1～7 层公共区域）：对各层需要开启空调机房采用 3 号管井配电箱供电，如时间不够，电源取自施工临时用电。

酒店客房区域（7～23 层）：客房内需要启动的设备由 3 号管井配电箱供电，电梯厅及设备间需要启动的设备由 4 号管井普通回路配电箱供电。

附楼部分：垂直管井及路由均不具备正式电源施工，如有需要开启的空调机组，建议供电电源使用各楼层施工电源。

24 层设备机房：PAU 及热水泵电源均用既有电源及设备（泵除外）。

特别注意：以上供电电源柜或配电箱所在区域需为封闭及安全区域，不受人为破坏。

4）供暖调试具体操作方案

由于在整个冬季供暖期间，楼宇自控还不具备自控条件，故所有与空调热水、空调风有关的电动阀安排做临时控制，仅满足开启（或关闭）功能，暂不考虑调节功能，待冬季供暖完成后再进行安装。

① 供暖部署

根据本工程特点将供暖分为 4 个区域，即酒店、裙楼、地下室及附楼。根据此特点制定如下分工（表 4.5-34）：

序号	部位	供暖小组长	劳务队负责人	劳动力	
				工种	人数
1	酒店部分	陈×× 邵×× 李××	张×× 塞××	管工	6
				电工	1
				焊工	1
				杂工	4
2	裙楼部分	聂×× 邵××	姜×× 姜××	管工	4
				电工	1
				焊工	1
				杂工	3
3	地下室部分	连×× 余×× 张××	王×× 杨××	管工	6
				电工	1
				焊工	1
				杂工	4
4	附楼部分	聂×× 何××	孟×× 张××	管工	4
				电工	1
				焊工	1
				杂工	2

② 操作步骤

空调水系统灌水→开启蒸汽阀门→开启二次侧空调循环泵→空调水系统排气、补水→开启电动机。

5）供暖注意事项

A. 对于可能触电事故的发生地点，采取必要的保护措施，以明显的标识以警告。

B. 测试、送电和试车的操作中至少须由两人进行，并且至少有一人作为监护，严禁误操作。在调试过程中人员应分工明确，没有操作指令，严禁擅自操作。

C. 送电前必须复查送出回路和受电单位是否相符，且送电端应有人联络。

D. 送电试车区域应有警告牌，并派专人维护。严禁非工作人员入内；对配电室、设备间要派专人看管，任何人不得擅离职守。

E. 送电时应连续三次合闸分闸，合闸分闸的时间为 1min。

F. 电动机启动时，电动机、设备、传动装置附近不得有闲人，并且操作人员和设备运行人员要先呼应后操作，只有在得到设备运行人员允许启动的指令后，方可启动。

G. 送电试车过程中，对已送电的盘、柜、箱或开关手柄上须挂有"有电危险"的标牌。在停电的设备或线路上工作时，须在该路断开的电源开关手柄或按钮上挂有"严禁合闸、有人工作"的标牌，同时应在操作点将三相电源短接后用接地线与地线可靠连接。

H. 对设备进行调整或试验时，在被认为可能有电的线路和设备上进行作业时，应事先验电。

I. 如发生人员触电事故应先切断电源，然后进行急救，要进行人工呼吸直至送到附近的医院。在断开电源时，如不能拉闸断电，必须用绝缘物体切断线路，避免再次触电。

6）供暖防冻、防止跑水注意事项

空调水系统调试中最常见的事故为跑水现象，由于本工程配电室、电梯等重要部位均正在使用，一旦发生跑水现象将造成重大安全事故和重大经济损失。在冬季供暖期间应特别注意，防止发生跑水、漏水事故。

具体保证措施如下：

A. 根据划分的责任区域，成立专门的调试小组，小组成员包括机电各分包工程施工人员，落实责任人，实行分系统、分专业、分责任、分片区负责制。

B. 加强供暖前期的现场检查，检查水管管路焊接情况、末端封堵、设置情况，检查有无预留或遗漏未安装的末端，对于预留未安装的末端，要重点进行标识；重点检查机房内接管情况；确保现场施工检查无遗漏，排除可能存在的质量安全隐患。

C. 检查过程中如发现问题，进行现场汇总，采取有效措施进行处理，检查完成后确认无明显问题，经项目供暖小组同意后才能进行冬季供暖。

D. 现场配备对讲机，各楼层及管井设专人负责看守。对于地下室设备用房等重要区域，要求有专人 24h 负责轮班看守并记录情况，要确保现场联系畅通，联系有条不紊。

E. 在重要区域配备灭火器、水桶、扫把、水管等扫水、接水、挡水的工具，确保发生应急情况时能使用。

F. 现场调试时要保证统一协调、统一指挥、令行禁止，要保证联络畅通。一旦现场发生紧急情况，要及时切断电源、水源。同时由于在冬季出现故障停机时，必须将设备、管道内的余水排净。

G. 冬季供暖期间，各供暖区域组织不少于 6 人的小组对供暖系统采取三班倒方式进行巡视，并做好巡视记录。巡视记录包括：系统运行状态、供暖区域温度、是否有异常情况、记录的时间等相关信息。

H. 供暖运行过程中如发生跑水现象，用对讲机及时通知供暖小组采取紧急停水和堵漏措施；及时清扫现场的积水，隔离可能受影响的物体及部位；通知其他可能受影响的单项工程的相关人员到现场采取应对措施，最大限度减少损失。

7）供暖运行管理注意事项

A. 空调机房的门、窗必须严密，应设专人值班，非工作人员严禁入内。需要进入时，应由保卫部门发放通行工作证方可进入。

B. 所有空调设备（水泵、风机盘管、空调机组等）的动力开动、关闭，应配合电工操作，坚守工作岗位。

C. 自动调节系统的自控仪表元件、控制盘箱等应做好特殊保护措施，以防电气自控元件丢失及损坏。

（4）冬季供暖运行管理方案

由于冬季供暖期间，各分包方仍在施工，为保证供暖系统的正常运行，应制定冬季供暖运行管理方案。

1）冬季供暖系统运行期间，对管井、机房、配电间等重要部位组织专人巡视，并制定巡视规定，以保证系统稳定运行。巡视期间需要做好记录，具体要求见表 4.5-35。

巡视记录表 表 4.5-35

序号	部位	巡视人数（三班倒）	巡视记录					
			巡视时间	设备运行状况	管路检查情况	供暖区域温度	其他情况	记录人
1	酒店	6						
2	裙楼	6						
3	地下室	6						
4	附楼	6						

2）冬季供暖期间严禁使用系统内热水，一旦发现按 10000 元/次进行处罚，并追究相关单位的责任。

3）严禁在供暖设备相关的配电箱内取电，违者按 10000 元/次进行处罚，同时追究相关单位和个人的责任。

4）冬季供暖期间，在未得到项目部同意的情况下，严禁非巡视人员操作与冬季供暖相关的设备电源及系统阀门，违者按 5000 元/次进行处罚，并追究相关单位和个人的责任。

5）严禁其他非相关人员操作或使用与冬季供暖系统相关的设备、电源、水源等，一经发现除按要求罚款外，并追究相关单位的责任。

（5）需要供电的设备清单

见表 4.5-36。

需要供电的设备清单 表 4.5-36

序号	部位	需供电设备名称	设备编号	是否供暖	备注
1	B2 花房	风机盘管	FCU	是	
2	B2 花房	新风机组	PAU-B2-01	否	
3	B2 花房	新风机组	PAU-B2-02	否	
4	B2 换热站	空调热水循环泵	HWP-B2-01～03	是	
5	B2 换热站	定压补水泵	SWP-B2-01～02	是	
6	B1	风机盘管	FCU	是	
7	B1	新风机组	PAU-B1-01	是	
8	B1	新风机组	PAU-B1-02	是	
9	B1	新风机组	PAU-B1-03	是	
10	B1	新风机组	PAU-B1-04	是	
11	B1	新风机组	PAU-B1-05	是	
12	B1	空调机组	AHU-B1-01	是	
13	B1	空调机组	AHU-B1-02	是	
14	B1	空调机组	AHU-B1-03	是	
15	B1	空调机组	AHU-B1-04	是	

序号	部位	需供电设备名称	设备编号	是否供暖	备注
16	B1 换热站	采暖热水循环泵	HWP-B1-01～03	是	供补风和厨房补风
17	B1 换热站	定压补水泵	SWP-B1-01～02	是	供补风和厨房补风
18	1F	空调机组	AHU-1F-01	是	附楼
19	2F	空调机组	AHU-2F-01	是	
20	2F	空调机组	AHU-2F-02	是	
21	2F	新风机组	PAU-2F-01	是	
22	3F	新风机组	PAU-3F-01	是	
23	3F	空调机组	AHU-3F-01	是	
24	3F	空调机组	AHU-3F-02	是	
25	3F	空调机组	AHU-3F-03	是	附楼
26	3F	空调机组	AHU-3F-04	是	附楼
27	3F	空调机组	AHU-3F-05	是	附楼
28	4F	空调机组	AHU-4F-02	是	
29	4F	新风机组	PAU-4F-01	否	
30	5F	新风机组	PAU-5F-01	否	
31	5F	新风机组	PAU-5F-02	否	
32	5F	新风机组	PAU-5F-03	否	
33	5F	新风机组	PAU-5F-04	否	
34	5F	新风机组	PAU-5F-05	否	附楼
35	5F	新风机组	PAU-5F-06	否	
36	5F	新风机组	PAU-5F-07	否	
37	5F	空调机组	AHU-5F-01	是	
38	5F	空调机组	AHU-5F-02	是	
39	5F	空调机组	AHU-5F-04	是	
40	5F	空调机组	AHU-5F-05	是	附楼
41	5F	空调机组	AHU-5F-06	是	附楼
42	5F	空调机组	AHU-5F-07	是	附楼
43	5F	空调机组	AHU-5F-08	是	附楼
44	5F	空调机组	AHU-5F-09	是	附楼
45	5F	空调机组	AHU-5F-10	是	附楼
46	5F	空调机组	AHU-5F-11	是	附楼
47	5F	空调机组	AHU-5F-12	是	附楼
48	5F	空调机组	AHU-5F-13	是	附楼
49	5F	空调机组	AHU-5F-14	是	附楼
50	5F	空调机组	AHU-5F-01	是	
51	6F	新风机组	PAU-6F-01	是	
52	7F	空调机组	AHU-7F-01	是	
53	7F	空调机组	AHU-7F-02	是	附楼

序号	部位	需供电设备名称	设备编号	是否供暖	备注
54	8F	空调机组	AHU-RF-01	是	附楼
55	24F	新风机组	PAU-24F-01	是	
56	24F	新风机组	PAU-24F-02	是	
57	24F	空调热水循环泵	HWP-24F-01～03	是	
58	1～23F	风机盘管	FCU	是	
59	锅炉房	酒店8t新锅炉	BL-3、BL-4	是	
60	锅炉房	化学加药除氧系统	加药装置	是	
61	锅炉房	补水泵	BP-3～5	是	
62	锅炉房	输油泵	OSP-01、OSP-02	是	已供电
63	锅炉房	排污泵	排污泵	是	已供电
64	B3中水泵房	凝结水泵	SRP-B3-01、02	是	已供电
65	B1厨房	补风机	OAF-B1-05	是	
66	2F	补风机	OAF-2F-01	是	
67	2F	补风机	OAF-2F-02	是	
68	3F	补风机	OAF-3F-01	是	
69	4F	补风机	OAF-4F-01	是	

4.6 智能化系统改造

4.6.1 智能化系统改造情况介绍

见表4.6-1。

智能化系统改造情况介绍　　　　　　　　　　表4.6-1

分项工程	原系统情况	改造后情况	改造意图
卫星电视系统	卫星电视系统设备机房位于M2层，2个室外接收天线位于附楼屋面层。信号提供给裙楼、酒店、公寓、附楼	卫星电视机房设备整体移位至24层新机房，2个室外接收天线移位至主楼53层屋面	稳定的卫星电视信号提供给裙楼、酒店、公寓、附楼、商务中心
楼宇自控系统	楼宇自控机房位于首层，主要监控对象包括冷热源设备、照明开关控制、给水排水水泵等设备	楼宇自控机房位于B2层，变配电系统的部分旧有设备使用	实现BA系统自动监控，对象包括冷热源系统设备、变配电系统设备、给排水水泵。减少能耗，降低酒店运营成本

分项工程	原系统情况	改造后情况	改造意图
安防系统	中控室设置在首层，与办公、公寓物业共用。酒店区域摄像机 352 台，所有旧有监控设备使用	中控室设置在 B1 层，为酒店独立管理，原监控设备利旧，因摄像机点位增加到 521 点，后期新增部分设备	实现对酒店全方位无死角监控，保障酒店运营安全

4.6.2 智能化系统施工组织

1. 施工部署

本工程智能系统全面，设备及材料种类多，机房数量多，现场施工条件复杂，对施工组织能力和工艺操作能力要求较高。根据既有建筑结构特点、原智能系统结构特点以及智能专业系统施工工艺的要求，本工程贯彻专业先行理念均衡施工—深化设计先行，技术方案、图纸及材料报审先行，机房、弱电井等关键部位施工先行，合理地组织弱电系统的施工从而满足总体施工进度计划保证工期的需要。本工程采取了分区域、分段并行作业施工的办法，达到了专业化、高效率的施工目的。

根据本工程既有建筑的结构特点、办公楼和公寓楼运营情况以及智能系统施工的特点，本工程施工分为四大区域进行，即：

(1) 地下室区域。

(2) 裙楼区域。

(3) 客房区域。

(4) 附楼区域。

根据智能系统施工内容侧重点的不同，我司将施工划分为 5 个阶段，各阶段主要施工内容如表 4.6-2 所示（后期可能存在多个阶段同时施工的可能）。

各阶段主要施工内容 表 4.6-2

序号	施工阶段	主要工作内容
1	现场勘察	设备排查、路由排查、线缆排查标识
2	深化设计	图纸深化、方案报审、材料送审
3	路由敷设	桥架管路安装、旧线缆的拆除、新线缆敷设测试
4	设备安装（迁装）	设备安装（迁装）、设备单体测试、分区测试
5	调试验收	系统调试及验收

2. 劳动力安排计划

见表 4.6-3。

劳动力具体安排表 表 4.6-3

时间 工种	2011 年							2012 年											
	6 月	7 月	8 月	9 月	10 月	11 月	12 月	1 月	2 月	3 月	4 月	5 月	6 月	7 月	8 月	9 月	10 月	11 月	12 月
电工（人）	6	6	6	10	10	10	10	10	10	12	12	12	16	16	16	16	12	10	10
电焊工（人）	2	4	4	4	4	4	2	4	4	6	6	6	8	8	8	6	2	2

时间 / 工种	2011 年							2012 年											
	6月	7月	8月	9月	10月	11月	12月	1月	2月	3月	4月	5月	6月	7月	8月	9月	10月	11月	12月
调试工(人)	/	/	/	/	4	2	/	/	/	/	/	2	2	4	4	4	6	6	2
普工(人)	2	4	4	4	4	4	4	6	6	6	6	6	6	6	6	6	6	4	2
合计(人)	10	14	14	18	18	22	18	20	18	24	24	26	32	34	34	34	30	22	16

3. 采用的主要机械设备

为保证施工机械在施工过程中运行的可靠性，项目加强对设备的维修保养，各种机械配件和易损件配备充足，落实定期检查制度，保证设备运行状态良好。投入本工程的主要施工机械设备表见表 4.6-4。

投入本工程的主要施工机械设备表 表 4.6-4

序号	类型	名称	型号（规格）	数量	单位	品牌	备注
1	工具类	组套工具	53件套电讯工具组套	5	箱	史丹利	
2		电动螺丝刀	TSR1080Q-LI	2	把	博士	
3		偏口钳	N-206S	5	个	日本马牌	
4		电缆热缩枪	ghg630dce	2	把	博士	
5		剪线钳	89-874	2	个	史丹利	
6		网线钳	8P	2	把	博士	
7		角磨机	GWS 720	2	套	博士	
8		综合布线配套工具	无	5	套	综合布线同品牌	
9		开口扳手套装	XT-0381	2	套	易尔拓	
10		焊锡锅	XG41CT	2	台	英吉利	
11		卷尺	5M	5	把	史丹利	35-355
12		电烙铁	69-0330	5	把	史丹利	
13	仪表类	万用表	F15B	5	个	福禄克	478
14		卡流表	F317	5	个	福禄克	820
15		红外测温仪	Fluke 66	2	个	福禄克	OT302A 620
16		场强测试仪	S1188-V3	1	台	国产	
17		寻星仪	WS-6906	1	台	国产	
18		接地电阻表	ZC-8	1	台	国产	
19		寻线仪	IntelliTone 200	2	台	福禄克	
20		标签机	pt-d200kt	1	台	国产	
21		网络视频监控测试仪	9800 IPC	1	台	国产	
22	安全类	应急灯	YD9000	5	个	伊利达	
23		应急手电	6 合一	5	个	BESTEK	手电
24		9V 电池	6LR61	20	块	南孚	南孚

序号	类型	名称	型号（规格）	数量	单位	品牌	备注
25		绝缘胶带	3M	50	卷	3M	
26		焊锡丝	90314	10	卷	美国世达	康科95
27	材料类	焊锡膏	焊锡膏	5	盒	国产	
28		钢锯条	高速钢锯条	50	根	史丹利	
29		双面胶	双面胶	10	卷	3M	
30		钻头套装	高速钢钻头	5	盒	国产	史丹利

4.6.3 卫星电视系统改造

1. 卫星电视系统改造重（难）点

见表 4.6-5。

卫星电视系统改造重（难）点 表 4.6-5

序号	重难点	改造措施
1	40～51 层的公寓正常营业，改造中不能影响公寓内电视节目的正常播放	1. 改造前编制改造施工方案供业主方、监理方、物业方（办公、公寓物业）以及顾问审批。 2. 采用无缝搬迁方案保证不影响公寓楼客人收看电视节目
2	卫星电视机房设备运行将近 20 年，设备老化严重，路由混乱，线缆标识缺失	1. 编制设备拆除、搬移及安装方案，并报送相关单位审批，保证设备搬移后能够正常运行。 2. 编制垂直运输方案，尽量缩短垂直运输的时间。 3. 施工前办理施工申请单，施工时项目管理人员全过程参与
3	53 层屋面不明天线较多，对卫星电视接收信号产生干扰	1. 对屋面进行详细的勘察，对干扰源进行排查，选择卫星天线基础位置。 2. 基础位置确定后，需要监测一周，确保没有干扰源
4	53 层屋面距地面高 208m，屋面的风力较大，对卫星接收天线的抗风要求较高	1. 编制抗风施工技术方案，报送相关单位审批。 2. 施工前编制卫星接收天线施工方案，报送相关单位审批

2. 主要施工工艺

见图 4.6-1。

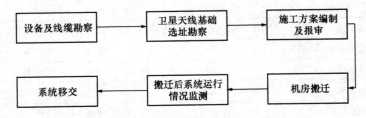

图 4.6-1 卫星电视系统改造施工工艺

（1）基本思路

由于公寓正在使用该系统，所以，如何在不影响公寓正常运营的情况下完成电视机房设备和卫星接收天线设备的搬迁，是选择改造施工工艺的出发点。围绕这个基本思路，专项小组开展了深入研究和讨论，并最终选择了无缝搬迁施工方案，使得改造过程对公寓运营的影响降到最低。

（2）无缝搬迁施工方案

1）方案说明

无缝搬迁施工方案：在屋顶新装 2 套卫星接收天线，完成信号接收调试工作。搭建好以 24 层新机房为中心的卫星电视分配网络，并且临时敷设一条同轴电缆致 M2 层旧机房。这样就可以将两个机房内设备接收的电视信号同时通过旧的电视分配网络传输到公寓。24 层机房内新采购及安装一台接收器及调制器备用，每次搬移前先将 24 层的备用设备调制成要搬移的频道，这样搬迁的过程中就不会出现信号中断的情况，不影响公寓客人的正常观看。

该方案仅仅增加少量成本就保证了风险的可控性，基本不影响公寓正常运营。所以该方案的综合效益最好。

2）屋面卫星天线的安装

① 因为屋面布满了各种接收及发射器，干扰源众多，所以卫星天线的选址十分重要。经过反复的测量验证排查，最终选定卫星天线的安装位置。调试完成后在新机房临时安装一套电视设备监测一周并记录数据，确认信号传输稳定、无干扰（图 4.6-2）。

图 4.6-2　屋面进行信号测试

② 安装中星 6B 卫星天线时考虑到冷却塔供回水管道的影响，为了避免卫星天线接收面被水管遮挡，需要将卫星天线安装的位置加高，因此将安装基础尺寸设定为 600mm×600mm×800mm，卫星天线的立杆加长至 2500mm。为增强抗风能力，给立杆增加角钢支撑，焊接到导轨钢结构上进行加固，相关力学计算由结构顾问提供支持，见图 4.6-3。

③ 亚太 6 号卫星天线，利用原有的一个废弃基础进行安装，抗风加固方案及相关的力学计算由结构顾问提供支持。

④ 因为屋面风大，楼层高，施工作业危险系数较高，屋面卫星天线安装作业，还需要编制焊接施工方案以及安全技术方案。

3）机房设备搬迁的准备工作

① 先对机房内设备的数量及好坏进行清点并编制清单，对所有的线缆进行排查并做好标识。

② 测量并记录每个节目的频点以及输出电平。

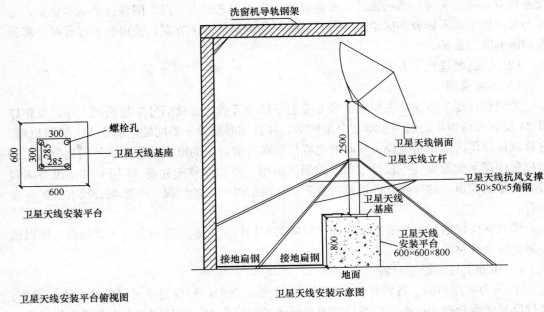

图 4.6-3　卫星天线安装图

③ 搭建好新机房与旧机房之间的临时路由，确保机房搬迁的过程中新旧机房之间的信号传输正常。

④ 屋面卫星天线安装完成，信号已经通过 SYWV75-12 同轴电缆传输至新机房的功分器，且输出信号质量稳定。

⑤ 购买两套新的接收器和调制器，做为备用。

⑥ 选择合适的搬迁时间，避开电梯使用的繁忙时段。

4）机房设备搬迁具体步骤

① 首先在 24 层新机房，将采购的 1 套备用设备安装好并通过混合器和同轴电缆将信号输出口连接到 M2 层混合器的信号输入端。

② 选择要搬迁的第一个节目 A，并将 24 层新机房内备用设备的频点调制成 A 节目的频点。这时候断开旧机房内 A 节目的接收设备，然后通过监视电视查看 A 节目是否能够正常播放，如果不能正常播放则查找原因，直到 A 节目能够正常收看。

③ 拆除旧机房内 A 节目的设备然后安装到新机房，接通电源后，断开备用设备电源。然后通过监视电视查看 A 节目是否能够正常播放，如果不能正常播放则查找原因，直到 A 节目能够正常收看。

④ 选择搬迁的第二个节目 B，然后重复上述②、③的工作，直至所有的设备搬迁完毕。

⑤ 搬迁完成后，清点搬迁后电视节目数量并对所有的节目的信号输出进行测量。确认节目数量无误以及信号质量符合要求。

⑥ 在凌晨客人使用电视最少的时候进行新旧电视分配网络的切换，切换完成后再次对所有电视节目信号进行测量，确认所有电视节目都能够正常收看后，此次搬迁工作完成。

3. 技术亮点

在搬迁的过程中基本上没有对公寓的运行造成影响，该技术可以在以后的边改造边运营项目中进行推广。

4. 质量控制要点

（1）机房设备搬迁时，保证不中断节目信号，减少对公寓运营的影响。

（2）楼高208m，屋面风力大；中星6B卫星接收天线的基础为后加基础，所以在满足楼板承载能力的基础上，还要考虑抗风能力，基础施工方案还须报送结构顾问进行审核。

（3）室外接收天线屋面的定位。屋面各种天线密集，不确定干扰源太多；室外天线安装完成后要进行一周的监测记录，确保无干扰源后，再实施搬迁工作。

（4）机房设备年代久远，为了保证移位后设备还能正常使用，编制详细的设备拆除及安装步骤。

（5）做好室外天线的防雷接地以及浪涌保护器的安装。

（6）屋面施工环境影响因素较多，尤其是风力较大应采取保护措施，保证焊接质量。

5. 安全控制要点

（1）该建筑为超高层建筑，屋面作业时应预防高空坠落的危险。

（2）该建筑临近马路，屋面风大作业时应采取防护措施，确保无高空坠物砸伤行人及车辆。

（3）卫星天线的加固施工需要进行二次验收，确保无安全隐患。

4.6.4 楼宇自控系统改造

1. 楼控系统重难点

见表4.6-6。

楼控系统重难点 表4.6-6

序号	重难点	改造措施
1	主楼25～51层为办公楼和公寓楼，改造期间正常运营，增加了现场排查拆改难度	1. 查阅B3～24层历史资料并咨询物业工程部，编制设备管线排查拆除方案，并报送相关单位审批。 2. 排查工作由项目技术人员全程参与
2	变配电设备利旧使用，须确认利旧设备与改造后的系统是否兼容，是否能满足合约技术要求。被控对象设备厂家界面划分较多，须明确	1. 编制楼宇自控施工技术方案、制作施工图纸、组织材料报业主及顾问审批。 2. 致函业主及顾问抄送相关单位，确认楼宇自控、被控对象设备预留接口满足楼宇自控要求。 3. 按合约技术要求编制设备分控策略方案，与各分控设备厂家确认控制方式，并报业主及顾问审批
3	商务楼的消防水泵房及生活水泵房在主楼B3层，按照新设计需要整体搬迁。而商务楼的办公区及商业区正在运营并不改造	1. 排查原楼控系统路由情况及控制需求，并编制排查报告。 2. 根据排查报告编制商务楼楼控系统改造方案

2. 主要工艺流程

见图 4.6-4。

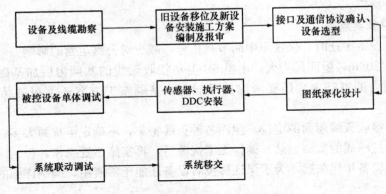

图 4.6-4　楼控系统改造工艺流程

（1）设备及线缆勘察

勘察工作包括商务楼的两个泵房和酒店的配电室两部分。

1）商务楼水泵房的勘察要详细复核业主提供的历史资料，并到现场勘察原系统的路由情况、传感器的接线要求、详细记录原设备的运行情况以及原系统监控状态点，并编制勘察报告，以便于泵房搬迁后的恢复工作。

2）酒店的高低压配电系统部分设备利旧。因为高低压配电系统控制自成系统，为楼宇自控系统提供一个标准开放的通信接口 BACNet、MUDBUS 等，需要复核该通信接口的协议与新的系统是否一致。

（2）旧设备迁移及新设备安装方案报审

根据勘察报告编制商务楼水泵房楼控系统迁移方案，并报相关单位审批，待审批后实施迁移工作。楼控系统迁移工作的主要内容是机房内 DDC 箱及传感器的迁移。

机房内 DDC 箱搬迁步骤与方法如下：

DDC 箱进出信号线缆分类、清点、标识。

DDC 箱内控制器连接关系清点、拍照、标识。

DDC 箱断电拆除外接电缆。

DDC 箱移至新机房并重新接线。

检查连线确认无误后，接通电源进行测试。

系统运行正常迁移工作完成。

楼控系统的迁移工作需要与水泵等设备的迁移工作同步进行，所以需要做好与机电专业的沟通协调工作，确保迁移工作不影响商务楼、商铺及办公楼的正常用水。

（3）结合勘察报告与最新设计要求确认接口与通信协议完成设备选型。

（4）图纸深化设计

在深化设计时要充分考虑既有建筑的结构特点，以及不能拆除的桥架管线的影响。所有的桥架管线的综合排布以及弱电井设备的安装图纸都需要去现场进行二次复核，避免出现新旧路由冲突和设备安装空间不足的问题。新旧设备同时安装时尽量避免旧设备的迁移。

（5）传感器、执行器、DDC 安装

设备的安装过程及工艺与新建工程一样，但是需要注意变配电系统的通信协议。

（6）系统调试移交

原系统设备均已超过维保期，在经历过拆除、搬运、存储、再安装后设备在使用过程中故障率会有所上升。所以在与物业公司办理移交的过程中，严格做到新旧设备划分清晰，从而避免承担不必要的维保责任。

3. 质量控制要点

（1）新系统的接口协议一定要兼容原变配电系统的接口。

（2）传感器要根据其安装位置及其工作环境进行选型，方能确保传感器测量的准确性。

（3）确保传感器的安装位置准确，如果安装位置不准确，会给系统带来错误的判断，从而影响系统的正常运行。

（4）暖通系统的联动试运行需要测试冷暖两个季节。

4. 安全控制要点

（1）变配电设备在拆除移位前，一定要对作业人员做好安全技术交底。

（2）所有特种作业人员必须持证上岗。

（3）所有入场人员都必须经过安全培训并且通过考核。

4.6.5 安防监控系统

1. 安防监控系统重难点

见表 4.6-7。

安防监控系统重难点

表 4.6-7

序号	重难点	改造措施
1	原设计安防监控系统为酒店及办公楼、公寓楼共用，需要拆除的线缆与正在使用的线缆共用线槽。并且有大量的线缆标识不明，线缆排查及拆除的难度大	拆除之前编制排查方案，排查所有线缆并做好标识。排查完后出具排查报告，根据排查报告编制拆除方案并报相关单位审批，减少误拆风险
2	中控室为安防重点场所，进去施工作业还需得到物业公司的许可。每次进去施工需要提交施工申请单，签字流程长时间久	中控室拆除作业时管理技术人员全程参与，确保严格执行拆除方案，减少对物业管理工作的影响，取得物业公司的信任，提高施工申请的效率
3	老旧设备拆除后的保管难度大	针对设备的性能特点以及现场环境编制相应的保管、保养措施，确保设备重新安装后能够正常运行
4	酒店新增摄像机点位，原利旧监控设备不足，业主采购新设备与原设备混合使用，新旧设备的维保问题较为复杂	明确新旧设备各自安装位置，以此作为维保工作的分界基础

2. 主要工艺流程

见图 4.6-5。

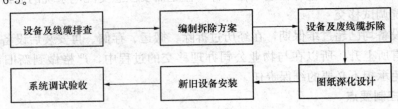

设备及线缆排查 → 编制拆除方案 → 设备及废线缆拆除

系统调试验收 ← 新旧设备安装 ← 图纸深化设计

图 4.6-5 主要工艺流程

(1) 设备及线缆排查

详细复核业主提供的历史资料，并结合勘察实际情况编制排查方案，报送相关单位审核后，开始排查所有线缆并做好标识（图 4.6-6），排查完后出具排查报告。办公楼及公寓楼的排查一定做好预案，并加强与公寓楼的物业公司沟通，提前让物业公司将工作内容通知客户，以避免不必要的投诉。

图 4.6-6 旧管井内线缆情况

(2) 旧设备及废线缆拆除

根据排查报告编制拆除方案及应急预案报相关单位审批，待审批后实施拆除工作。设备拆除时对施工人员做好详细的交底，拆除的设备搬运至符合要求的库房进行妥善的保管及保养。光缆拆除时，为了避免误拆除导致严重的后果，特与光纤熔接公司签署合作协议，保证接到通知后 2h 内能够到现场熔接。

(3) 图纸深化设计

在深化设计时要充分考虑利旧设备的局限性以及该建筑的使用特点，尽量将旧设备充分利用。因为新旧摄像机的外观污损程度不一，将摄像机按新、较新、旧三个档次划分，然后尽量将新和较新的摄像机安装至精装区域保证美观，旧摄像机安装至后勤区。重要出入口的摄像机接入新 DVR，其他接入旧 DVR。

(4) 设备安装

设备的安装过程及工艺与新建工程一样，需要注意的是旧摄像机故障率会高一些，所以安装的过程中要将旧摄像机尽量安装在便于拆除和维修的位置。比如首层大堂层高特别高，要全部安装新的摄像机。

(5) 系统调试移交

原系统旧设备均已超过维保期，在经历过拆除、搬运、存储、再安装后设备在使用过程中故障率会有所上升。所以，在与物业公司办理移交的过程中，严格做到新旧设备划分清晰，从而避免承担不必要的维保责任。

系统改造前后对比见图 4.6-7。

3. 质量控制要点

(1) 排查报告一定要翔实准确，这样才能保证不出现误拆。

区域	改造前	改造后
中控室	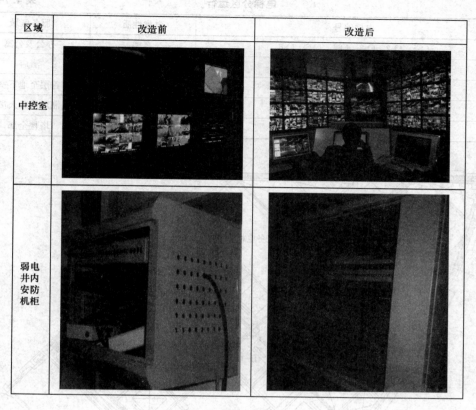	
弱电井内安防机柜		

图 4.6-7 系统改造前后对比图

（2）设备拆除后至最后安装时间间隔较长，拆除的设备需要擦拭干净并封箱，编制科学有效的保管方案，避免设备在库存时损坏和丢失。

（3）做好技术交底，确保新旧摄像机的安装位置与设计图纸相符。

（4）新敷设线缆的永久性标识一定要牢固、可靠、便于观察。

（5）旧设备在安装前做好检测工作，避免将坏的设备安装完后再进行拆改。

（6）新旧设备的电源型号不一致，安装时避免电源使用错误。

4. 安全控制要点

（1）拆除电源线缆之前一定反复确认线缆不带电，且从配电箱端开始拆除。

（2）所有特种作业人员必须持证上岗。

（3）所有入场人员都必须经过安全培训并且通过考核。

4.7 电梯工程改造

4.7.1 原设计情况

京广中心塔楼原设计电梯 22 部，电梯分区运行，具体见表 4.7-1 和图 4.7-1。

电梯编号	电梯性质	服务区域
O-1、O-2、O-3、O-4、O-5、O-6	客梯	办公及公寓
H-1、H-2、H-3、H-4、H-5、H-6	客梯	酒店
A-1、A-2、A-3	客梯	首层至地下室
S-1、S-2、S-3、S-4	货梯	酒店服务人员
E-1、E-2、E-3	货梯/消防梯	塔楼全部

表 4.7-1

电梯分区运行

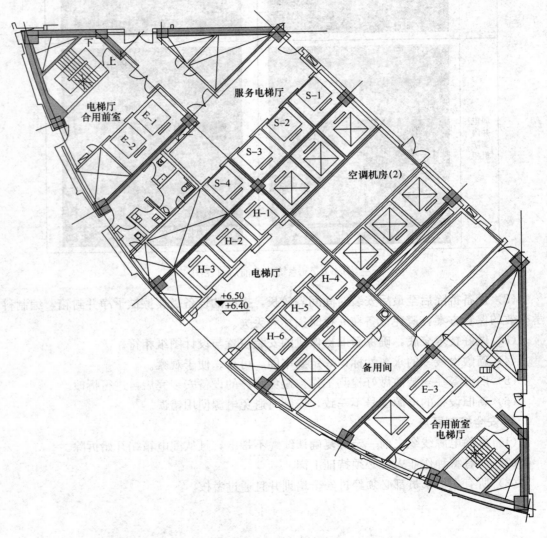

图 4.7-1 原设计电梯情况

4.7.2 现设计情况

由于京广中心酒店升级，对原有酒店部分使用的电梯进行改造。根据电梯使用功能及服务对象的不同，改造分三类进行：新加电梯、原有电梯拆除更换及轿厢装饰更新。具体见表4.7-2。

改造情况 表4.7-2

电梯编号	电梯性质	服务区域	改造内容
G3、G4、G5、G6、S1	客梯	酒店功能区	加建
H-1、H-2、H-3、H-4、H-5、H-6	客梯	酒店客房	电梯更换
A-1、A-2、A-3	客梯	首层至地下室	维护及轿厢装饰更新
S-1、S-2、S-3、S-4	货梯	酒店服务人员	维护及轿厢装饰更新

4.7.3 施工组织

根据工程整体施工计划及场地移交安排，电梯改造首先进行酒店客梯的拆除及更换，加建电梯在井道、机房等结构完成后进行安装，服务电梯前期兼做施工电梯，待现场施工基本完成后进行轿厢装饰的更新。

4.7.4 施工工艺

电梯改造主要工作为原有电梯的拆除、原有电梯维护、加建电梯土建结构施工及新电梯安装，其施工工艺如下：

1. 电梯拆除

电梯拆除的施工流程见图4.7-2：

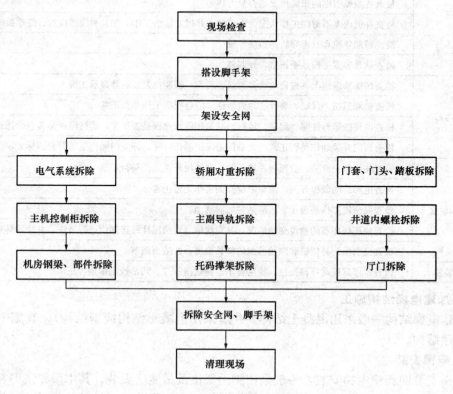

图4.7-2 电梯拆除施工流程图

2. 电梯维护

对原有电梯的机房、井道、轿厢、底坑及层显装置等进行保养维护，具体见表4.7-3。

电梯维护

表 4.7-3

部位	内　容
机房	蜗轮减速箱及电机轴承是否有油
	制动器动作是否正常，制动瓦与制动轮间隙是否正常
	曳引钢丝绳是否渗油过多而引起滑移
	限速器钢丝绳运行是否正常
	检查曳引机、控制柜内的主要部件紧固螺钉、螺栓是否有松动
轿顶	检查门机系统、调节和清洁门驱动装置等部件，如：电动机皮带、速度控制开关、门悬挂滚轮、安全开关、开门机和弹簧等
	清洁轿门、厅门地坎和上坎（门导轨）
	检查门刀和门锁滚轮之间的间隙
	检查并调节和清洁全部厅门及其附属件，如：尼龙滚轮、钢丝绳张力、门扇中心、门与地坎之间的间隙等
井道	检查对重装置和轿厢连接件，调节对重导靴
	检查轿厢导靴和安全钳的工作情况，必要时进行调节间隙并润滑
	检查各根曳引绳的张紧情况是否受力均匀
	检查井道内电器部件工作状况是否正常，并做好清洁工作，如：平层感应器、终端换速开关等
	清洗轿厢导轨和对重导轨，清洗导靴
	检查称量装置工作是否正常，并调整
轿厢内部	检查轿厢操纵箱上各按钮应动作灵活、可靠。轿厢位置显示器显示正确
	检查轿厢照明、风扇、警铃、对讲电话、应急照明工作是否正常
	检查电梯的运行性能、起动、运行、减速和停止过程是否正常，运行噪声是否符合国标要求
	检查轿门开关动作是否正常，光幕门边保护动作可靠，开关门噪声是否符合国标要求
底坑和轿底	检查底坑停止开关、液压缓冲器开关、涨紧轮开关工作是否正常
	检查电梯终端限位开关、慢车限位开关工作是否正常
	检查安全钳工作是否正常，清洁并加润滑油
	检查油压缓冲器的油位变动情况，补充注油。对油压柱外露部位进行清洗，并涂抹防锈油
	检查曳引绳、补偿链和限速器绳的伸长情况，并适当调节
层显装置	检查各停靠层站呼梯按钮、楼层显示、到站指示灯、到站铃工作是否正常

3. 加建电梯结构施工

加建电梯结构一般采用混凝土结构（井道采用混凝土结构或钢结构），其施工工艺同一般新建结构。

4. 电梯安装

电梯安装同新建电梯安装，一般采用脚手架法及吊笼法安装。其中吊笼法即在井道中安装吊笼替代通常搭设的脚手架，达到提高工作效率、保证施工质量、降低劳动强度的目的，其安装流程见表 4.7-4。

电梯安装流程   表 4.7-4

序号	步骤名称	详细步骤
1	开工前的检查及安全准备	由监督人员根据电梯的标准对机房和井道的规格进行检查
		给进入现场工作的人员配备防护用具
		根据施工的需要给各层厅门门口安装规定标准的保护围栏
		在井道中安装两条生命线
2	设备运至施工现场	提供安全干燥的物料存储室
		在电梯部件到达现场后要求清点部件数量及检查有无损坏
		将各种电梯部件根据安装顺序搬入机房，地坑或存入仓库
3	安装工作平台	在底坑中搭建 5m 高的简易脚手架
		安装顶层工作平台（必须带有头顶保护）
4	样板	根据布置图在机房中制作样板
		根据顶层/底层井道的测量数据和国家对井道的要求放样板线
		从机房放下主副导轨和门口共 10 条基准钢线，通过测量钢线间距再次调整放线点
5	安装机房设备	安装主机、控制柜、对中导向绳支架
6	安装随动电缆	从机房中放下随动电缆并在机房中加以固定
7	安装对重架，对重导向绳防晃	组装对重架并放入底坑中
		在对重架导靴的位置安装导向绳防晃板
8	安装底马槽和最低端主副导轨	根据导轨基准线在底坑中安装底马槽（与底坑地面紧密接触）
		根据导轨基准线安装并调整第一段主副导轨，使用激光仪器进行细调
9	安装底坑设备	安装限速器
		安装涨紧轮
		安装缓冲器
10	组装轿厢	组装轿架
		安装安全钳
		安装轿顶反绳轮（要有护罩）
		安装轿厢围壁
11	吊对重及补偿绳	计算轿厢重量后，在轿架中放入适当的对重块
		将对重导向绳穿过防晃板
		使用载重量为 5t 的卷扬机将对重吊到顶层工作平台位置
		将补偿绳逐根吊起安装到对重架上
12	挂曳引绳	计算曳引绳长度后，在工作平台上将曳引绳挂到轿厢和对重上
13	控制柜接线	在机房中将电缆接到控制柜中
		进行封线
14	检查抱闸，安全钳拆除顶层平台	拆除顶层工作平台
		在动慢车前由调试员检查抱闸，安全钳

序号	步骤名称	详细步骤
15	动慢车，调导轨安装井道设备	安装导轨支架
		逐段安装并调整导轨
		在井道中间位置将对重装入导轨
		安装各层厅门
		完成井道布线
16	调试检测	清洁井道
		调试员调试

4.7.5 质量控制要点

（1）设备到货后，在设备仓库要求客户提供好的物品储存条件的基础上，施工现场物料堆放和防护按照现场实际要求制定。

（2）所有电梯部件装箱运输，以免在运输过程中造成产品损坏。

（3）箱件按照安装要求和施工现场环境条件搬运到相应的位置。放置的位置确保不能被水浸或被水淋湿。

（4）电梯部件开箱清点后，全部搬到施工现场，大件的部分开箱检查后重新钉好，以免人为造成产品损坏。电器件分类堆放在较干爽的房间（如储物室、工具房）。

（5）电梯底坑必须保持干燥且各电梯出入口/机房要求客户设置防水台阶，避免底坑积水/雨水或消防等试水水淋电梯等设备。

（6）在和其他施工队交叉作业时，要求其他施工队采取相应的保护措施才能施工，以免在施工过程中损坏自动扶梯或电梯的零部件。

（7）由于机房/厅门口及工地现场施工人员复杂且施工队伍较多，因此要求各施工队要注意成品的保护，禁止故意破坏（如故意撕掉保护胶纸、划坏厅门、损坏轿厢顶棚等），在安装电梯前要求客户及土建单位清理厅门不必要的杂物。

4.7.6 安全控制要点

（1）根据施工现场环境配置灭火设备。对于焊接作业场所必须配备灭火器，作业后确认没有火灾隐患才能离开现场。

（2）每个施工人员必须持证上岗，包括工作证、工作服并穿戴防护用品才能进入施工现场（防护用品包括：安全帽、安全带、手套、防护鞋等）。

（3）施工用电必须使用经检验合格的配电箱，杜绝在施工现场乱拉、乱接。

（4）各开口将加设安全护栏，张贴安全标志，防止有人或其他杂物掉下。

（5）施工现场动火作业必须执行"三级动火审批制"，落实动火作业监护制。

（6）严禁油类与易燃、易爆物品混合堆放，严禁靠近烟火。

4.7.7 绿色施工控制要点

（1）施工垃圾应及时清运，地面适量洒水，减少污染。

(2) 现场交通道路和材料堆放场地统一规划，不得随意堆放材料。

(3) 每天晚 10 时至次日早 6 时，严格控制强噪声作业。

(4) 构件在拆除和搬运时，必须轻拿轻放。

(5) 指派专人负责清扫施工现场。垃圾运输车厢须封闭，避免遗撒。

4.7.8 实施效果

通过对原有电梯的更新、维护，使原有电梯满足现代化的超五星级酒店需求，同时在酒店公共区域的加建电梯，更好的满足了酒店的功能需求。

4.8 幕墙工程改造

4.8.1 原设计情况

京广中心 1～7 层幕墙为框架式玻璃幕墙。

4.8.2 现设计情况

由于新五星级酒店形象需求，酒店公共区域外立面设计为石材幕墙，因此须将 1～7 层原幕墙拆除，并新建石材幕墙，同时由于原幕墙均为进口玻璃，并无备片，因此要求采取保护性拆除，即对拆除的幕墙玻璃进行保护，达到能够满足重复利用的条件。

4.8.3 施工组织

(1) 施工顺序

幕墙系统改造采取先防护后施工、先上后下的施工原则进行。首先搭设防护脚手架，确定原幕墙的隔断点；之后进行原幕墙拆除，最终新建幕墙施工。

(2) 劳动力安排

见表 4.8-1。

劳动力安排 表 4.8-1

序号	名称	人数	序号	名称	人数
1	架子工	20	4	电焊工	2
2	普工	10	5	看火人	2
3	拆除工	10			

4.8.4 施工工艺

1. 工艺原理

(1) 通过分析原有玻璃幕墙系统原理，确定局部幕墙拆除位置，即确定竖龙骨拆除隔断点以确保上部幕墙安全性及稳定性。

(2) 解除待拆除区域玻璃与上部玻璃之间联系，通过吸盘将玻璃固定，人工配合手动

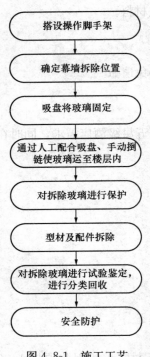

搭设操作脚手架

↓

确定幕墙拆除位置

↓

吸盘将玻璃固定

↓

通过人工配合吸盘、手动捯链使玻璃运至楼层内

↓

对拆除玻璃进行保护

↓

型材及配件拆除

↓

对拆除玻璃进行试验鉴定，进行分类回收

↓

安全防护

图 4.8-1 施工工艺
流程图

捯链将玻璃运至楼层内。

2. 施工工艺流程及操作要点

（1）工艺流程

见图 4.8-1。

（2）操作要点

1）确定幕墙拆除位置

分析原有玻璃幕墙系统原理，确定层与层之间玻璃幕墙联系是否相互影响，从而确定幕墙拆除隔断点；通过现场勘察，原玻璃幕墙龙骨在每层楼板均设置一个支座，层与层之间龙骨之间采取插芯连接；同时每层悬挑楼板均采用槽钢将幕墙龙骨与原结构主梁连接，确保整个幕墙系统安全。

2）玻璃幕墙拆除

由于单块玻璃较大（最大玻璃尺寸为 2000mm×600mm，重量为 150kg），因此如何无损拆除大块玻璃是拆除方案的重点。拆除时首先用吸盘吸住玻璃，将玻璃固定；对其中的活扇玻璃打开窗扇，工人托住窗扇下口，将窗扇上端的合页用电动螺丝刀卸开；再用吸盘、手动捯链将玻璃运至室内，对上面的框架玻璃幕墙要用吸盘吸住，用壁纸刀划开胶条、拆下，先搬到室内，再人工搬运到地面（图 4.8-2）。

3）型材、配件拆除

由于本次幕墙改造为主塔楼地上 1～7 层部分，上部 8～23 层需要保留，因此须保留 7 层楼板处支座，型材隔断点为支撑槽钢下口位置；具体详见图 4.8-3。

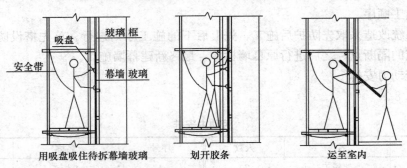

用吸盘吸住待拆幕墙玻璃　　　划开胶条　　　运至室内

图 4.8-2 幕墙拆除工艺示意图

4）对拆除幕墙进行成品保护

拆除施工过程中设计师临时调整设计概念：取消了原 7 层的玻璃幕墙拆除，但此时我司已将 7 层东南立面幕墙全部拆除完毕；因此须对 6 层以下玻璃进行回收利用，以便恢复 7 层原有玻璃幕墙。为此须将拆除玻璃及时搬运至固定地点存放，并用木枋、模板等做成木箱子将拆除玻璃保护起来。

5）对拆除玻璃进行试验鉴定、分类回收

由于 20 年前原幕墙玻璃全部为进口钢化玻璃，按照现有最新幕墙规范要求，新建玻

图 4.8-3　幕墙支座和隔断点

璃幕墙必须采用钢化玻璃，所以根据鉴定结果进行分类回收并标识。

6）安全防护

待玻璃幕墙拆除完成后，采用钢管及安全网及时对拆除玻璃幕墙部位进行安全防护工作以确保现场施工安全。

7）新建幕墙施工

新建幕墙采取框架式石材幕墙，施工方法与新建工程一致，但施工过程中须注意与原有幕墙连接部分的处理，重点防止漏水现象出现。

4.8.5　质量控制要点

1. 质量控制要点

（1）确定合理拆除隔断点，严禁破坏不拆除部分幕墙支座。

（2）拆除幕墙轻拆、轻放，防止磕碰玻璃。

（3）加强不拆除部分幕墙保护，避免破坏。

（4）加强新建幕墙与原有幕墙连接处的防水处理，防止漏水。

2. 安全控制要点

（1）施工过程中采取封闭脚手架防护，防护架外挂防护网。对已搭设好的支撑架、脚手架要检查其连接是否牢固，强度、稳定性是否达到设计要求。所要搭设的脚手架和支撑架的宽度及高度应根据现场不同的施工面、标高向架子工交底。

（2）凡进入现场施工的工作人员，必须认真执行和遵守安全技术操作规程：各种机具设备、材料、构件、临时设施等必须按照施工总平面布置图布置，高压线路和防火措施要遵照供电和公安消防部门的规定，设施应完备、可靠、使用方便。根据工程需要，施工现场应具有可靠的防护措施以及各种安全警示标志，确保安全作业。

（3）所有进场作业人员必须戴安全帽，安全帽必须经有关部门检验合格后方能使用。要正确使用安全帽并扣好帽带；不准把安全帽抛、扔或坐、垫；不准使用缺衬、缺带及破损的安全帽。

（4）除平地作业人员，所有人员必须佩戴安全带。安全带须经有关部门检验合格后方能使用；安全带应挂高低用，不准将绳打结使用；安全带上的各种部件不得任意拆除。

（5）加强作业人员安全教育，增强从业人员安全意识。

（6）所有作业人员严禁酒后作业，发现喝酒者严禁进入施工场地。

（7）上、下作业相互联系，作业时间错开，严禁上、下工作面在同一垂直线上同时作业。

（8）氧气瓶、乙炔瓶相距 5m 以上，氧气瓶、乙炔瓶与明火相距 10m 以外，严禁在烈日下暴晒，乙炔瓶严禁横卧，防止发生明火引起的爆炸。

（9）气割时要注意消除 10m 内的可燃物。属防火区域动火时，一定要办理动火证，同时派专人监护方可动火。

（10）凡焊接地点及上、下周围焊前、焊后，必须认真严格检查是否有易燃物品。

（11）规范用电。临时用电线由专业人员架设，不允许违规操作；配电箱的电缆线应有套管，电线进出不混乱；电线绝缘好，无老化、破损和漏电；电线应沿墙或路边埋地敷设，并做标记。

（12）支撑等拆除时，下方不得有其他操作人员。

4.8.6　绿色施工控制要点

（1）施工垃圾应及时清运，地面适量洒水，减少污染。

（2）现场交通道路和材料堆放场地统一规划，不得随意堆放材料。

（3）每晚 10 时至次日早 6 时，严格控制强噪声作业。

（4）构件在拆除和搬运时，必须轻拿轻放。

（5）指派专人负责清扫施工现场。垃圾运输车厢须封闭，避免遗撒。

4.8.7　实施效果

京广中心幕墙工程的改造在保证安全的前提下，通过幕墙的无损拆除技术，有效地保护了原有玻璃的完整性，同时新建幕墙与原有幕墙的有机结合，保证了施工质量，完美体现了设计意图。

4.9　改造效果分析

通过对京广中心酒店部分结构、机电、幕墙等的全面改造，同时重新进行五星级的装修，改造后并开业的瑰丽酒店已成为北京酒店业新的领跑者。

本工程改造过程中充分考虑公寓及办公楼层的正常使用，合理设置通道及场地转换，在保证施工的同时能够满足用户需求。而在施工过程中大量创新技术的应用，有效地保证施工质量及施工安全，提高企业竞争力。

5 纯钢结构烂尾写字楼建筑改扩建工程施工

此改造为一栋已施工至 25 层的纯钢结构工程，由于建筑功能及使用功能的改变，在对其原结构进行结构鉴定后，对其进行改造、加固，使其满足设计要求及使用要求。

5.1 工程情况介绍

该项目坐落于天津市河西区南京路和马场道交汇处的小白楼中心商业区：东至南京路，南至合肥道。西至南昌道，北至马场道；一路之隔是滨江购物中心，凯旋门大厦和天津音乐厅；地理位置优越，周边市政设施完善。本项目已建部分为原欧加华国贸中心大厦建筑项目，于 1996 年 4 月开始施工，并在 2000 年 7 月停工，主塔楼（A 塔楼）主要结构已完成至地上 25 层，地下 3 层结构已经全部完成。原设计地库首层与地铁 1 号线小白楼站的 4 号入口相通，并连接下沉式广场，将人流从地铁站带到地面。现实际已建临时地铁出口位置位于 4 号出入口通道末端出地面，A 塔楼高 235m，共 57 层，主要功能为混合型公寓（包括办公、公寓）（表 5.1-1）。

项目概况   表 5.1-1

项目名称	天津国际贸易中心项目
工程建设地址	天津市河西区小白楼南京路与马场道交口
建设单位	东津房地产开发（天津）有限公司
建筑面积	总占地面积为 15709m²，总建筑面积为 230010m²

建筑效果图

26~57层为
新建部分

26~28塔楼通过
转换斜撑进行
截面收缩

25层及25层
以下为已建部分
需要拆改与加固

天津国贸实际图片

5.2 改扩建情况介绍

钢结构改造工程为 A 塔楼已建部分钢结构工程的加固与改造。主要包括以下内容:

（1）已建部分局部外围钢结构的找形施工。

（2）脱落或未涂刷防火涂料的补涂。

（3）楼层已建部分生锈压型钢板的拆除与更换。

（4）已建钢柱的加固。

（5）局部钢梁的加固与改造。

5.3 工程总体施工组织

5.3.1 钢结构加固改造施工准备工作

（1）根据原结构鉴定报告以及施工设计图纸，确定需改造加固的内容，并根据实际情况对每个区域需要改造加固部位进行深化。施工前做好技术交底，现场施工应严格按照技术交底进行施工。

（2）原有旧钢结构的除锈、表面覆盖的腐蚀氧化层及渣物要彻底清除。

（3）施工步骤和作业顺序不能随意颠倒。确实需要颠倒时，必须要由主管技术人员确认安全、施工质量不受影响，并经总工程师同意后才能进行，不然将产生严重的后果。

（4）必须重视高空焊接连接作业的安全和施工质量。在保证高空作业安全的情况下，要选择技术水平高、有经验的高级专业焊工进行操作。一定要保证焊缝的质量，没有缺陷。操作人员必须要系安全带，电焊机具要在高空安全处绑牢。

（5）油漆涂装作业一定要满足设计和规范要求。

（6）必须做好样板的施工，经有关方面的技术人员和专家评定后，才能推广到整个工程的施工作业。

5.3.2 施工部署

施工前期准备（审查设计图纸以及原有结构相关资料）→确定施工方案和技术交底→施工准备（图纸确认，核查到现场的钢材、焊条等；确定工艺规程；确定预制生产场地；确定生产组织方式；确定生产计划；备齐施工设备、机具、防护器具等）→加固件、增加的新杆件和节点板、零部件等的预制加工→增加的新杆件与节点板地面拼装→搭设作业脚手架→喷砂除锈、清除旧钢结构表面覆盖的所有腐蚀的氧化层及渣物→加固件和新增加的杆件与原有旧钢结构高空焊接连接作业→连接后的杆件矫正→检查验收和测量有关数据→修整和油漆涂装作业→全面检查验收→拆除作业脚手架。

5.3.3 施工流程

加固改造工程施工时，采用先加固后拆改的原则：对已有结构柱先进行加固，以增加上部结构与下部结构同时施工的可行性，待柱加强后，逐层、逐段对下部结构梁进行加固改造，同时进行上部结构的施工。在施工前我公司会与设计院进行配合，对新建钢结构工程与已建钢结构加固改造工程同时施工进行验算复核，以确保施工的可行性与安全性，并制定详细的施工方案报业主与顾问单位进行审批。

钢结构改造施工顺序，见图 5.3-1。

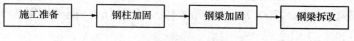

图 5.3-1 钢结构改造施工顺序

（1）施工准备。根据设计图纸深化加固改造方案，报业主与顾问公司审批，并进行施工材料机具的准备。

（2）钢柱加固。加固改造时，先对竖向承重构件进行加固，钢柱加固应由下向上进行，以增加上部结构与下部结构同时施工的可行性。

（3）钢梁加固。钢梁加固可与钢柱加固同步进行，同样采取由下向上的原则。

（4）钢梁拆改。钢梁拆改在钢梁加固后进行施工，由下向上逐层进行拆改，钢梁拆除后应及时补装新钢梁，对于需要永久性拆除的主梁，待上部结构加固完毕后再进行拆除。因钢梁拆改工作量大，此部分工作将与上部结构施工同时进行。

5.3.4 钢结构加固改造方法

（1）外围钢结构找形部分施工应严格按照已确认的设计图纸进行施工，先做好找形须切除部分的放样，并在原有构件上进行标记。切除前应做好安全防护工作，确保施工人员的安全。对须切除的构件，应先用捯链进行固定，防止切除过程中发生高空坠落，并进行切除构件的垂直转运。切除完毕的构件应打磨平整并及时补涂防腐涂料，须涂刷防火涂料的部位应及时补涂。

（2）对须更换的高强螺栓应选用同规格、同等级的高强螺栓。施工前按规范做好高强螺栓复试，合格后方能进行施工。高强螺栓更换与补装完毕后，应及时补涂防腐涂料，须涂刷防火涂料的部位应及时补涂。施工工艺详见施工方案高强螺栓施工章节内容。

（3）防火涂料脱落或未涂装的部位施工前应确定构件表面已除锈并涂装防腐涂料，施工工艺详见施工方案防火涂料涂装施工章节内容。

（4）A塔楼已建部分生锈压型钢板的拆除与更换应注意施工安全，防止拆除过程中出现安全事故。压型钢板安装工艺详见施工方案压型钢板与栓钉施工章节内容。

（5）A塔楼局部钢梁的拆改与加固采用土拔杆配合捯链或卷扬机进行施工。钢梁拆除均采用火焰切割。拆改时应根据实际情况，对拆改部分进行临时固定防止坠落，拆除后的钢梁应及时进行补装。

5.4　既有建筑钢结构加固厚钢板焊接技术

5.4.1　原设计情况

天津国际贸易中心A塔楼为钢框架及钢支撑核心筒全钢结构体系，钢梁连接形式主要为刚接与铰接两种。塔楼地下室3层、地上57层、标准层高3.5m、总高度为235m。25层以下为已建，须对其进行拆改加固，加固构件单根重量最大约为2.5t。26层及以上部分为新建部分，外框钢框架由20根钢柱组成，钢柱由日字形变化为H形，核心筒由12根H形钢柱、4根箱形钢柱组成。塔楼在26~28层截面缩小，钢柱最大截面为BH750×360×30×56、B940×940×70×70、H750×400×100×60，框架钢梁为H形钢梁，最大截面为H900×320×20×32。

5.4.2　现设计情况

根据本工程施工准备图纸以及鉴定报告，钢结构使用的钢材材质为Q235、Q345，原结构钢材采用美国ASTM标准，新建钢材采用国产钢材。本工程钢板最厚达到100mm，焊缝长度长、焊接工作量大。在焊接施工时减少焊接应力、控制焊接变形、防止厚板焊接层状撕裂和不同种类钢材焊接连接，将成为本工程钢结构安装焊接重点，25层以下钢斜撑须加固，加固钢板100mm厚，每道焊缝长约13m。

5.4.3　施工组织

1. 焊接工具

见表5.4-1。

焊接工具　　　　　　　　　　　　　　　　　　　　　　　　表5.4-1

所需工具	数量	所需工具	数量
榔头	1	钢板尺	1
扁铲	1	红外测温仪	1
焊缝量规	1	电焊面罩	1

202

2. 焊接设备

本工程安装焊接全部采用二氧化碳气体保护焊成套设备（表5.4-2），焊接工艺评定使用与工程施工相同的焊接设备进行焊接工艺评定试件焊接。

焊接设备表   表 5.4-2

设备名称	规格、型号	使用功率（kW）	数量	备注
二氧化碳焊机	NB-500	36	1 台	成套设备
角向磨光机	100 型	1	1 台	

3. 母材及焊接材料化学成分、力学性能

见表5.4-3～表5.4-8。

母材化学成分表（《低合金高强度结构钢》GB/T 1591 规定要求）   表 5.4-3

材料名称	化学成分（质量分数）（%）				
	$C \leqslant$	Mn	$Si \leqslant$	$P \leqslant$	$S \leqslant$
Q345	0.20	1.60	0.55	0.040	0.040

ASTM 美国建筑钢结构用钢材标准   表 5.4-4

材料名称	化学成分（质量分数）（%）				
	$C \leqslant$	Mn	$Si \leqslant$	$P \leqslant$	$S \leqslant$
A36≤20mm 厚钢板	0.25	—	0.40	0.040	0.050
A572 中 50 级	0.23	1.35	0.40	0.04	0.050

钢材物理性能（ASTM 美国建筑钢结构用钢材标准）   表 5.4-5

钢板	A36	A572 中 50 级
抗拉强度（MPa）	400～550	450
最低屈服强度（MPa）	250	345
标距为 200mm 时伸长率（%）（括号内为标距为 50mm 时）	20（23）	18（21）

《低合金高强度结构钢》GB/T 1591 规定要求   表 5.4-6

钢板	Q345
抗拉强度（MPa）	470～630
最低屈服强度（MPa）	345
标距为 200mm 时伸长率（%）	≥21

焊接材料化学成分表   表 5.4-7

材料名称	化学成分（质量分数）（%）						
	C	Mn	Si	P	S	Ti	Mo
ER50	0.10	1.63	0.88	0.012	0.01	0.18	—

焊接材料力学性能表   表 5.4-8

焊丝型号	屈服点 δ_S(MPa)≥	抗拉强度 δ_b(MPa)≥	伸长率 δ_5(%)≥	纵向冲击吸收功 AKV/J（试验温度－29N·℃）≥
ER50	420	500	22	34

4. 焊接工艺评定试件

（1）试件加工：横焊试件由两块试件板对接组成，焊缝形式为单边坡口对接。其中一块国产钢材试件板单面加工坡口，板厚≤35mm、坡口角度为45°，板厚＞35mm、坡口角度为35°，钝边0～1mm。

1）焊接工艺评定试件钢材牌号 Q345。

2）衬垫板：8mm×50mm。

3）引弧板：8mm×50mm。

4）焊接工艺评定试件板规格，见表5.4-9。

焊接工艺评定试件板规格 表5.4-9

材质	评定项目	板厚(mm)	试块尺寸(mm)	试块数量
Q345	横焊	—	350×700	2块

（2）试件组对：检查确定试件板达到合格要求。先将坡口内锈蚀、油污清理干净，试件组对时焊缝留5mm和8mm间隙，试件组对错口＜1mm；为防止试件焊接变形，在试件板后面使用两块拘束板固定；试件定位焊严禁在焊缝坡口内进行焊接，应在试件板后的衬垫板两侧沿焊缝方向实施固定焊接，定位焊焊缝长度＞30mm、焊角＞6mm且衬垫板单侧的固定焊缝不得少于6处，焊缝起始端加焊接引出、引入板，焊接时起弧和收弧应在引出、引入板上完成。

5. 焊接材料及辅材

（1）焊丝：型号：ER50；规格：ϕ1.2mm。

（2）二氧化碳气体：气体纯度≥99.9%。

6. 焊接工艺评定实验场地

焊接工艺评定实验场。在工地现场选择一块场地搭设焊接操作间，可供焊接工艺评定实验焊工全位置焊接自由操作。

7. 焊接准备

焊接工艺评定场设置操作平台。场地四周搭设防风（雨）篷。二氧化碳气体保护焊焊接时，风速大于2m/s（三级）必须有防风措施，焊接设备必须准备就绪并调试正常。

8. 焊接工艺评定参数参考表

（1）二氧化碳气体保护焊参数参考表，见表5.4-10。

二氧化碳气体保护焊（横、立焊）参数参考表 表5.4-10

参数\位置	电弧电压(V)	焊接电流(A)	焊丝伸出长度(mm) ≤40	焊丝伸出长度(mm) ＞40	层厚(mm)	焊丝极性	气体流量(L/min)	层间温度(℃)	焊丝型号
首层	22～24	180～200	20～25	30～35	6～7	阳	50～55	—	ER50 Φ1.2mm
中间层	25～27	230～250	20	25～30	5～6	阳	45～50	80～200	
面层	22～25	180～200	20	20	5～6	阳	40～45	80～200	

（2）试件的加工制作及力学试验取材要求

根据《建筑钢结构焊接技术规程》JGJ 81—2002规定，焊接工艺评定试件应该进行超声波无损探伤检测和力学试验，进行力学试验时试件尺寸及切取尺寸要求如图5.4-1所示。

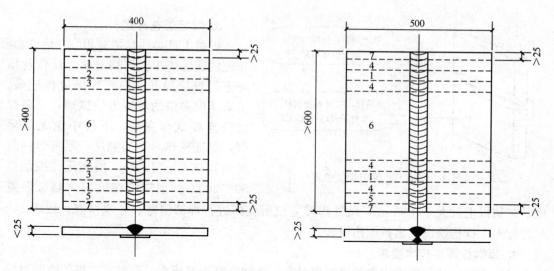

图 5.4-1　试件尺寸及切取尺寸图

1—拉力试件；2—背弯试件；3—面弯试件；4—侧弯试件；5—冲击试件；6—备用；7—舍弃

（3）二氧化碳气体保护焊的预热、层间温度参考表，见表 5.4-11。

二氧化碳气体保护焊的预热、层间温度参考表　　　　　　　　　　表 5.4-11

钢材牌号	预热温度 $T_预$（℃）					层间温度 $T_层$（℃）	焊接环境湿度
	母材厚度 t（mm）						
	$T<25mm$	$25≤t≤40$	$40<t≤60$	$60<t≤80$	$T>80$		
Q345	—	$60℃≤T_预$	$80℃≤T_预$	$100℃≤T_预$	$140℃≤T_预$	$80≤T_层≤200$	$≤90\%$

5.4.4　施工工艺

现场安装焊接工艺评定项目选用安装焊接工程中，最具典型的是构件板厚规格、焊接位置和焊接方法的焊接接点。作为本次焊接工艺评定的评定项目，使用焊接评定试件必须与工程所用钢材的材质相同。

焊接工艺评定将选取原结构须拆除斜撑钢板与国产钢材进行焊接工艺评定试验，以检验美标 ASTM 标准钢材与国产钢材焊接参数与焊接材料。

现场美标钢材取材于 10～11 层间斜撑 XC5，截面为 W14×283，换算成国标为 425.20×409.19×32.77×52.58，单位均为 mm；选取腹板 32.77mm 厚板作为试件板与国产 Q345B30mm 厚钢板进行试验。

1. 焊接工艺评定试验项目

见表 5.4-12。

焊接工艺评定试验项目　　　　　　　　　　表 5.4-12

规格型号（mm）	材质	使用部位	评定项目
根据现场取材须拆除的斜撑腹板 32.77mm 厚钢板与国产钢材 Q345B 30mm 厚钢板	Q345	钢结构焊接	横焊

2. 焊接工艺评定焊接位置

焊接工艺评定焊接位置选定：板-板对接横焊，横焊—板立放，焊缝轴水平（图 5.4-2）。

205

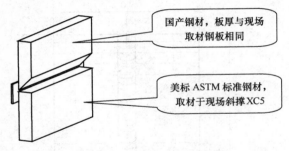

国产钢材，板厚与现场取材钢板相同

美标 ASTM 标准钢材，取材于现场斜撑 XC5

图 5.4-2　焊接工艺评定焊接位置

3. 焊接工艺评定

焊接人员必须是持有相应合格证和操作证的熟练焊工。严格参照焊接作业指导进行焊接操作，做好焊接过程记录。采取薄层多道的焊接方法试焊，每条焊缝应连续试焊完成，不得中途无故停焊，保证预热、层间温度：厚板焊接时焊前预热 80～120℃，层间温度控制在 80～200℃。预热应在坡口两侧板厚宽度的 2 倍以上且大于 100mm，试件焊接完成后立即进行焊缝清理、外观检查，缓冷 24h 后进行 UT 探伤检测，出具探伤报告。

4. 厚钢板焊接技术要求

（1）无衬板的焊件采用根部手工焊封底、中间半自动焊填充、面层手工焊盖面的焊接方式，带衬板的焊件全部采用二氧化碳气体保护半自动焊焊接。

（2）全部焊段尽可能保持连续施焊，避免多次熄弧、起弧。穿越安装连接板处工艺孔时必须尽可能将接头送过连接板中心，接头部位均应错开。

（3）同一层道焊缝出现一次或数次停顿需要续焊时，始焊接头须在原熄弧处后至少 15mm 处起弧，禁止在原熄弧处直接起弧。二氧化碳气体保护焊熄弧时，应待保护气体完全停止供给、焊缝完全冷凝后方能移走焊枪。禁止电弧刚停止燃烧即移走焊枪，使红热熔池暴露在大气中失去二氧化碳气体保护。

（4）厚板多层焊应连续施焊，每一层焊道焊完后应及时清理焊渣及飞溅物，在检查时如发现影响焊接质量的缺陷，应清除后再焊。在连续焊接过程中应检测母材的温度，使层间最底温度与预热温度保持一致，层间最高温度应满足焊接工艺要求。

（5）焊缝变形的控制

1）选择合理的焊接顺序。焊接施工顺序对焊接变形及焊后残余应力有很大的影响，在焊接时为尽量减小结构焊接后的变形和焊后残余应力，结构焊接实行对称焊接，让结构受热点在整个平面内对称、均匀分布，避免结构因受热不均匀而产生弯曲和较大焊后残余应力。

2）预留焊接收缩余量，预置焊接而变形。

3）在同一构件上焊接时，应尽可能采用热量分散、对称分布的方式施焊。

4）双面均可焊接操作时，要采用双面对称坡口，并在多层焊时采用与构件中性轴对称的焊接顺序。

（6）焊后应力消除工艺

见表 5.4-13。

焊后应力消除工艺　　　　　　　　　　　　表 5.4-13

方法	应力消除工艺
简介	应力消除工艺有很多种类，根据钢结构行业施工特点，我们常用的消应力法为机械消除法和火焰消应力法

方法	应力消除工艺
机械消除法	机械消除法主要常用的为锤击消应力法。锤击法消应力主要采用小锤锤击已焊接完成的焊缝，利用锤击来消除焊接应力
火焰消除法	钢构件焊接完成后，可采用火焰加热的方式对构件进行去应力回火处理

（7）厚板焊接分层分道控制

本项目现场厚板焊接一般采用分层分道焊接，焊道每道尺寸为 5～7mm，焊缝分道详图见图 5.4-3。

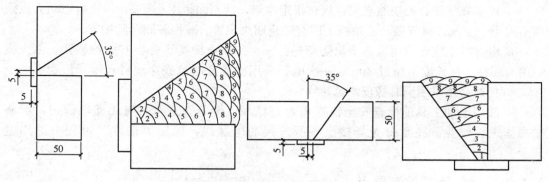

图 5.4-3　焊缝分道详图

5.4.5　质量控制要点

外观检查、无损探伤和力学性能试验。

（1）外观检查：试件组对、焊缝外观达到规范要求，试件焊缝表面不得有气孔、未熔合、裂纹等缺陷。

（2）超声波检测：根据设计要求及《钢结构工程施工质量验收规范》GB 50205－2001 规定，按相关规范中 B 级检验Ⅰ级及Ⅱ级以上进行检测。

（3）力学性能试验：包括拉伸、冲击和弯曲试验。

（4）试件取样：试件两端各舍去 25mm，然后再沿试件横方向等份割取试样。

（5）拉伸试验：按相关规范规定的试验方法测定焊接接头的抗拉强度，取两片试样，每片试样的抗拉强度不得低于母材钢号标准规定值的下限。

（6）弯曲试验：当试板厚度≥20mm，取四块测弯试样，弯曲试验按相关规范规定的试验方法，测定焊接接头的致密性和塑性。试样弯曲到规定的角度，拉伸面焊缝出现长度大于 1.5mm 的任一横向（沿式样宽度方向）裂纹、缺陷或长度大于 3mm 的任一纵向（沿式样长度方向）裂纹、缺陷，为不合格。试样的棱角开裂一般不计，但夹渣或其他焊接缺陷一起的棱角开裂长度应计入，每片试样都应符合上述要求。

（7）冲击试验：按相关规范规定的试验方法。测定焊接接头的冲击功，在焊缝区和热影响区各取三片试样，试样的冲击功平均值应不低于母材标准规定值，并且最多允许有一个试样的冲击功低于规定值，但不低于规定值的 70%。

5.4.6 安全控制要点

1. 为了保证焊接施工在良好的作业环境下进行，应在焊接施工部位搭设焊接操作平台。

2. 操作平台搭设必须由专业的架子工搭设。具体可根据结构形式的不同，适当调整，但操作平台的面积不应超过 8㎡，高度不应超过 3m。其使用的钢管及脚手板均应满足国家标准规范要求。

3. 操作平台底部应满铺脚手板，脚手板上部应用防火板及防火布封严。焊接时操作平台外部应用防火布遮盖严实。

4. 现场氧气瓶、乙炔瓶必须存放在指定位置，两瓶间距不小于 5m，气瓶与动火点距离不得小于 10m。氧气瓶、乙炔瓶上应有防止回火装置、减振胶圈和防护罩。

5. 电焊机上应设防雨盖，下设防潮垫。一、二次电源接头处要有防护装置。二次线使用接线柱，且长度不超过 30m，一次电源采用橡胶套电缆或穿塑料软管，长度不大于 3m，焊把线必须采用铜芯橡皮绝缘导线。

6. 使用电动工具前检查安全装置是否完好，运转是否正常，有无漏电保护，严格按操作规程作业。经常检查焊接设备所连接的电源线，保证焊接施工过程中的用电安全。

5.4.7 绿色施工控制要点

(1) 钢构件吊装施工中发出响声的工作安排在白天进行，并将声响控制在规定范围内。夜晚禁止一切发出较大声响的工作，尽量减少夜间施工作业，一般安排作业时间在早 6 时到晚 10 时之间。每天晚 10 时至次日早 6 时，严格控制强噪声作业。

(2) 加强对全体施工人员的环保教育、提高环保意识，把环境保护、文明施工、保护市容场容整洁变成每个施工人员的自觉行为，最大限度减少对周边环境的影响。

(3) 钢构件在支设、拆除和搬运时必须轻拿、轻放，上下、左右由人传递。构件安装修理晚间禁止使用大锤。

(4) 加强环保意识的宣传。控制人为施工噪声，严格管理，最大限度地减少噪声扰民。

(5) 施工照明灯的悬挂高度和方向要考虑不影响居民夜间休息。

(6) 构件进场做好交通疏解工作，少占路、封路，尽量不占用马路和行人道。

(7) 严格按有关文件要求布置施工临时设施，并保证施工结束后及时撤场，尽快恢复原状。

(8) 对施工机械进行全面检查维修保养，保证设备始终处于良好状态，避免噪声和废油、废弃物造成的污染，杜绝重大安全隐患的存在。

(9) 生活垃圾与施工垃圾分开，及时组织清运。

(10) 建立现场文明施工责任区制度，根据文明施工管理员、材料负责人、各施工工长具体的工作责任划分。将整个施工现场划分为若干个责任区，实行挂牌制，使各自分管的责任区达到文明施工的各项要求。项目定期进行检查，发现问题立即整改，使施工现场保持整洁。

（11）认真执行工完场清制度，每一道工序完成以后，必须按要求对施工中造成的污染进行认真的清理，前后工序必须办理文明施工交接手续。

（12）由项目经理、文明施工管理员、保卫干事定期对员工进行文明施工、法律和法规知识教育及遵章守纪教育，提高职工的文明施工意识和法制观念。每月对文明施工进行检查，对各责任人进行评比、奖罚，并张榜公布。

5.4.8 实施效果

本工程厚钢板焊接量 260t，每道焊缝长 13m，焊接饱满无夹渣，检查合格后磨平、磨光处理。观感良好，施工质量获得了业主方和监理单位的认可。见图 5.4-4。

图 5.4-4 实施效果

5.5 既有建筑减震改造技术

5.5.1 原设计情况

A 塔楼为纯钢结构烂尾楼，已施工至 25 层，B、C 塔楼为后设计增加的塔楼。

5.5.2 现设计情况

本工程 A 塔楼是典型的超高层钢结构建筑，其高度为 235m，结构中采用了黏滞阻尼器，通过减小框架柱及剪力墙的截面来提高结构的舒适度；而 B、C 塔楼核心筒和框架结构，其高度分别为 156.6m 和 157.5m，采用了软钢阻尼器来提高抗风减震的能力。

1. 黏滞阻尼器在 A 塔楼中的施工

A 塔楼地上共 60 层、总高度为 235m，属于超高层阻尼器建筑。A 塔楼结构的安全等级为二级，设计使用寿命为 50 年。结合结构规范的相关标准，以及建筑物结构设计的限制要求，经过结构优化设计后，分别在 A 塔楼的 12 层、28 层及 44 层内分别布置 4 套 Taylor 液体黏滞阻尼器（共 12 套）来改善结构的动力特性，安装位置见相关结构图 5.5-1 和图 5.5-2。

在 A 塔楼的实际建造过程中，遇到许多困难。其特点为：A 塔楼阻尼器现场无起重设备，装作精度高，需要焊接部位多为中厚板，要大量仰焊且板厚较大，焊接难度大。难点：控制焊接变形、减少残余应力和防止层状撕裂以及选择合理的安装方法和焊接方法。

为安全且有效地进行施工、建造，针对本项目的特点与难点，其施工对策为：

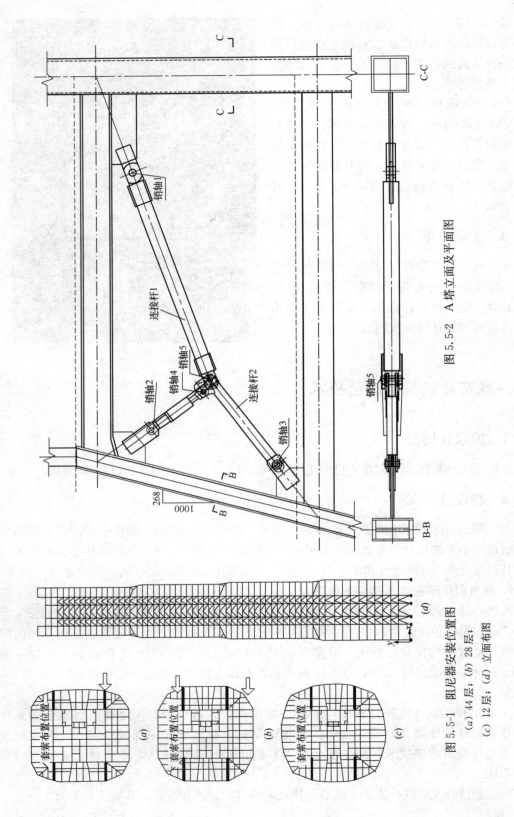

图 5.5-2　A 塔立面及平面图

销轴1

连接杆1

销轴2
销轴4
销轴5
连接杆2
销轴3

销轴5

C-C

B-B

268
1000

图 5.5-1　阻尼器安装位置图

套索布置位置

套索布置位置

套索布置位置

(a)

(b)

(c)

(d)

(a) 44 层；(b) 28 层；
(c) 12 层；(d) 立面布图

（1）焊接时尽量选用热输入量小的焊接方法，如二氧化碳气体保护焊接。

（2）选择正确的焊接顺序（控制焊接变形）。

（3）提高焊接一次合格质量，减少焊缝返修率。

（4）严格按照规范或者工艺的要求控制焊前温度和层间温度。

（5）选择合理的安装方法及吊装方法。

（6）吊装时起重点不在上层钢梁上生根，尽可能减少对已完工的防火涂料及混凝土的破坏。

2. 软钢阻尼器在 B、C 塔楼中的施工

B、C 塔楼阻尼器为软钢阻尼器。B 塔楼在 11～27 层、C 塔楼在 18～36 层剪力墙中安装，每层 4 套，剪力墙预埋埋件。每套埋件分上、下预埋，埋件由钢板及钢筋围焊组成，阻尼器上、下与预埋件上、下焊件连接。阻尼器与埋件焊接为组合焊缝，需要全部探伤。

B、C 塔楼阻尼器为主体结构施工完成后安装，阻尼器须与埋板进行焊接。存在焊接变形风险且安装精度高、现场安装难度大，须做好成品保护工作。其施工对策可参考黏滞阻尼器。

5.5.3 施工组织

1. 施工计划

根据目前业主对施工进度的要求，结合土建编制进度计划的依据，对阻尼器施工安排一个合理的工期计划（表 5.5-1），对施工顺利、有序的进行非常重要。

2. 现场准备

考虑本工程 B、C 塔楼阻尼器须进场拼装，现场设置堆放场地及拼装场地，用于短期存放和拼装。设置一个临时库房用于存放焊接材料，库房条件应满足焊接材料存放要求。

本工程单元施工区域设置一处存放焊接设备位置即可满足施工需求。

接入焊接设备的配电箱必须是三级配电箱，且为一机、一箱、一漏、一闸。

施工现场环境，准备一些防尘、防雨的装置保护焊接设备及焊接区域。

为防止人员、物料和工具坠落或飞出而造成安全事故，楼层边缘应铺设安全网，并悬挑出 1m 的距离。

3. 施工条件准备

高空施工时，风力达到 15m/s 时，应停止施工。

当焊接作业区环境温度低于 0℃时，须对焊口两侧 75mm 范围内预热至 30～50℃。

若焊缝区空气湿度大于 85%，应采取加热除湿处理。

采用手工电弧焊作业（风力大于 8m/s）和二氧化碳气体保护焊（风力大于 2m/s）作业时，设置防风棚方能焊接作业。

4. 人员准备

各阶段劳动力使用计划见表 5.5-2。

劳动力组织配备见表 5.5-3。

根据现场实际需要合理调配施工机具，确保工程的顺利施工（表 5.5-4）。

表 5.5-1

天津国际贸易中心项目阻尼器施工进度计划

标识号	任务名称	工期	开始时间	完成时间
1	阻尼器施工进度计划	257工作日	2012年12月1日	2013年8月14日
2	A塔楼12层	10工作日	2012年12月1日	2012年12月10日
3	A塔楼28层	10工作日	2012年12月11日	2012年12月20日
4	A塔楼44层	10工作日	2012年12月21日	2012年12月30日
5	B塔楼11~27层	30工作日	2013年4月15日	2013年5月14日
6	C塔楼18~45层	92工作日	2013年5月15日	2013年8月14日

任务　　里程碑　　外部任务

拆分　　摘要　　外部里程碑

进度　　项目摘要　　期限

项目: 天津国际贸易中心
日期: 2012年11月21日

第 1 页

212

各阶段劳动力使用计划 表 5.5-2

序号	阶段	人数
1	A 塔楼	16
2	B、C 塔楼	16

劳动力组织配备 表 5.5-3

工种	人数	工种	人数
代班	1	测量工	2
起重工	2	电工	1
电焊工	6	安装工	2
铆工	2		
合计		16 人	

施工机具配置表 表 5.5-4

序号	名 称	规 格	数 量	备 注
1	塔式起重机 7525		2	
2	工具房		1 个	
3	氧气、乙炔笼		3 个	
4	钢丝绳	Φ20	40m	
5	吊带	5m/10m	各 2 根	
6	钢丝绳	Φ10	300m	缆风绳、生命线
7	卸扣	3t/5t	10 只	
8	U 形卡		若干	
9	角向磨光机		4 台	
10	捯链	2t/3t/5t	20/5/5	
11	交直流电焊机		2 套	
12	二氧化碳焊机	600UG	6 套	
13	经纬仪		2 台	
14	水准仪	S3	2 套	
15	卷尺	50m	1 把	
16	卷尺	5m/10m	若干	
17	水平尺		5 把	
18	线锤	5kg	4 个	
19	二级电箱		2 个	
20	气割设备		4 套	
21	灭火器		若干	
22	石棉布		若干	
23	锤子	5kg	4 把	
24	扳手		若干	
25	防坠器		15 个	

注：其他工具及材料按现场需要购买，撬棒等工具现场制作。

5.5.4　施工工艺

1. 黏滞阻尼器的吊装

A塔楼采用胎架支撑，吊装采用捯链进行。捯链固定点设在自制吊装架上（如图5.5-3所示），起吊后用胎架支撑，固定好后进行焊接。

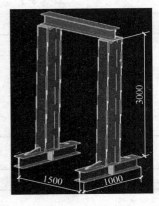

胎架所用型钢为工字钢 I20a。在用胎架吊装前先将胎架两侧用缆绳固定，安装前将各层左下角处相应长度的楼板刨除，露出梁面以便安装。同时，楼板的开凿与恢复需要格外注意：

（1）在阻尼器安装施工前应提前将相应位置楼板、防腐、防火涂料剔除；用风镐将左下角处相应长度的混凝土剔除，并将楼板钢筋及压型钢板割除露出相应面积的钢梁面。

（2）在阻尼器安装施工全部完成后恢复开凿部位的楼板。开凿部位重新布置板筋，使用与原楼板相同规格的钢筋与原楼板钢筋搭接焊，搭接焊长度不小于双面焊 $5d$。

（3）钢筋绑扎焊接完成支吊模后再浇筑混凝土，混凝土强度与原楼板相同。

图 5.5-3　自制吊装架

具体施工步骤见图 5.5-4。

(a)　　　　　　　　　　　　　(b)

(c)　　　　　　　　　　　　　(d)

图 5.5-4　具体施工步骤

(a) 吊装捯链安装固定；(b) 阻尼器吊装定位；

(c) 阻尼器与钢柱焊接固定；(d) 黏滞阻尼器安装完成

2. 软钢阻尼器的吊装方法

B、C塔楼安装阻尼器时用塔式起重机
将已拼装完成的阻尼器吊装至相应楼层，然
后用自制吊装架将阻尼器就位并安装定位铁
板，保证其安装精度。

施工步骤如下：

（1）阻尼器拼装胎膜制作

见图5.5-5。

（2）首先拼装下预埋件，埋件与阻尼器
利用夹具进行固定。焊接埋件与阻尼器时，

图 5.5-5 阻尼器拼装胎膜制作

需要在阻尼器上包裹焊接防火布（图5.5-6），
避免焊渣溅射到阻尼器造成局部损伤。焊接过程中采用对称三层焊（对称点焊、第一遍对
称埋焊、第二遍对称埋焊，见图5.5-7），在连续焊接过程中应控制焊接区母材温度。

图 5.5-6 夹具固定包裹防火布

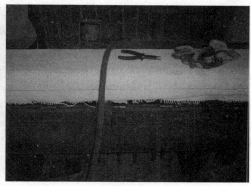

图 5.5-7 阻尼器对称点焊阻尼器焊接完成

（3）剪力墙主筋安装完，按照已测放好的定位轴线和标高将阻尼器的上、下定位套板
与主筋点焊。安装完成后用槽钢对其进行固定，最后浇筑混凝土（图5.5-8）。

图 5.5-8 阻尼器安装和混凝土浇筑完成

5.5.5　质量控制要点

涂层厚度应符合设计要求。如厚度低于原定标准，但必须大于原定标准的85％且厚度不足部位的连续面积长度不大于1m，并在5m范围内不再出现类似情况。

涂层应完全闭合，不应露底、漏涂。涂层不宜出现裂缝，如有个别裂缝其宽度不应大于1mm。涂层与钢基材之间和各涂层之间应粘结牢固，无空鼓、脱皮和松散。

1. 焊缝的外观检验

一级焊缝不得存在未焊满、根部收缩、咬边和接头不良等缺陷。一级焊缝和二级焊缝不得存在表面气孔、夹渣、裂纹和电弧擦伤等缺陷。二级焊缝的外观质量除应符合以上要求外，还应满足相应规程的有关规定。

2. 焊缝尺寸检查

焊脚尺寸应符合国家标准的有关规定。

余高及错边应符合国家标准的有关规定。

3. 焊缝无损检测

按设计图纸要求全熔透焊缝进行超声波无损检测，其内部缺陷检验应符合下列要求：

一级焊缝应进行100％的检验，其合格等级应为现行国家标准《焊缝无损检测　超声检测　技术、检测等级和评定》GB 11345 B级检验的Ⅱ级及Ⅱ级以上。

二级焊缝应进行抽检，抽检比例应不小于20％（节点板与主体结构焊接焊缝100％检测）。其合格等级应为现行国家标准《无损检测　超声检测　技术、检测等级和评定》GB 11345 B级检验的Ⅲ级及Ⅲ级以上。

5.5.6　安全控制要点

（1）在喷涂防火涂料时由于有机溶剂扩散，需要远离明火；操作环境要保持通风良好。施工现场配备充足灭火器材，认真做好安全技术交底，严格执行施工安全的有关规定，树立安全意识。

（2）高处作业应严格执行有关操作规程。

（3）施工用电遵守有关安全用电操作规程。

（4）建立联保、互保安全责任制，使用的安全用具要定期检查维修。

（5）施工班组要有专人负责检查安全，并经常开展安全学习活动。安全员在现场巡回检查，随时制止各种违章作业行为，发现问题有记录、有整改措施、有落实。

（6）施工现场配备兼职电工。

（7）如需要自行搭设脚手架时搭设必须按规范进行。架子搭设完毕后须经验收合格后方可投入使用。

（8）施工前做好施工脚手架的搭建，配备安全网和低压照明设施。施工人员统一进行安全教育及现场培训，施工作业交底后方可进入施工现场。施工人员应穿戴工作服、口罩、安全帽、防护镜、作业时系好安全带，严禁重叠作业和上下抛物，并备有3～4个爬梯和2～3个移动工作台架，使用时设专人管理、监护。

（9）对喷涂机械实行专人管理，控制空压机表压在6～8kg/m²。电源线采用高压绝缘导线与施工配电柜相接，配电柜设紧急按钮，以便在紧急情况时切断电源。

5.5.7 绿色施工控制要点

1. 绿色施工管理机构

成立现场文明施工管理组织小组，按生产区和生活区划分文明施工责任区并落实人员。定期组织检查评比、制定奖罚制度，执行文明施工细则及奖罚制度。

2. 文明施工管理制度

（1）现场材料管理制度

严格按照现场平面布置图要求堆放原材料、半成品、成品及料具。现场仓库内外整洁干净，防潮、防腐、防火物品应及时入库保管。各杆件、构件必须分类按规格编号堆放，做到妥善保管、使用方便。

及时回收拼装余料，做到工完场清、余料统一堆放，以保证现场整洁。

（2）现场机械管理制度

进入现场的机械设备应按施工平面布置图要求进行设置。

设置专职机械管理人员，负责现场机械管理工作。

认真做好机械设备保养及维修工作，并做好工作记录。

（3）施工现场场容管理制度

加强现场场容管理，现场做到整洁、干净、节约、安全、施工秩序良好，现场道路必须保持畅通无阻，保证物资、材料顺利进（退）场。场地应整洁，无施工垃圾；场地及道路定期洒水，降低灰尘对环境的污染。

现场设置生活及施工垃圾场，垃圾分类堆放，经处理后方可运至环卫部门指定的垃圾堆放点。

（4）环境管理

根据 ISO 14000 环境管理体系标准，把"预防、控制、监督和监测"这一环境管理基本思想贯穿于整个施工生产过程中，以"预防"为核心，以"控制"为手段。通过"监督"和"监测"不断发现问题，约束自身行为，调节自身活动，配合总承包方为实施环境改善取得依据。环境保护管理的思路是：

识别环境因素→确定环境目标、指标→编制环境管理方案→建立环保组织机构→培训、提高意识和能力→环保运行控制→应急准备和响应→监督与监测→持续改进。

针对本工程特点，开工伊始，首先识别施工生产中将要出现的各种环境因素（主要是水、气、声、渣）及其会造成的影响，针对其对环境的影响程度，确定环境保护目标、指标，编制环境管理方案。

3. 协调关系，防止粉尘和施工扰民

进场前主动联系总承包方，加强沟通，办齐各项手续。

提前做好现场周边居民的安抚工作，定期对周边居民进行拜访及时了解居民情况，相互达成谅解。

成立扰民及民扰问题工作小组，建立从"组织→实施→检查记录→整改"的环保自我保证体系，积极和群众建立协调互助关系。

阻尼器卸车、吊装时，尽量避免阻尼器构件间的碰撞；并积极采取有效措施减少噪声避免对周围居民的影响。施工现场场界噪声：阻尼器施工，昼间＜70dB，夜间＜55dB。

成立文明施工保洁组，配备洒水设备，做好压尘、降尘工作。

阻尼器施工产生的垃圾分类存放、及时清运，清运时适量洒水、降低扬尘。

加强对全体施工人员的环保教育，提高环保意识。把环境保护、文明施工、最大限度减少对周边环境的影响、保护市容、场容整洁变成每个施工人员的自觉行为。

5.5.8 实施效果

本工程因其处于多震和风振影响因素较大区域，而且作为典型的超高层建筑，要格外注重其抗震能效，因此它是我国首次同时使用黏滞阻尼器和软钢阻尼器的项目。其中 A 塔楼通过使用黏滞阻尼器优化结构设计，抗震能力得到明显改善，且很好地提高了建筑的舒适度；B、C 塔楼则使用了软钢阻尼器增强了建筑物的抗风减振的能力。各式阻尼器虽然已经逐渐在国内外建筑物中开始得到有效运用，但随着建筑物呈超高型和密集型发展趋势，阻尼器的普及、优化及升级已经越来越成为一种必然的趋势，且迫在眉睫，所以在对阻尼器理论分析阐述的基础上，紧密联系实际项目中的应用情况，对黏滞阻尼器及软钢阻尼器进行了简要分析和工程应用介绍，为我国未来高层建筑的设计及施工提供了参考和借鉴。

5.6 机电预留预埋改造

5.6.1 雨水立管移位

塔楼雨水系统设计之初，管道走向大部分位于悬空区域。经现场勘察发现人员无法进入施工，管道支架无法安装且旧有结构已施工至 25 层无法提前要求建筑结构预设管道固定件。

其中 YL-1 和 YL-2 所在的区域自 30 层起到 57 层均为封闭的吊空区域，YL-5 和 YL-6 所在的区域自 13 层起到 57 层均为封闭的吊空区域（图 5.6-1）。

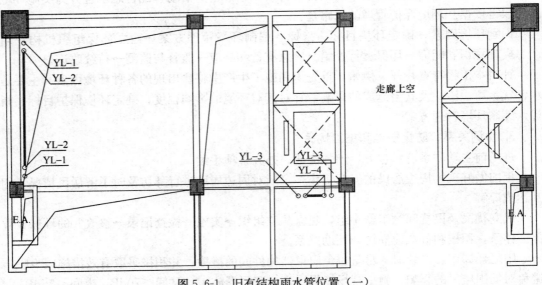

图 5.6-1 旧有结构雨水管位置（一）

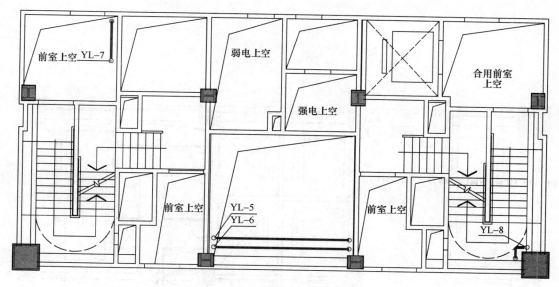

图 5.6-1　旧有结构雨水管位置（二）

在经过大量的现场实地测量和结构复核后，决定将该区域的雨水管移至电梯前室、管井和楼梯间。位于电梯前室的管道由精装修单位设置一道轻钢龙骨墙进行隔离，位于楼梯间的管道按照设计建议避开 1.2m 的逃生通道并贴墙角安装，见图 5.6-2。

5.6.2　Loft 户型增设排水

塔楼 6～10 层初期户型设计为单层，户内只有一个卫生间，故卫生间排水系统能与楼上系统一一对应。但后期业主为提高空间利用率将户型重新设计为具有上、下层结构的 Loft 户型，且上、下两层均设有卫生间，部分户型上、下层卫生间错位而无法采用同一个系统进行排水。

针对该类户型，经与业主方、设计方和精装修单位沟通后决定增设一套排水系统，如图 5.6-3 所示。

5.6.3　防雷接地性能复测

该项目防雷为二类。按照设计要求：利用建筑物内部的钢结构或钢筋混凝土柱子或剪力墙内两根 $\phi16$ 以上主筋通长焊接作为引下线，间距不大于 18m。引下线上端与接闪带/针焊接，下端与建筑物基础底梁及基础底板轴线上的上、下两层钢筋内的两根主筋焊接；为防止侧向雷击，每层利用圈梁内两根 $\phi16$ 以上主筋通长焊接作为均压环。均压环均与该层外墙上的所有金属窗、构件、防雷引下线连接；玻璃幕墙或外挂材料的预埋件及龙骨的上、下端均应与防雷引下线焊接。接地极：接地极由建筑物桩基、基础底板轴线上的上、下两层主筋中的两根通长焊接形成的基础接地网组成。

该项目塔楼 25 层以下为旧结构，钢结构-钢支撑核心筒结构。机电安装单位进场时地下室及塔楼 25 层以下的防雷接地系统已经施工完毕。进场施工防雷接地系统之前必须完成旧结构的防雷接地性能的遥测，接地电阻的具体施工方案如下：

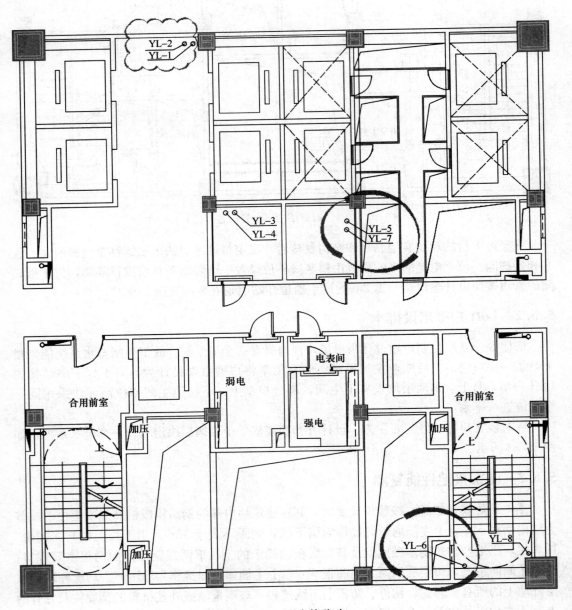

图 5.6-2　雨水管移动

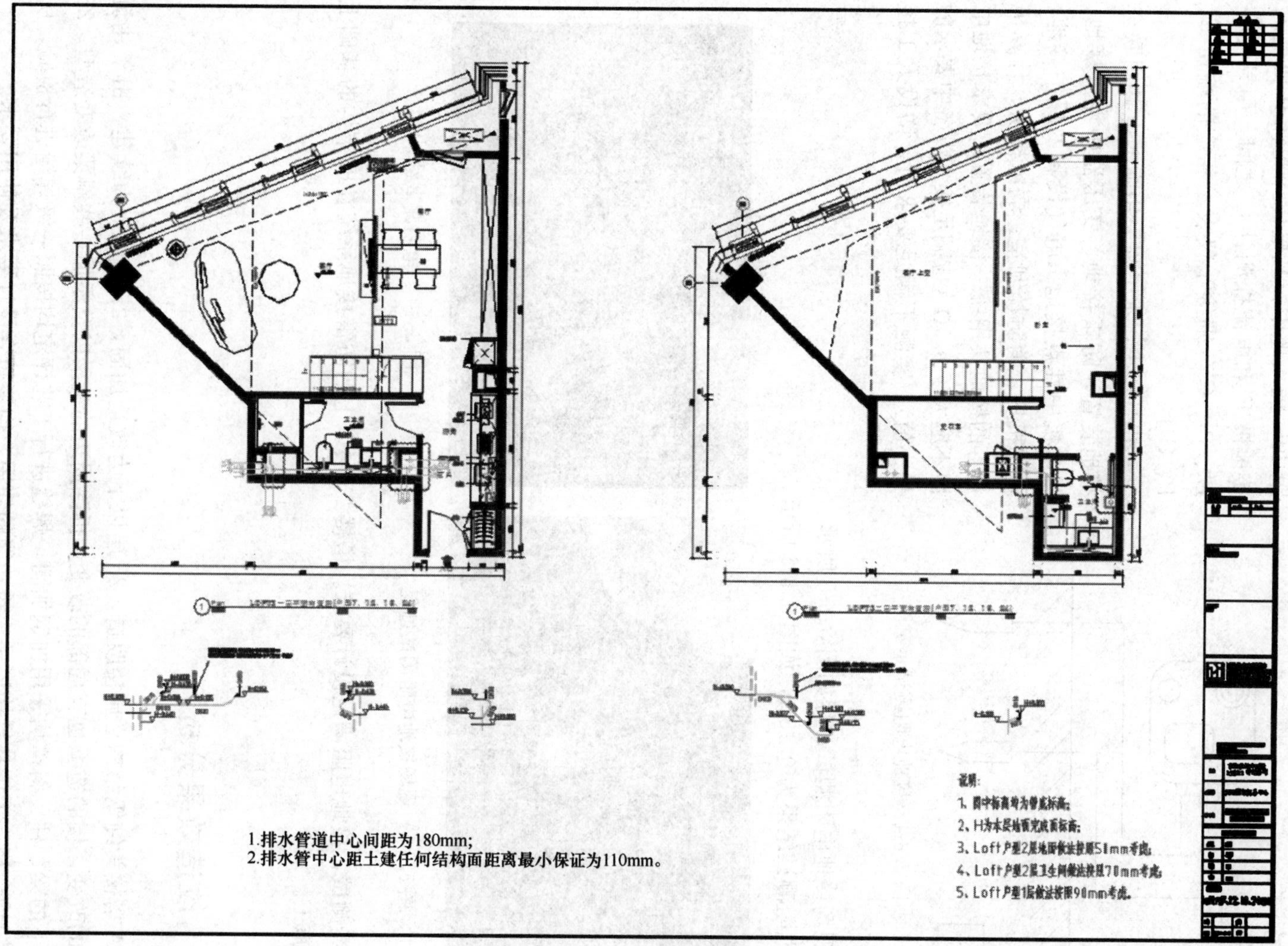

图 5.6-3 Loft 户型增设排水

1.排水管道中心间距为180mm;
2.排水管中心距任何结构土建面距离最小保证为110mm。

注:
1. 图中标高为结构标高。
2. H本层板建筑标高。
3. Loft户型2层毛坯地板建标高51mm考虑。
4. Loft户型2层精装地板建造710mm考虑。
5. Loft户型屋顶板装饰要90mm考虑。

221

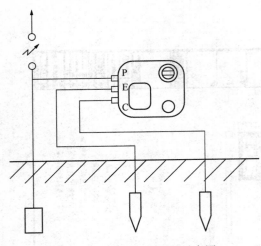

图 5.6-4 接地电阻测试示意图

如图 5.6-4 所示，沿被测接地极 E′使电位探测针 P′和电流探测针 C′依直线彼此相距 20m 插入地中，且电位探测针 P′要插入接地极 E′和电流探测针 C′之间。用导线将 E′、P′、C′分别接于仪表上相应的端钮 E、P、C 上。

设计要求：本工程采用强弱电共用联合接地装置，防雷接地、变压器中性点接地、发电机中性点接地、电气设备的保护接地、电梯机房、消防控制室、弱电机房、计算机房等的接地共用统一接地装置，要求接地电阻不应大于 0.5Ω（应满足接入设备中要求的最小值），实测不满足要求时，增设人工接地极。

现场接地电阻测试过程如图 5.6-5 所示。

电阻测试结果为 0.15Ω，如图 5.6-6 所示。

图 5.6-5　现场接地电阻测试过程

图 5.6-6　电阻测试结果

经测试，接地电阻满足设计要求。塔楼 25 层以上的防雷接地系统在旧结构的基础上继续施工。

5.7　改造效果分析

A 塔楼为纯钢结构烂尾楼改造，25 层以下为改造加固，25 层以上为续建。由于建筑功能的改变，楼的造型也有局部的改变，拆除周边的钢梁以及添加一些斜梁改变造型。25 层以下的梁、柱、斜撑均采用加钢加固，焊缝进行工艺评定均按照一级焊缝进行检验，所有焊缝均合格。无论从结构还是建筑功能的使用，均能符合设计要求及使用要求。

6 临地铁超高层公寓建筑改扩建工程施工

天津国际贸易中心工程 A 塔楼建筑高度 235m 纯钢结构工程；该项目位于天津市中心河西区南京路和合肥道交汇口的黄金地段，邻近现有小白楼地铁站，原方案为欧加华国贸中心大厦建筑项目。早在 1996 年 4 月开始施工至 2000 年 7 月停工。该项目进场时状况为：A 塔楼钢结构部分已施工至地上 25 层。该项目在天津市政府的重点关注下，被列为天津市重点工程而重新启动，由于使用功能及建筑需求的变化，故对其进行重新设计，进行改造施工。

6.1 工程情况介绍

6.1.1 工程简介

拟建工程概况：天津国贸项目包括三栋塔楼以及五层裙房组成。A 塔楼 57 层，235m，地上为全钢结构框架－支撑结构体系，地下为钢骨混凝土结构体系；B 塔楼 41 层，165m；C 塔楼 45 层，165m；B、C 塔楼为钢筋混凝土框架－核心筒结构体系。A 塔楼和 B、C 塔楼之间为五层钢筋混凝土框架结构（含少量剪力墙）。

本工程为停缓建项目，原为欧加华国贸中心大厦建筑项目。A 塔楼主要结构已完成至 25 层，地下三层结构已全部完成。A 塔楼由于结构形式不变，在底板上进行局部加固即可，各层楼板局部改造。因此本基坑支护设计仅涉及 B、C 塔楼。B、C 塔楼基坑的围护结构利用原有地下连续墙（墙厚 800mm，二墙合一）；支撑系统利用原有结构楼板，且对楼板进行改造，形成新的支撑系统。共有三道楼板支撑，中心标高分别为－0.225m、－5.515m、－8.965m；一道底板支撑，上皮标高－12.840m（图 6.1-1）。

B、C 塔楼楼座部位因结构层数变化需补桩。图 6.1-2 中 B、C 塔楼两个近椭圆形范围内底板及各层楼板均须拆除，且底板加深 0.5m，板底标高 14.700，考虑垫层 100mm，基坑开挖深度 13.5m；同时局部集水井再向下开挖至 15.0m、18.65m，局部电梯井再向下开挖至 15.3m、17.8m 及 19.3m。塔楼周边底板结构保留，并在其上新加 500mm 钢筋混凝土叠合层。

地面施工均布荷载不得超过 20kPa，基坑侧壁安全等级为一级。

拟建建筑±0.000 相当于大沽标高 3.910m（2003 年高程）。现地表平均大沽标高为＋2.600m，相当于建筑标高－1.310m。

本方案中所注标高均为相对标高（建筑标高），图中标高均以 m 计，其余未特别说明的均以 mm 计。

首层楼板现状见图 6.1-3。

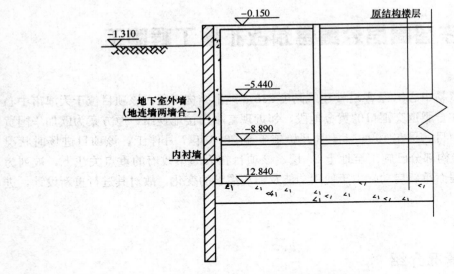

图 6.1-1 地下室楼板标高图

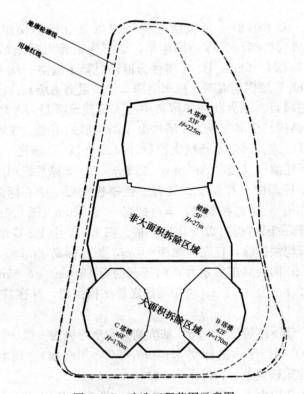

图 6.1-2 改造工程范围示意图

图 6.1-3　首层楼板现状

6.1.2　基坑及周边环境概况

本项目位于天津南京路与合肥路交界处（小白楼商业区），旁边有高层建筑，场地周围地铁设施、地下管线情况复杂。场地西侧南昌路及东北侧地势总体较平坦，南侧及东南侧地势略有起伏，各孔口标高介于 3.01～2.58m 之间（2003 年高程）。本次设计范围周边环境较为紧张，特别是南京路一侧离现有地铁出入口较近。

场地周边环境见图 6.1-4。

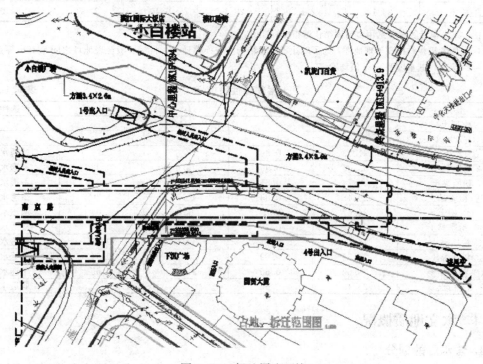

图 6.1-4　场地周边环境

6.1.3 工程地质概况

场地地质情况详见天津市勘察院《东津房地产开发（天津）有限公司天津国际贸易中心工程岩土工程勘察报告》（工号：K2009-0247）。

本计算选用计算参数见表 6.1-1，土层物理性质指标见表 6.1-2，基坑设计潜水水位埋深为 1.5m。

计算参数　　　　　　　　　　　　　　　　　　　　　　　　表 6.1-1

名称	埋深 (m)	厚度 (m)	重度 (kN/m³)	内聚力 (kPa)	内摩擦角 (°)	m 值 (MN/m⁴)
模拟土		1.16	0.0	0	0	0.00
①₁杂填土	1.0	1.0	18.5	27.00	14.60	2.00
①₂素填土	2.5	1.5	18.9	12.50	14.50	3.00
2 粉质黏土	4.2	1.7	18.6	14.00	14.00	3.92
3 粉质黏土	5.1	0.9	19.3	11.90	17.50	5.57
④₁粉质黏土	8.9	3.8	19.0	10.20	19.00	4.50
④₂粉土	10.2	1.3	19.7	8.60	24.00	6.00
④₃粉质黏土	14.2	4.0	19.3	11.80	18.30	6.05
⑤粉质黏土	15.1	0.9	19.8	14.00	17.60	5.84
⑥粉质黏土	19.2	4.1	19.9	14.40	18.00	6.12
⑦₁粉质黏土	28	8.8	20.1	14.00	18.00	6.08
⑦₂粉土	29.1	1.1	20.1	9.40	21.70	8.19

注：1. c、ϕ 值计算参数选用直剪固结快剪指标标准值。

2. 因零层板结构高于现地坪，为了能让零层板结构参与换撑计算，将零层板至现地坪之间 1.16m 厚度也视为土，其重度及 c、ϕ 值均取零。

土层物理性质指标　　　　　　　　　　　　　　　　　　　表 6.1-2

土层	ω (%)	e	I_p	I_l	渗透性
模拟土					
①₁杂填土					
①₂素填土	31.03	0.89	12.8	0.77	微透水
2 粉质黏土	33.65	0.96	15.6	0.92	不透水
3 粉质黏土	28.74	0.81	11.8	1.05	不透水
④₁粉质黏土	29.48	0.83	10.9	1.20	微透水
④₂粉土	24.67	0.70	8.7	1.04	弱透水
④₃粉质黏土	27.89	0.78	11.1	1.10	微透水
⑤粉质黏土	25.47	0.71	11.6	0.76	不透水
⑥粉质黏土	24.65	0.69	12.2	0.64	不透水
⑦₁粉质黏土	23.62	0.66	12.1	0.65	不透水
⑦₂粉土	23.19	0.65			弱透水

6.1.4 水文地质概况

1. 含水层的划分

根据地基土的岩性分布、室内渗透试验结果及区域水文地质条件综合分析，本场地埋深 90.00m 以上可分为四个含水层：

（1）潜水含水层

埋深约 14.50m（标高−11.50m）以上土层主要由人工填土（Qml）杂填土、素填土（地层编号①₁、①₂）、新近冲积层（Q43Nal）粉质黏土、黏土（地层编号②）、全新统上组陆相冲积层（Q43al）粉质黏土（地层编号③）、全新统中组海相沉积层（Q42m）粉质黏土、粉土（地层编号④₁、④₂、④₃）组成，多属微～弱透水层，可视为潜水含水层。

埋深约 14.50～22.00m（标高约−11.50～−19.00m）段的全新统下组沼泽相沉积层（Q41h）粉质黏土（地层编号⑤）、全新统下组陆相冲积层粉质黏土（Q41al）（地层编号⑥）、上更新统第五组陆相冲积层（Q3eal）粉质黏土（地层编号⑦₁）一般黏性偏大均属不透水层，可视为潜水含水层相对隔水底板。

（2）第一微承压含水层

埋深约 22.00～34.50m（标高约−19.00～−31.50m）段的上更新统第五组陆相冲积层（Q3eal）粉质黏土（地层编号⑦₁）中所夹粉土及其下部粉土（地层编号⑦₂）、上更新统第四组滨海潮汐带沉积层（Q3dmc）粉砂、细砂（地层编号 8）属弱透水层，可视为第一微承压含水层。

其下埋深约 34.50～50.00m（标高约−31.50～−47.50m）段的上更新统第三组陆相冲积层（Q3cal）黏土及黏性大粉质黏土（地层编号⑨₁、⑨₂、⑨₃）一般属于不透水层，可视为第一微承压含水层的相对隔水底板。

（3）第二微承压含水层

埋深约 50.00～57.00m（标高约−47.00～−54.00m）段的上更新统第三组陆相冲积层（Q3cal）粉土（地层编号⑨₄）及上更新统第二组海相沉积层（Q3bm）粉土、粉砂（地层编号⑩₁）一般属弱透水层，可视为第二微承压含水层。

其下埋深约 57.00～70.00m（标高约−54.00～−67.00m）段的上更新统第二组海相沉积层（Q3bm）粉质黏土（地层编号⑩₂）、上更新统第一组陆相冲积层（Q3aal）黏土、粉质黏土（地层编号⑪₁、⑪₂）一般属于不透水层，可视为第二微承压含水层的相对隔水底板。

（4）第三微承压含水层

埋深约 70.00～88.00m（标高约−67.00～−85.00m）段的上更新统第一组陆相冲积层（Q3aal）粉土、粉砂及砂性大粉质黏土（地层编号⑪₃、⑪₄、⑪₅）、中更新统上组滨海三角洲相沉积层（Q23mc）粉砂、细砂（地层编号⑫₁）一般属弱透水层，可视为第三微承压含水层。

其下埋深约 88.00～97.00m（标高约−85.00～−94.00m）段的中更新统上组滨海三角洲相沉积层（Q23mc）黏土、粉质黏土（地层编号⑫₂）一般属于不透水层，可视为第三微承压含水层的相对隔水底板。

2. 地下水位

（1）潜水水位

勘察期间测得场地地下潜水水位如下：

初见水位埋深 1.50～3.20m，相当于标高 1.39～−0.35m。

静止水位埋深 0.80～1.90m，相当于标高 2.03～0.86m。

潜水主要由大气降水补给，以蒸发形式排泄，水位随季节有所变化，年变幅一般为0.50~1.00m。

（2）微承压水水头

根据原详细勘察期间（1996年）现场抽水试验结果，第一微承压含水层水头高度位于埋深4.18m，相当于标高-1.18m，承压含水层顶板埋深22.00m，承压水水头高度为17.82m。

6.2 改扩建情况介绍

天津国际贸易中心是集拆除、改造、加固、续建、新建于一体的综合性工程。工程总建筑面积：230010m²；占地面积：15709m²，A塔楼建筑高度235m，B、C塔楼建筑高度均为165m；该项目位于天津市中心河西区南京路和合肥道交汇口的黄金地段，邻近现有小白楼地铁站，原方案为欧加华国贸中心大厦建筑项目。早在1996年4月开始施工，至2000年7月停工。该项目进场时状况为：地下室3层结构施工完成，A塔楼钢结构部分已施工至地上25层，而裙楼和B塔楼和C塔楼已施工至±0.00。

该项目在天津市政府的重点关注下，被列为天津市重点工程而重新启动。由于原设计已不能满足现行的天津城市规划条例中有关高宽比的要求，故对其进行重新设计：B、C塔楼局部地下室结构（包括基础）须进行部分拆除改造施工。

项目毗邻天津地铁正在运营的1号线，按照"天津市轨道交通管理规定"中"第四章设施保护"的要求，地下车站与隧道周边外侧50m内属于保护区，在该区域内进行施工作业时需要经地铁公司对施工项目审查。本工程距离地铁及地铁车站距离最近处不足10m，需要施工的地下室区域距地铁正线距离为22.5m，需要做好现场施工对地铁设施和运营的影响及保护措施，严格按规定实施相关程序。

在B、C塔楼基础改造施工过程中，须对地铁及周围的道路、构筑物、管线进行保护。本地铁保护施工的主要内容是东南角地铁与地下室外墙处的土体变形监测与沉降观测，在施工期间支护结构的变形满足地铁轨道交通运营要求：地铁相关构筑物的沉降与水平位移不大于5mm，轨道竖向变形小于4mm。

6.3 工程总体施工组织

6.3.1 施工部署

根据本工程特点、施工范围及合同有关要求，施工部署将统筹安排，既考虑各专业工序的衔接、各分部分项工程的工期搭接、分包工程的合理穿插、专业分包工程有足够的施工时间，又保证资源配备与进度安排相协调，此外还考虑配合业主制定设备采购计划、专业分包进场时间计划，做好分包管理、协调与服务。

本工程整体部署具体如下：

（1）根据现有图纸后浇带位置及结构特点，综合考虑施工进度安排及施工资源配备情况等因素，结构施工阶段拟分两个区组织施工，分区位置如图 6.3-1 和图 6.3-2 所示。

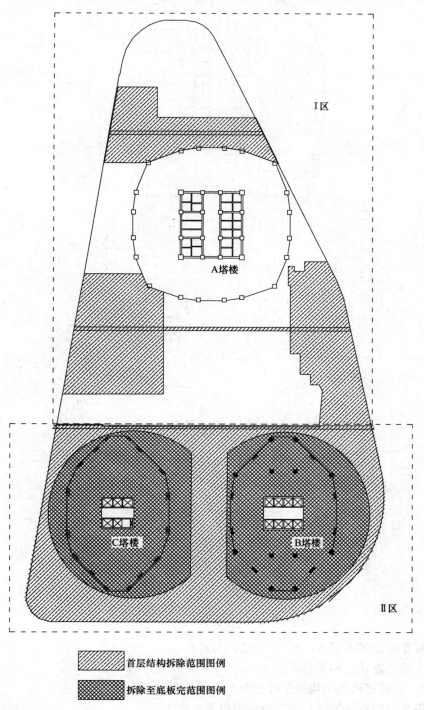

图 6.3-1　地下结构施工阶段分区图

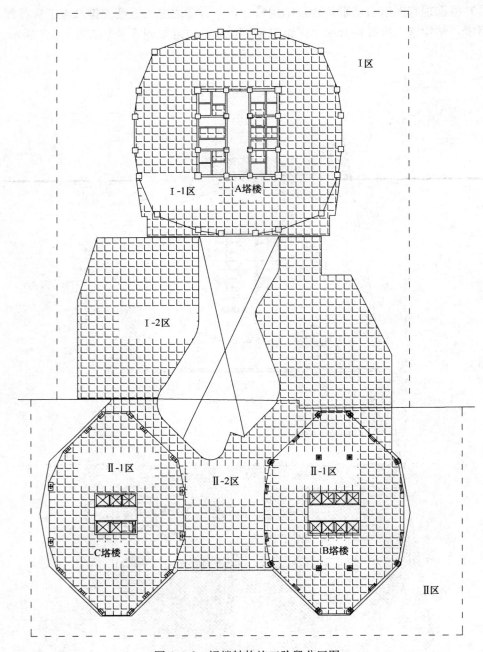

图 6.3-2　裙楼结构施工阶段分区图

（2）桩基础施工不分区，B、C 塔楼同时进行。

（3）A 塔楼新建结构不分区。

（4）B、C 塔楼新建结构施工段分两个段，见图 6.3-3。

（5）塔楼阶段对每栋独立塔楼分成两段流水施工。

（6）装修施工阶段见表 6.3-1。

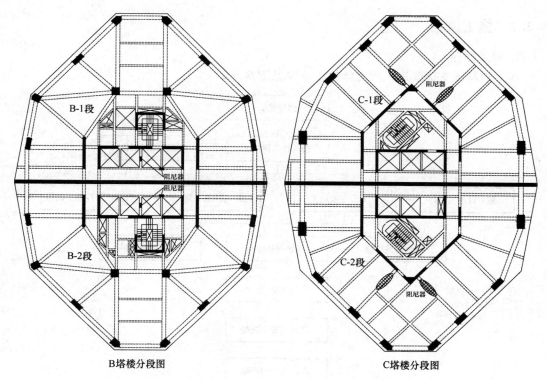

图 6.3-3 B、C塔楼分段图

<table>
<tr><td colspan="3" align="center">装修施工阶段</td><td align="right">表 6.3-1</td></tr>
<tr><td>序号</td><td>部位</td><td colspan="2">分区分段情况</td></tr>
<tr><td>1</td><td>A塔楼</td><td colspan="2">外装饰：竖向分三段施工，1~5层（与裙楼一起施工），6~27层（转换层），28~53层
内装饰：二次结构和初装修，分段验收，分段插入，分段位置分别为±0.000、6层、16层、27层、40层、52层</td></tr>
<tr><td>2</td><td>B塔楼</td><td colspan="2">外装饰：竖向分三段施工，1~5层（与裙楼一起施工），6~25层，26~42层
内装饰：二次结构和初装修，分段验收，分段插入，分段位置分别为±0.000、11层、22层、33层、42层</td></tr>
<tr><td>3</td><td>C塔楼</td><td colspan="2">外装饰：竖向分三段施工，1~5层（与裙楼一起施工），6~26层，27~46层
内装饰：二次结构和初装修，分段验收，分段插入，分段位置分别为±0.000、12层、24层、36层、46层</td></tr>
<tr><td>4</td><td>Ⅰ区裙楼</td><td colspan="2">外装饰：两个独立结构分开施工，竖向不分段
内装饰：二次结构和初装修，分段验收，分段插入，分段位置分别为±0.000、5层</td></tr>
<tr><td>5</td><td>Ⅱ区裙楼</td><td colspan="2">外装饰：不分段
内装饰：二次结构和初装修，分段验收，分段插入，分段位置分别为±0.000、5层</td></tr>
</table>

6.3.2 施工流程

1. 施工顺序

本工程基坑支护改造工程总体施工顺序见图 6.3-4。

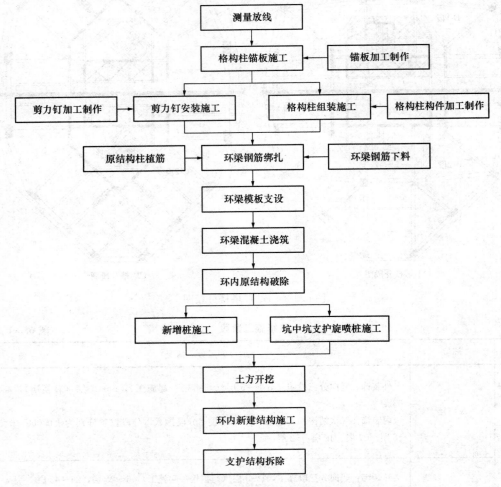

图 6.3-4　基坑支护改造工程总体施工顺序

在整个支护过程中，为保证基坑内有效的作业环境，不间断地进行降水施工。同时，从开始立柱施工之前，应开始进行基坑监测，直至整个支护工程完全拆除之后方可停止。

2. 裙房拆除及改造施工

（1）总体工序流程

见图 6.3-5。

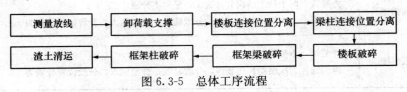

图 6.3-5　总体工序流程

1）测量放线

根据加固拆除施工图及现场情况，将破除线位置准确测量放样。根据需要可配合总承包单位对关键部位进行位移观测。

2）卸荷支撑

板采用钢管式脚手架进行支撑卸荷载，顶部用 U 形托＋50mm×100mm 方木支顶，并在板的外侧搭设操作平台，操作平台满铺竹胶板。卸荷载立杆纵横向间距 0.9m，步距 1.5m，上部采用 U 形托＋木枋、模板进行支顶。

梁底部采用水平钢管作为横梁进行支撑，并在梁下采用立杆＋U 形托进行支撑。钢管架步距 1.5m，水平间距 0.9m，同时在沿梁纵向搭设剪刀撑增加钢管架的整体刚度（图6.3-6 和图 6.3-7）。

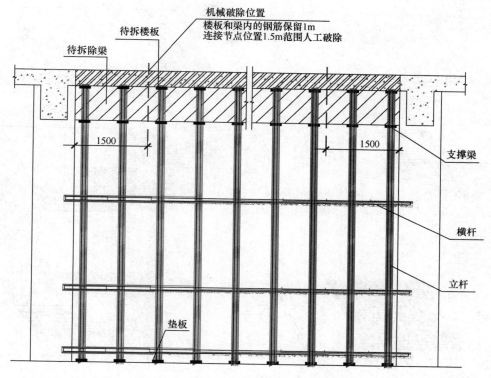

图 6.3-6　楼板、梁卸荷载支撑立面示意图

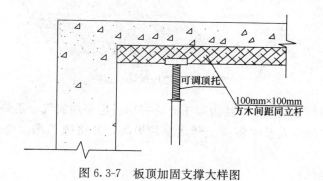

图 6.3-7　板顶加固支撑大样图

3）剪力墙切割分离

为降低成本和加快施工进度，需要拆除的剪力墙和开门洞等结构多位于空间狭小的地下室。为保护已保留结构不被破坏，剪力墙的拆除采用静力切割工艺拆除后再破除。

4）框架梁柱拆除

框架梁和框架柱的拆除采用机械加人工的方式，先用挖掘机（破碎炮）对连接节点以外进行破碎，在梁柱连接节点位置，预留 1.5m 长度人工用风镐进行拆除，以保留原结构钢筋 1m（保留钢筋长度由总承包方给定）。

5）楼板破碎

拆除结构与保留结构采用机械破除分离后，楼板拆除需要保留钢筋部分采用人工破碎。破碎渣土直接落在底部支撑的模板上，待破碎完成后统一消纳。楼板拆除示意图见图 6.3-8。

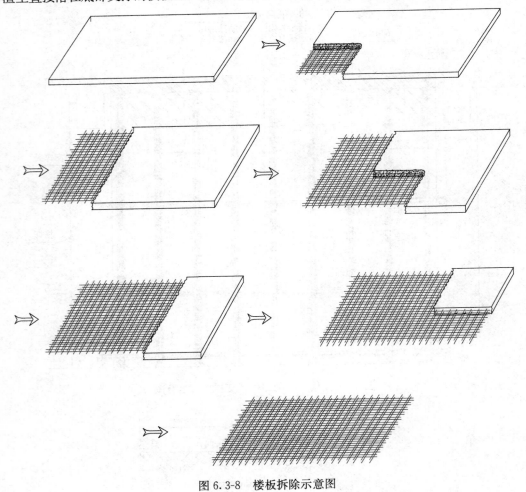

图 6.3-8　楼板拆除示意图

破碎过程中保留钢筋网片，待混凝土破碎完毕后再采用氧气—乙炔将钢筋进行割除。

破碎完毕后安排专人及时将渣土转运至垃圾场，并将施工部位清理干净，做到工完场清。

6）渣土运输消纳

剪力墙经静力切割设备把拆除部位与保留结构分离后，采用破碎炮和风镐进行拆除，破碎后的混凝土废弃物等须及时清理消纳。根据工期需要，本工程拟采用足够数量的挖掘机、渣土运输车负责渣土清运。

　　7）施工

　　裙房施工分为两次进行施工。首先施工靠近南京路一侧，为售楼处搬家创造条件。靠近南昌路一侧由于现场施工场地狭小，暂时作为加工场地随后施工。

6.3.3 施工计划

1. 节点计划

　　本工程严格按照合同要求按计划完成工期，本工程严格按照此工期策划实施，并将节点工期提前完成，如表 6.3-2 所示。

节点计划
表 6.3-2

项目名称	合同工期	实际工期及计划工期	备注
A 塔楼改造加固	2011 年 12 月 30 日	2011 年 12 月 20 日	提前 10d
B、C 塔楼基坑支护、拆除、补桩	2012 年 5 月 30 日	2012 年 4 月 10 日	提前 60d
A 塔楼结构封顶	2012 年 6 月 30 日	2012 年 6 月 30 日	
B、C 塔出±0.000	2012 年 9 月 30 日	2012 年 7 月 30 日	
B、C 塔结构封顶	2013 年 8 月 30 日	2013 年 7 月 30 日	提前 60d
A 塔楼及裙房整体完工	2013 年 10 月 30 日	2013 年 10 月 30 日	提前 30d
B、C 塔楼整体完工	2014 年 8 月 30 日	2014 年 8 月 30 日	

2. 地下室基坑支护改造工程及新建结构工程主要节点

　　立柱施工完成时间：2011 年 9 月 27 日。

　　环梁施工完成时间：2011 年 10 月 4 日。

　　原有结构及底板拆除完成时间：2011 年 12 月 2 日。

　　坑中坑旋喷桩施工完成时间：2012 年 1 月 1 日。

　　环梁拆除完成时间：2012 年 10 月 11 日。

　　具体施工进度计划见图 6.3-9。

3. 总进度计划

　　见图 6.3-10～图 6.3-12。

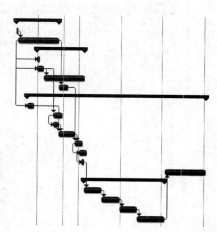

技术准备工作	31 工作日	2011年8月16日	2011年9月15日
地下室支撑体系改造设计方案专家论证	1 工作日	2011年8月16日	2011年8月16日
地下室支撑体系改造设计方案修改深化	30 工作日	2011年8月16日	2011年9月15日
材料准备工作	35 工作日	2011年8月31日	2011年10月4日
植筋拉拔试验	2 工作日	2011年8月31日	2011年9月1日
格构柱锚板加工	5 工作日	2011年8月31日	2011年9月4日
支护格构柱加工	30 工作日	2011年9月5日	2011年10月4日
环梁钢筋下料	7 工作日	2011年9月16日	2011年9月22日
支护体系施工	131 工作日	2011年8月24日	2012年1月1日
立柱桩位置楼板局部破除	5 工作日	2011年8月24日	2011年8月28日
锚板格构柱安装	7 工作日	2011年9月12日	2011年9月18日
立柱桩施工	4 工作日	2011年9月12日	2011年9月15日
立柱桩格构柱安装	12 工作日	2011年9月16日	2011年9月27日
环梁钢筋绑扎	6 工作日	2011年9月28日	2011年10月3日
环梁模板体系支设	6 工作日	2011年10月1日	2011年10月6日
环梁混凝土浇筑	2 工作日	2011年10月3日	2011年10月4日
坑中坑旋喷支护桩施工	30 工作日	2011年12月3日	2012年1月1日
环内结构破除	59 工作日	2011年10月5日	2011年12月2日
环内B1层结构拆除	13 工作日	2011年10月5日	2011年10月17日
环内B2层结构拆除	13 工作日	2011年10月18日	2011年10月30日
环内B3层结构拆除	13 工作日	2011年10月31日	2011年11月12日
环内底板结构拆除	20 工作日	2011年11月13日	2011年12月2日

图 6.3-9 具体施工进度计划

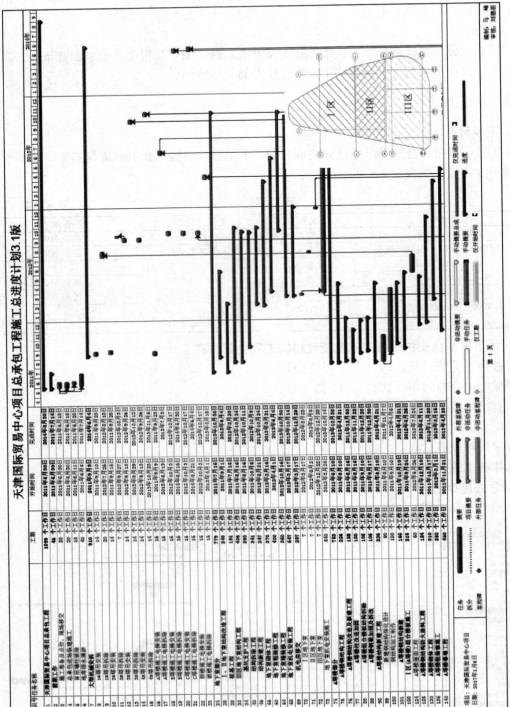

图 6.3-10 总进度计划（一）

236

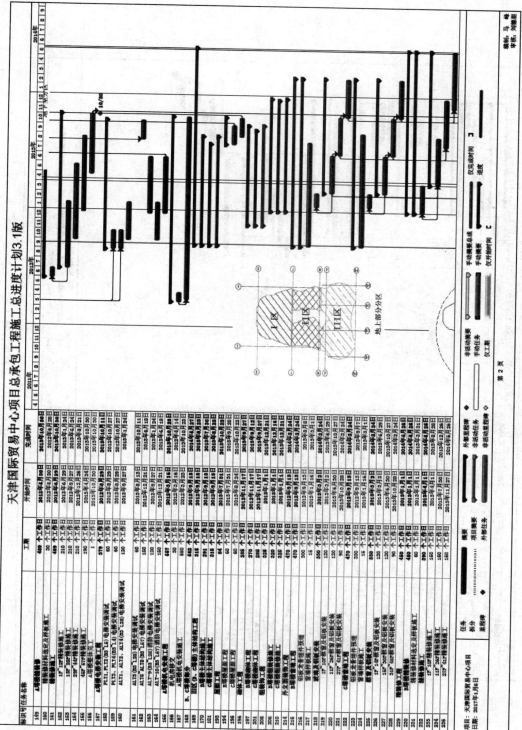

图 6.3-11 总进度计划（二）

天津国际贸易中心项目总承包工程施工总进度计划3.1版

标识号	任务名称	工期	开始时间	完成时间
236	C塔楼精装修	450 个工作日	2013年1月1日	2014年6月26日
237	精装修材料选定及样板施工	60 个工作日	2013年1月1日	2013年3月31日
238	精装修施工	390 个工作日	2013年4月1日	2014年6月26日
239	1F~14F精装修施工	210 个工作日	2013年4月1日	2013年10月27日
240	15F~30F精装修施工	210 个工作日	2013年7月30日	2014年3月26日
241	31F~46F精装修施工	150 个工作日	2013年11月27日	2014年6月26日
242	电梯安装工程	386 个工作日	2013年4月1日	2014年6月20日
243	B塔楼电梯安装工程	380 个工作日	2013年4月1日	2014年6月16日
244	BLT1,BLT3(B3~L26)电梯安装调试	100 个工作日	2013年9月28日	2014年1月5日
245	BLT6,BLT7(B3~L41)电梯安装调试	120 个工作日	2013年12月17日	2014年6月15日
246	BLT2,BLT4(L1~L26)电梯安装调试	100 个工作日	2013年9月28日	2014年1月5日
247	BLT6,BLT8(L1~L41)电梯安装调试	100 个工作日	2013年12月17日	2014年4月26日
248	BLT9(B3~L41)消防电梯安装调试	120 个工作日	2013年12月17日	2014年6月15日
249	PLT5,PLT6(B3~L4)电梯安装调试	60 个工作日	2013年4月1日	2013年6月30日
250	C塔楼电梯安装工程	386 个工作日	2013年4月1日	2014年6月20日
251	CLT1,CLT3(B3~L46)电梯安装调试	120 个工作日	2013年12月22日	2014年6月20日
252	CLT2,CLT4(L1~L46)电梯安装调试	120 个工作日	2013年12月22日	2014年6月20日
253	CLT6(B3~L46)消防电梯安装调试	120 个工作日	2013年12月22日	2014年6月20日
254	PLT7,PLT8(B3~L4)电梯安装调试	60 个工作日	2013年4月1日	2013年6月30日
255	机电安装工程	437 个工作日	2013年1月16日	2014年6月27日
256	B塔楼机电安装工程	437 个工作日	2013年1月16日	2014年6月27日
257	机电房移交	7 个工作日	2013年1月16日	2013年1月22日
258	B塔楼机电安装施工	430 个工作日	2013年1月23日	2014年6月27日
259	C塔楼机电安装工程	437 个工作日	2013年1月16日	2014年6月27日
260	机电房移交	1 个工作日	2013年1月16日	2013年1月16日
261	C塔楼机电安装施工	430 个工作日	2013年1月23日	2014年6月27日
262	裙楼部分	383 个工作日	2012年9月13日	2013年10月30日
263	Ⅱ区（裙楼）主体结构施工	42 个工作日	2012年9月13日	2012年10月24日
270	裙楼砌体施工	70 个工作日	2012年10月18日	2012年12月26日
271	裙楼粗装修施工	90 个工作日	2012年12月2日	2013年3月31日
272	裙楼外装饰工程	120 个工作日	2013年3月2日	2013年6月29日
273	裙楼精装修工程	243 个工作日	2013年3月2日	2013年10月30日
274	精装修材料选定及样板施工	30 个工作日	2013年3月2日	2013年3月31日
275	精装修施工	213 个工作日	2013年4月1日	2013年10月30日
276	裙楼机电安装工程	347 个工作日	2012年10月2日	2013年10月13日
277	机电房移交	7 个工作日	2012年10月2日	2012年10月8日
278	裙楼机电安装施工	340 个工作日	2012年10月9日	2013年10月13日
279	室外工程	244 个工作日	2013年10月31日	2014年7月31日
280	室外管网及道路施工	180 个工作日	2013年10月31日	2014年6月28日
281	台阶散水施工	30 个工作日	2014年2月28日	2014年3月29日
282	室外绿化及景观工程	110 个工作日	2014年3月30日	2014年7月17日
283	室外场地清理	14 个工作日	2014年7月18日	2014年7月31日
284	联合调试	90 个工作日	2014年4月29日	2014年7月27日
285	工程竣工验收	30 个工作日	2014年8月1日	2014年8月30日

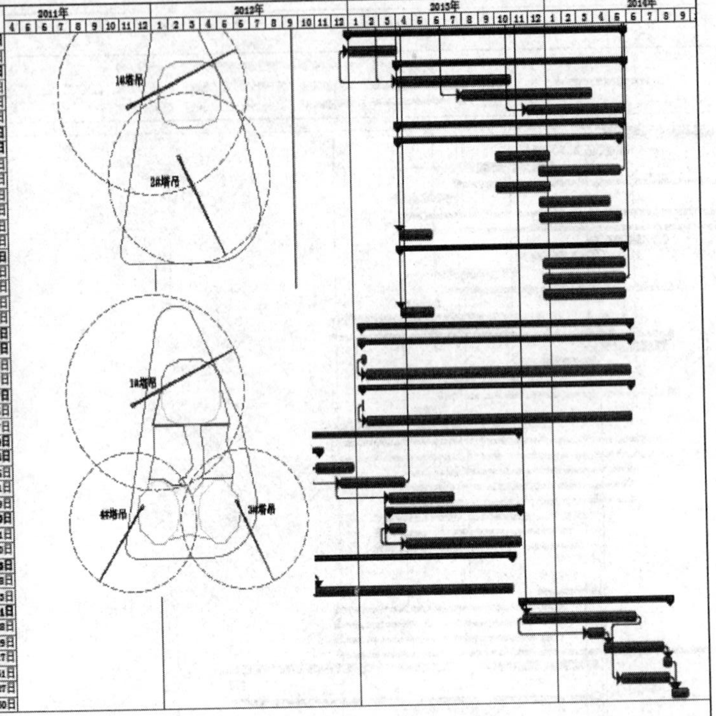

项目：天津国际贸易中心项目
日期：2017年1月6日

任务 | 拆分 | 里程碑 ◆ | 摘要 | 项目摘要 | 外部任务 | 外部里程碑 ◆ | 非活动任务 | 非活动里程碑 ◇ | 非活动摘要 | 手动任务 | 仅工期 | 手动摘要总成 | 手动摘要 | 仅开始时间 [| 仅完成时间] | 进度

第 3 页

编制：马 峰
审核：刘德雨

图 6.3-12　总进度计划（三）

6.4 地基与基础改造施工

6.4.1 既有地下室基础改造期间降水施工技术

1. 原设计情况

原设计地下室为三层，施工现场已施工完成至±0.000，且地下室存有大量的水至地下室二层楼板，由于设计的调整须将存水排出，并做降水处理。

2. 现设计情况

天津国际贸易中心为既有建筑改造项目，临近地铁轨道线，周围有大量的高层建筑物和地下管线。原建筑地下室三层混凝土框架结构已经施工完成，地下室周边为两墙合一的地下连续墙，基础为桩筏基础。根据新建结构的需要对原地下室进行改造施工，改造施工中对部分原筏板进行破除，并进行土方开挖施工、坑中坑加固施工，原地下连续墙在进行修复后继续使用。

在进行地下室基础改造施工过程中，须进行地下水位的降水施工。施工场地位于小白楼商业区，环境复杂，周边有大量建筑物，临近地铁轨道线并有大量地下管线，对施工场地周边的沉降控制要求严格。

依据《建筑基坑工程监测技术规范》GB 50497－2009 相关规定，在地下室基础施工过程中基坑周围的建筑、道路及管线每日沉降量不得超过 3mm；周围建筑、道路累计沉降量不得超过 30mm，管线的累计沉降量不得超过 20mm。因此在对施工场地内的上层滞水、微承压水层处理过程中，如控制不当将会对地铁通道、轨道、周边建筑物、管线及道路等造成不利影响。

3. 施工组织

（1）排水阶段

为彻底查清基坑内积水是否与地下水渗漏有关，施工方采用"坑内分阶段排水"的方案，在排水的同时：

1）坑内设置水位标尺，用于判断记录水位的下降值或上升值。

2）坑外设置地面沉降观测点，观测降水对地面沉降的影响。

3）在基坑周围设置地下水位观测井，用于观测、判断和评估坑内降水对坑外地下水是否有水力联系。

4）在大厦地下室外墙适当位置设置回弹观测点，定时定点监测，实时评估降水卸荷对大厦抗浮的影响。

基坑内现积水总量预估在 55000m³ 左右，初步考虑每天排水约为 4600m³，抽水设备暂定 6 台额定流量 65m³/h（1 台备用），设计扬程大于 20m 的水泵。抽水泵放置于楼梯口或者风道竖井等位置，抽出的水通过泵管汇于沉淀池，每台泵出水口安装与流量匹配的水表以实测排水总量。抽出的水经三级沉淀池沉淀后排入市政排污口，进入排污管道。

基坑底泥浆预估 1.5m 厚，排浆量预估为 15000m³。

（2）降水阶段

1）基坑开始降水前施工观测井，并在井口测出相对建筑正负零的标高，并测出降水开始前的初始水位标高。

2）在地下室大底板上施工成井。

3）利用10口降水井抽水运行，确保地下水水位控制在大底板底面以下1m左右；在基坑降水过程中，降水水位必须满足基坑开挖要求，随时控制降水井的抽水速度，当水位下降过快或达到目的水位后，可适当关闭部分潜水泵，但要随时观测基坑内水位，如有回升，要立即开启潜水泵。降水过程中还要随时观测基坑边水位，如观测井水位比原水位下降超过1m，应立即进行回灌，以免对周边建筑产生影响。降水过程中注意观察降水施工干作业效果，适当增加临时集水井及明排水沟。

4）凿除地下室大底板，从而进行基坑内的挖土及高压旋喷桩等的施工（10口降水井必须连续运行）。

5）在地下室基础改造施工结束，并考虑抗浮后，10口井停止降水运行并开始封井处理。至此降水工程全部结束。

（3）人员组织

根据总体排水计划，实行24h连续排水作业，本次排水作业抽水泵置于水中，噪声很小，对周围环境不产生影响。

1）排水作业人员按两班考虑，每班10名工作人员、每台泵2人负责。备用水泵1～2台。

2）沉降观测安排2人。降排水开始之前，测量记录好各监测点的初始值，每天监测一次。如有异常，加密监测频率。

3）水位观测安排每班2人，基坑内和观测井地下水位每天监测两次。在降排水之前分别测量并记录好坑内、外水位的初始值。

施工人员：管理人员6名；安全员2名；电工2名；抽水工4名；现场工人40人（共计54名）。

（4）机械准备

见表6.4-1。

机械准备表　　　　　　　　　　　　　　　表6.4-1

设　备	数　量	用　途
清水泵	6台	抽水
泥浆泵	6台	抽泥浆
20t起重机	2辆	装载泥浆、垃圾
专用吊斗	2个	吊运垃圾
2t装载机	4台	装载泥浆、垃圾
大型运输车	10～15辆	运输泥浆、垃圾
泥浆罐车	10～15辆	运输泥浆
人力小推车	20辆	短途运输泥浆、垃圾
铁锹	40把	清理泥浆、垃圾
扫帚	40把	清理泥浆、垃圾
配电箱、电缆、水带	若干	配套清水泵及泥浆泵
电灯、电线等照明设施	若干	地下室照明

（5）进度计划

设备、人员进场后，首先进行安全、技术交底。布设好供电线路和抽排水设备及排水管路，施工准备 1d；降排水进度计划见图 6.4-1。

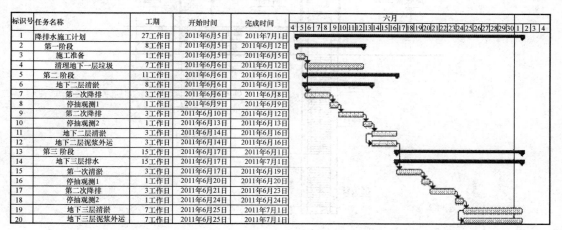

标识号	任务名称	工期	开始时间	完成时间
1	降排水施工计划	27工作日	2011年6月5日	2011年7月1日
2	第一阶段	8工作日	2011年6月5日	2011年6月12日
3	施工准备	1工作日	2011年6月5日	2011年6月5日
4	清理地下一层垃圾	7工作日	2011年6月6日	2011年6月12日
5	第二阶段	11工作日	2011年6月6日	2011年6月16日
6	地下二层清淤	8工作日	2011年6月6日	2011年6月13日
7	第一次降排	3工作日	2011年6月6日	2011年6月8日
8	停抽观测1	1工作日	2011年6月9日	2011年6月9日
9	第二次降排	3工作日	2011年6月10日	2011年6月12日
10	停抽观测2	1工作日	2011年6月13日	2011年6月13日
11	地下二层清淤	3工作日	2011年6月14日	2011年6月16日
12	地下二层泥浆外运	3工作日	2011年6月14日	2011年6月16日
13	第三阶段	15工作日	2011年6月17日	2011年6月1日
14	地下三层排水	15工作日	2011年6月17日	2011年7月1日
15	第一次清淤	3工作日	2011年6月17日	2011年6月19日
16	停抽观测1	1工作日	2011年6月20日	2011年6月20日
17	第二次降排	3工作日	2011年6月21日	2011年6月23日
18	停抽观测2	1工作日	2011年6月24日	2011年6月24日
19	地下三层清淤	7工作日	2011年6月25日	2011年7月1日
20	地下三层泥浆外运	7工作日	2011年6月25日	2011年7月1日

图 6.4-1　降排水施工计划

4. 施工工艺

（1）降水施工说明

工程地质勘察报告如下。

埋深约 14.50m(标高−11.50m)以上土层可视为潜水含水层，埋深约 14.50～22.00m (标高约−11.50～−19.00m)段可视为潜水含水层相对隔水底板。埋深约 22.00～34.50m (标高约−19.00～−31.50m)段可视为第一微承压含水层，其下埋深约 34.50～50.00m (标高约−31.50～−47.50m)段可视为第一微承压含水层的相对隔水底板。

施工场地内部地下连续墙已施工完成，底板顶面标高为−12.8m，考虑到地下连续墙及已有底板的隔水作用，经计算在施工场地内部共设置 10 口潜水井、2 口减压井。其中潜水井井深 6m（从底板上皮算起），井底位于潜水含水层、不透水。减压井井深 16m（从底板上皮算起），减压井的井底位于第一微承压含水层，不透水或弱透水。减压井设置在场地内的塔楼电梯深基坑内，用以降低作用在覆盖层中的承压水头及渗透压力，以防止发生管涌与流土、沼泽化等现象。与此同时在施工场地外部沿地下室周边每隔 15～20m 布设潜水观测井（共 6 口），其中 2 口为观测井兼回灌井，在施工场地内部布设一口承压水观测井，以便对施工过程中的地下水位进行及时的控制。

降水井成孔直径为 800mm，井管直径为 500mm，井管采用无砂水泥管，外围有滤网及等粒径碎石。在施工现场布设井位的过程中须确保避开工程桩的位置，避让地下构建物及各种管线，以防止意外发生。降水井、减压井的平面布置图及剖面图如图 6.4-2 和图 6.4-3 所示。

1）施工工艺流程

井点测量定位→挖井口、安护筒→钻机就位→钻孔→回填井底砂垫层→吊放井管→回填井管与孔壁间的砂砾过滤层→洗井→井管内下设水泵、安装抽水控制电路→试抽水→降水井正常工作→盖井盖→清理施工现场→降水管理→降水任务完成→封井。

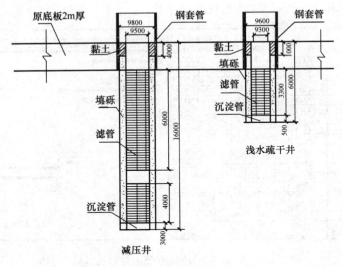

图 6.4-2　降水井剖面图

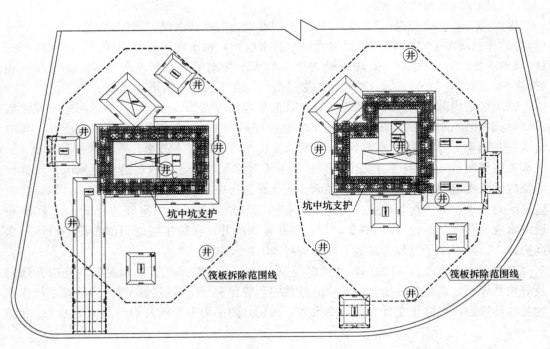

图 6.4-3　降水井、减压井平面布置图

具体内容见图 6.4-4。

2）施工工艺要点

① 测放井位

按布设的井位坐标测放井位，采用钢筋做显著标志；对井位处的地面标高进行测量，根据设计井底标高，确定井深。当布设的井点受地面障碍物或施工条件影响时，现场做适当调整。

② 钻井

按设计井位根据天津地区地下地层情况，施工时设置护筒。护筒高出底板顶面 300mm，避免泥浆浸泡、冲刷导致孔口坍塌。采用冲击钻钻孔成井，井孔保持圆正垂直。

③ 换浆

井管下入前注入清水置换，砂石泵抽出沉渣并测定井深。用水泵或捞砂管抽出沉渣，使井内泥浆密度保持在 $1.05\sim1.15g/cm^3$。

④ 吊放井管

井管采用 $\phi500$ 无砂水泥井管，用竹片串联后分节下放。井管要高出地面不小于 300mm，并在周围立显著标志和加井盖临时保护（表 6.4-2）。

施工准备

井点测量定位

钻机就位

钻孔

清孔

材料进场 → 吊放混凝土井管

回填滤料

洗井

安装水泵及控制电路

试抽水

降水井正常使用

降水完毕拔井管

封井

图 6.4-4　降水施工工艺流程

吊放井管　　　　　　　　　　　　　　　表 6.4-2

序号	步　骤	图　　片
1	在第一节沉砂管下安装底托，底托上焊接钢筋。钻机的钩绳穿起两根管子后钩住底托，下落至井口	
2	用滤网将底口包住，开始下落	

序号	步 骤	图 片
3	当第一节和第二节对接处下落到井口时，开始在对接处缠 2～3 层滤网，外用铁丝绑 4 根竹条固定，保证井管对接准确，避免移位	
4	继续下落，滤水管外包裹滤网，用铁丝绑扎	
5	将下边两根管子下落至井口时，用铁卡子卡住中间串管，固定在井口后再脱钩	

序号	步　骤	图　片
6	将第三根和第四根井管用串管连接后，用钻机起吊（底部用铁卡子卡住串管）	
7	起吊到井口处，将3、4段串管与1、2段串管相连	
8	用吊绳绑住井管上提，将两个卡子拆除，2、3段井管对接	

序号	步 骤	图 片
9	对接处缠 2～3 层滤网	
10	用铁丝将滤网和竹片绑扎牢固	
11	上部井管如上述方法依次连接，直到所有井管全部对接完成后，将串管下部钩子松开、上提，井管即安装完毕	

⑤ 填滤料

井管下入后立即填入级配碎石滤料。级配碎石沿井孔四周均匀填入，宜保持连续，将泥浆挤出井孔。填级配碎石时，应随填随测碎石填入高度。当填入量与理论计算量不一致时，及时查找原因。不得用装载机直接填料，应用铁锹下料，以防不均匀或冲击井壁。洗井后，如滤料下沉量过大，应补填至井口下 1m 处，其上用黏土封填。

碎石必须符合级配要求，合格率要大于 90%，杂质含量不大于 3%。

⑥ 洗井

井管周围填砂滤料后，安设水泵前应按规范先清洗滤井，冲除沉渣。用污水泵反复抽排降水井中的泥浆水，直到流出清水为止，再采用潜水泵抽水。洗井过程应一气呵成，以免时间过长、护壁泥皮逐渐老化、影响渗水效果。

⑦ 下泵抽水

潜水泵在安装前，对水泵本身和控制系统做一次全面细致的检查。检验电动机的旋转方向、各部位螺栓是否拧紧、润滑油是否加足、电缆接头的封口有无松动、电缆线有无破坏折断等情况，然后在地面上转 3～5min，如无问题方可放入井中使用。深井内安设潜水电泵，可用绳吊入滤水层部位，带吸水钢管的应用吊车放入，上部与井管口固定。设置深井泵的电动机座应安设平稳，严禁逆转转向（设有逆止阀），防止转动轴解体。潜水电动机、电缆及接头必须有可靠的绝缘，每台泵配置一个控制开关。主电源线路沿深井排水管路设置。安装完毕应进行试抽水，满足要求后始转入正常工作。

⑧ 封井（盖井盖）

井口地面以下 2m 范围内用黏性土回填压实。井管要高出地面 0.3m，并在周围立显著标志和加井盖予以保护。

⑨ 水位观测

抽水前应进行静止水位的观测，抽水初期每天早晚 7 点各观测 1 次，水位稳定后应每天观测 1 次，水位观测精度 ±2cm，并绘制地下水水位降深曲线。

⑩ 降水结束封井

浇筑底板前，在保证抽水效果的前提下，按照隔一封一的原则提前封闭部分降水井，减压井开启，具体封井顺序及时间要根据现场观测及设计要求，同时观察基坑底部是否有突涌现象。封堵前，先加大该井周边的降水力度，使待封井管内水位降至最低进行封堵，对最后封堵的降水井，应慎重处理。

根据观察及设计要求，确定其他井封井顺序及封井时间。基坑底板破除并开挖至基底后，为了保证基坑安全，应及早施工垫层及底板。

其余井点与井点同直径的带止水环的钢套管在浇筑底板时，应浇入混凝土底板内，待结构底板达到设计强度后，在底板标高以下 200～300mm 焊钢盖板止水。焊前要求计算井点水位上升的间隔时间，焊好后浇筑比底板高一强度等级的膨胀混凝土。

注明：须根据降水观测和施工现场确定。

具体封井的做法见图 6.4-5。

所有井封堵后可对基坑内观察井进行封闭处理。封闭方法为：先将井口处高出地面的井管凿掉，然后往井内填砂土，离井口 2m 时，往内灌湿拌的混凝土（掺少量早强剂）。这个过程要迅速完成，以防止井内的水溢出井口。

基坑周边观测井和回灌井只须采用砂土回填。

（2）地下室的排水施工

在地下室的四周设置排水沟，防止地面水流入基坑内；在地下室土方开挖施工过程中，基坑内部设置集水井，并设置排水明渠及主排水管。将降水井中排出的水汇集到集水井处，通过软水管将水引至主排水管处，经过沉砂处理后，排往市政管网。

（3）地下水位的监测

为保障地下室基础施工改造过程中的降水施工不对已有建筑及场地周边造成不利影响，对地下水位进行实时监测，及时进行疏干基坑涌水以及采取回灌等措施，保证基坑内部的安全，当地下水水位超过 300mm/d 或累计超过 1000mm 时报警。

在监测过程中及时绘制各观测井水位降深随时间（$s-t$）的变化曲线，绘制不同时期的平面降落漏斗水位（压）等值线图，绘制基坑涌水量随时间（$Q-t$）的变化曲线。根据水位、水量随时间的实际变化情况与预测计算进行分析及时发现问题，调整抽排水系统，与基坑其他岩土工程监测资料对比分析，及时建议、指导采取相应的防治措施。

（4）场地周边建筑及管线的监测

地下室基础改造期间，除在场地内部设置井点对地下水位进行监测及控制外，因基坑边线距离周边建筑物及地下管线较近，在降排水时地下水位的变化可能会造成周边建筑及管线的变形，还需要在场地周边选择合适的控制点做沉降监测点，并做监测记录。

在地下室垫层施工前加工防水钢套管。钢套管采用热轧无缝钢管制作，套管高度不小于混凝土底板与垫层厚度之和	在套管外侧焊接止水外环	套管内侧采用型号相符的管焊接止水内环
将螺栓焊接在止水内环上，螺栓丝头朝上	在施工基础混凝土垫层时，将防水钢套管预埋于混凝土垫层中，将降水泵穿过防水钢套管进行降水	首先加大力度连续抽水，尽可能把井内水排出，当可以停止降水时，取出降水泵，对降水井底部采用砂土进行回填，上部采用掺有膨胀剂的干水泥回填至钢套管止水内环处
在钢套管止水内环上加橡胶密封垫	橡胶密封垫上盖钢板，采用法兰连接进行封堵	钢套管上层浇筑防水混凝土，顶面平底板浇筑混凝土

图 6.4-5 具体封井的做法

5. 质量控制要点

（1）钻孔的孔口处设置护筒。

（2）孔径施工垂直、上下一致，管井设计管径 Φ500mm，孔底比管底深 0.5～1.0m。

（3）洗井至水清砂净。

（4）钻进中在需要的时候取土样并做好记录。

（5）分节组装的井点管直径一致。井点管采用无砂水泥管。

（6）其孔隙率不应小于 20%。

（7）井点管沉设符合下列规定：

1）下管前进行冲孔换浆，泥浆密度控制在 $1.05\sim1.10kg/cm^3$ 之间。

2）沉设前应先配管。

3）分节沉设时，各节应同心并连接严密。

4）井点管高出地面 300mm，井点管就位固定后，管上口应临时封闭。

（8）滤料洁净，其规格为含水层筛分粒径的 $5\sim10$ 倍。投放时符合下列要求：

1）滤料投放前清孔稀释泥浆。

2）滤料沿井管周围均匀投放，投放量不得小于计算量的 95%。

3）滤料填至井口下 1m 左右时用黏性土填实夯平。

（9）井点管沉没后，检查渗水性能。当投放滤料管口有泥浆水冒出或向管内灌水能很快下渗时方为合格。

（10）配水管路断面根据排水流量确定并连接严密。排出的水经过沉砂处理后，方可排入市政管道。

6. 安全控制要点

在对周边建筑及管线的监测时，周边建筑、周边道路、管线的沉降报警值如下：

（1）周边建筑、道路及管线每日沉降量不得超过 3mm，达到 2mm 时立即报警。

（2）地铁及周边建筑累计沉降量不得超过 30mm，因其特殊性累计沉降超过 10mm 时立即报警。

（3）场地周边的道路及管线累计沉降量不得超过 20mm，累计沉降超过 16mm 时立即报警。

检测过程中一旦发现异常立即通报，同时启动应急预案保证人员及建筑的安全。

7. 绿色施工控制要点

严格遵守天津市有关卫生、市容、消防、环境等规定。现场材料、机具应整齐堆放、泥浆应流入泥浆池中，并及时抽出。同时应控制运输车辆外带污染，现场设专职人员做好清洁工作。

施工时应注意施工现场周围的环境卫生，设专人定时清扫生活垃圾。

在夜间施工时应严格控制噪声，以免扰民。

8. 实施效果

在地下室基础改造期间，通过降排水方案的实施，安全地进行了原筏板的破除改造施工、土方开挖施工、坑中坑加固施工以及新建筏板的施工，实现了地下室基础改造施工期间对地下水位、周边建筑、道路及管线沉降的监测与控制。

在地下室周边设置观测井及回灌井，在场地内部设置潜水井及减压井，在场地内部深基坑区域设置承压水观测井，通过对监测井的水位、场地周边建筑、道路及管线的监测及时采取有效措施进行疏干基坑涌水及回灌，很好地实现了对地下室基坑改造施工的水位监测与控制。

6.4.2　既有建筑地下空间改造基坑支护技术

1. 原设计情况

天津国际贸易中心项目为停缓建工程，项目原设计由 1 幢高度约 250m 的钢结构塔楼

A、1 幢高度约 120m 的钢筋混凝土结构塔楼 B 及高约 53m 的钢筋混凝土结构裙楼和 3 层地库组成。地库层高分别为：－1 层，5.3m；－2 层，3.45m；－3 层，3.95m。塔楼的地库、裙楼的地库与纯地库连为一体；结构在塔楼 A 与裙楼之间设缝，塔楼 B 与裙楼连为一体。停工前项目三层地库已施工完毕，A 塔楼钢结构主体已施工至 25 层，裙楼及 B 塔楼地面以上结构尚未施工。

2. 现设计情况

结构设计变更后，工程由 A、B、C 三栋塔楼、五层裙楼及三层地下室组成，由于 B、C 塔楼结构设计改变及楼座移位，迫使结构功能和承载力不满足要求，需要进行结构拆改和补桩。原基坑开挖深度为 13.5m，采用钢筋混凝土地下连续墙＋三层内支撑支护体系，内支撑拆除后由基础底板及楼盖作为换撑。现基坑整体深度不变，基坑局部电梯井及集水井加深为 1.5～5.8m，局部加深坑采用高压旋喷桩重力墙止水。

3. 施工组织

（1）材料

钢筋：符合现行国家标准《钢筋混凝土用钢》GB 1499 的要求，并有出厂合格证、检测报告。材料进厂后还应该进行现场见证抽样检查，并出具复检报告。

焊条：符合《非合金钢及细晶粒钢焊条》GB/T 5117 要求。

氧气：符合现行国家标准《工业氧》GB/T 3863 的规定，其纯度应大于或等于 99.5%。

乙炔：符合现行国家标准《溶解乙炔》GB 6819 的规定，其纯度应大于或等于 98%。

混凝土：商品混凝土，满足水下混凝土灌注的规范要求，坍落度控制在 180～220mm，砂率在 40%～45%。

泥浆：密度 1.25～1.3kg/cm³，黏度 10～255，胶体率＞6%，满足《建筑桩基技术规范》JGJ 94-2008。

喜利得植筋胶：采用喜利得结构植筋胶 RE-500，性能指标符合《建筑结构加固工程施工质量验收规范》GB 50550-2010 的要求，并有出厂合格证、检测报告。

（2）机具设备

见表 6.4-3。

机具设备　　　　　　　　　　　　　　　　　　　　　　表 6.4-3

序号	机械设备名称	型号	数量	单位	备注
1	挖掘机	PG75	4	台	用于环梁施工
2	风镐	B87C	1	台	用于环梁施工
3	金刚石圆盘锯	QJS220	2	台	用于环梁施工
4	钢筋对焊机	UN2-100	1	台	用于环梁施工
5	钢筋切断机	QJ40	1	台	用于环梁施工
6	钢筋弯曲机	GW40	1	台	用于环梁施工
7	钢筋调直机	GT6/12	1	台	用于环梁施工
8	泥浆泵	3PNL	1	台	立柱桩施工
9	汽车泵	HTB80	1	台	混凝土浇筑

序号	机械设备名称	型号	数量	单位	备注
10	冲击钻		1	台	植筋钻孔
11	植筋胶注射器		1	台	植筋柱胶
12	钢筋测力计		1	台	钢筋拉拔
13	小型汽车式起重机	25t	1	台	立柱桩安装
14	经纬仪	J2	1	台	测量放线
15	水准仪	S2	1	台	测量放线

4. 施工工艺

（1）关键技术原理

后支撑体系由竖向支撑体系和水平支撑体系共同作用而形成，平面图见图 6.4-6。

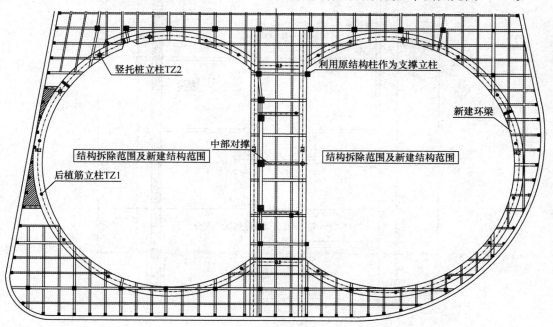

图 6.4-6　后支撑体系平面图

竖向支撑体系：工程底板拆除区域之外的梁板柱体系均予以保留，支撑立柱尽量利用已有的结构体系，减小立柱桩施工量及难度。在底板拆除范围之外的区域，立柱尽量利用原结构柱，通过在原结构柱上植筋与水平支撑体系锚固连接；若不能利用原结构柱，则在底板上植筋焊接钢板，其上直接焊接施工钢格构柱；在底板拆除范围之内的区域，施工立柱桩＋钢格构立柱。

水平支撑体系：设计利用原 800mm 厚地下连续墙作为支护体系，利用现有的楼板系统作为支撑系统。在现有的楼板上施工环梁及支撑，环梁尽量避让塔楼处结构。由于环梁施工在楼面板上，在有结构梁部位楼面板上植筋与环梁连接抗剪；在结构梁两侧楼面板上钻孔，安装剪力钉与环梁浇筑成一个整体，同时与楼板形成抗剪。环梁及对撑等施工完毕后，拆除环梁内楼板结构并最终拆除塔楼处筏板。

结构改造工程中，始终遵循先撑后拆的原则，后支撑体系环梁及支撑结构共计四层：首层支撑体系，地下一层支撑体系，地下二层支撑体系，以及原有基础底板作为第四道支撑体系。首先施工竖向格构柱，然后在首层结构楼板上施工支撑环梁，同时插入地下其他层环梁施工，当首层支撑环梁施工完成并且达到设计强度后，方可拆除环梁内结构，按照此顺序由上及下依次拆除。结构拆除后进行补桩及结构新建、新旧结构连接，最后拆除环梁（图6.4-7）。

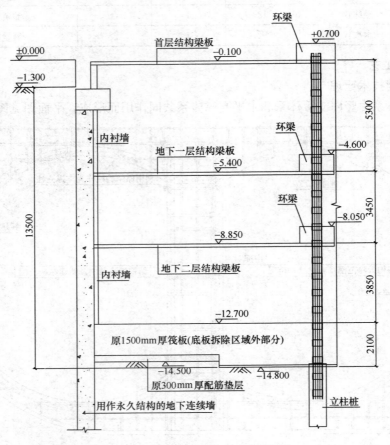

图 6.4-7　各层支撑体系剖面示意图

（2）应用过程

天津国际贸易中心项目通过后支撑技术的应用，成功地在既有地下室工程中通过两次换撑完成结构改造，后支撑体系是整个换撑过程的枢纽（图6.4-8）。

第一次换撑：环梁施工前，在环梁内埋设应力计对环梁进行检测。首层环梁施工完成后且地下室楼板破除前，在下部采取扣件式脚手架搭设支撑体系，对拟破除部位周边的构件进行顶撑卸荷，然后拆除地下一层环梁内的结构，为预防应力突变对围护结构造成破坏，环梁达到强度要求后沿环梁内侧开300mm槽，对应力转换进行过渡。开槽位置使用风镐人工破除，仅破除原结构混凝土，保留钢筋。开槽工作完成后基坑外土压力过渡至圈梁，保证后续破除工作安全进行。环梁内测开槽后，按照先拆除次要受力构件后拆除主要受力构件，先拆除水平构件后拆除竖直构件的原则，先对拆除区域内的楼板进行破除，然

图 6.4-8　后支撑体系实景

后进行次梁、主梁的破除，最后进行框架柱及剪力墙的破除。此时，地下一层支护体系已经达到强度要求，按照地下一层结构拆除顺序拆除环梁内地下二层结构，对于地下二层结构顶板须拆除的部位，先沿边界"均衡、对撑"拆开，使压力均衡地转移到环梁和对撑梁上；同时，通过对监测数据分析，判定该支撑体系改造的安全性，地下三层结构拆除同地下二层。最后拆除地下室底板，底板的破除先用水钻破除边线位置，然后用破碎机由内向外逐步破除。此时，既有地下室结构已经从楼盖、筏板及地连墙共同组成的支撑体系转变成环梁，环梁外楼盖及地连墙共同组成的新的支撑体系。

第二次换撑：底板结构拆除后，进行补桩以满足上部结构形式改变后的承载力要求。然后施工地下室底板，底板拆除过程中保留拆除边界底板钢筋长度 1200mm，新建底板钢筋与原结构底板保留钢筋焊接连接，焊接长度满足要求并且接头错开。底板施工完成后施工环梁内地下室结构，地下室结构拆除过程中同样在环梁边缘预留 1000mm 长梁板钢筋，新建地下室结构钢筋与预留钢筋焊接连接；地下室新建结构施工完成后，此时又重新形成了由地下室楼盖、筏板及地连墙组成的支撑体系，环梁于新建结构混凝土强度达到设计要求后采用人工风镐拆除，拆除顺序由下至上，拆除过程尽量避免破坏环梁附近梁板钢筋。

（3）工艺流程

既有地下空间改造基坑支护后支撑体系施工工艺流程见图 6.4-9。

（4）竖向支撑施工要点

本基坑支护改造工程竖向支撑由原结构柱和后施工立柱两部分组成。后施工立柱共计22 根，其中后植筋立柱 TZ1，共 17 根；竖托桩 TZ2，共 5 根。后植筋立柱 TZ1 采用Q235B 及型钢焊接制作，TZ1 应整体吊装焊接成型，吊装之前应根据设计图纸，确定立柱具体位置，分层剔除该位置的混凝土板，安装锚板。待立柱吊装后分层固定，最后进行底板上的固定施工。TZ2 中的竖托桩采用钻孔灌注桩，在浇筑竖托桩混凝土前应将格构柱预就位，利用钢管或者型钢将格构柱底临时固定在 B2 楼板上。在竖托桩混凝土浇筑完毕后立即配合吊车将格构柱插入桩身之中，插入深度 2.25m。然后在每层楼板上进行临时固定，临时固定完毕后再对格构柱插入段的混凝土进行振捣密实（图 6.4-10）。

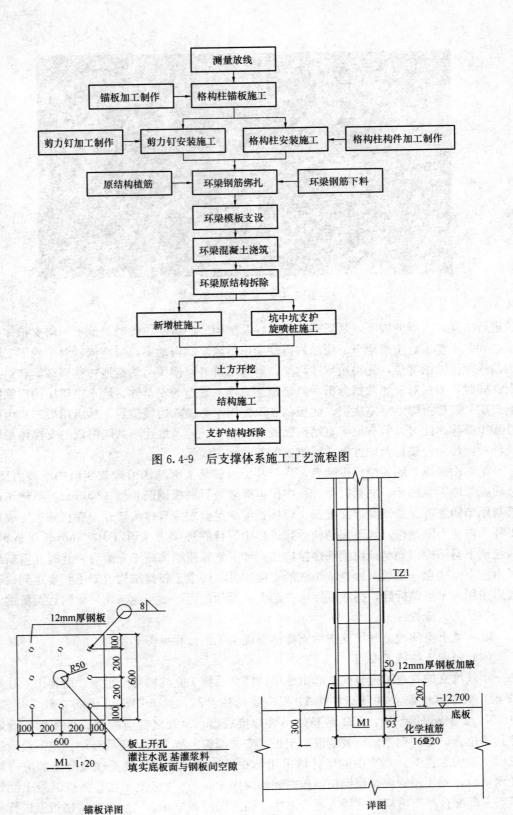

图 6.4-9 后支撑体系施工工艺流程图

锚板详图

详图

图 6.4-10 格构柱安装图

（5）水平支撑施工要点

新建水平支撑环梁及中部对撑与原结构连接的可靠性将直接决定后支撑体系在改造工程中的应用能否实现，施工过程中采取以下措施：

新建支撑结构采用植筋法与原结构柱连接，将新旧结构形成一个整体。

剪力钉是传递水平荷载的重要抗剪构件。根据施工图纸进行测量放线定位，按照定位后的点，采用金刚石电钻在楼板上开孔，开孔直径 25mm，剪力钉从楼板下穿过洞口后在楼板上部用一根钢筋与剪力钉钢筋绑扎进行临时固定，临时固定后进行灌浆。为了防止灌浆料渗漏，在剪力钉锚板上粘贴一圈海绵条（图 6.4-11）。

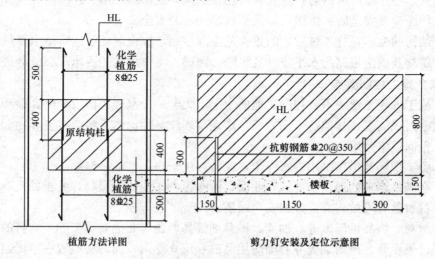

植筋方法详图　　　　剪力钉安装及定位示意图

图 6.4-11　剪力钉安装图

5. 质量控制要点

（1）相关规范

见表 6.4-4。

相 关 规 范　　　　　表 6.4-4

序号	规范名称	规范编号	备注
1	《建筑地基基础工程施工质量验收规范》	GB 50202 - 2002	
2	《混凝土结构工程施工质量验收规范》	GB 50204 - 2002	2011 修订版
3	《钢结构工程施工质量验收规范》	GB 50205 - 2001	
4	《工程测量规范》	GB 50026 - 2007	
5	《建筑基坑工程监测技术规范》	GB 50497 - 2009	
6	《建筑桩基技术规范》	JGJ 94 - 2008	
7	《建筑基坑支护技术规程》	JGJ 120 - 99	
8	《钢筋焊接及验收规程》	JGJ 18 - 2003	

（2）各种材料、构件按规范要求取样试验，合格后方可使用。

（3）严格按照要求进行植筋，拉拔试验合格后进行钢筋绑扎。保持施工操作面的清洁，保证剪力钉与楼板有效连接，保证灌浆密实，以满足保证环梁与原有结构板的可靠连接。

（4）钢筋工程施工应满足设计对接头分布及错开要求。搭设长度、弯钩等符合设计规范规定。

（5）商品混凝土所用的水泥、水、骨料、外加剂等必须符合规范及有关规定，使用前有检验报告及出厂合格证，且必须经过检查达到要求。

6. 安全控制要点

（1）严格做到安全用电，电气设备装配漏电保护器并保证接地可靠，电缆要用支架架起。

（2）冲击钻使用前先进行检查，保证机具的正常使用。

（3）汽车式起重机吊物时，吊臂下严禁站人。

（4）有危险作业区域的防护，凡有可能发生块体或物品掉落、弹出、飞溅及其他伤害物的区域均应设置安全防护措施，以保护现场人员的安全。

（5）结构的变形是施工过程中的重大危险源控制，故应对地下连续墙水平位移；邻近管线、建筑物及周边道路的水平位移及沉降；腰梁、支撑体系是否出现裂缝等进行监测。

7. 绿色施工控制要点

（1）施工现场三通一平，控制工地的尘土、废气、废水和固体废弃物。清理高处废弃物宜使用密封式筒道或其他防尘的方式，定期清理废弃物，禁止将含有废弃物和有毒物质的垃圾土做回填土使用。

（2）施工现场及道路采用洒水降尘，保持环境干净、整洁、湿润。

（3）有满足要求的操作场地或作业面，清除影响作业的障碍物，妥善处置有危险性的突出物，材料整齐堆放，有良好的安全通道。

（4）材料、物品堆码整齐，油漆、稀释剂等易燃品和其他对职工健康有害的物品应分类存放在通风良好、严禁烟火并有消防用品的专用仓库内，沥青应放置在干燥通风、不受阳光直射的场所。

8. 应用效果

天津国际贸易中心项目是集拆除、改造、加固、续建、新建为一体的综合性工程，本工程的B、C塔楼楼座部位，因结构层数变化须补桩，要将楼座区域原有结构拆除，在结构拆除施工前，其支撑体系的选择尤为困难。后支撑体系的应用切合实际地解决了本工程在拆除改造过程中遇到的问题，所以决定将其作为地下改造工程的支撑体系。此体系与先支撑、后挖土、再结构施工的支撑体系在工艺上恰恰相反，通过本工程的施工，证明后支撑体系可以作为改造工程的成熟技术进行推广。

随着我国科技水平的发展、城市化水平的提高及城市可持续发展战略的贯彻，对既有建筑物的改造呈现出巨大的潜力和效益，现有建筑物对大量土地的侵占使国家土地资源日渐紧张，如何能够利用现有资源满足更多人们在办公和起居上的需要，成为建筑行业面临的新问题，对既有建筑的改造就能在一定程度上解决上述问题，因此既有地下结构改造工程后支撑体系会有很广阔的应用前景。

6.4.3 地下室顶板上桩基施工技术

1. 原设计情况

原设计B、C塔楼区域桩基不满足现设计的承载力要求，需要穿透地下室三层楼板进行桩基施工。

2. 现设计情况

在原有地下室顶板上选定桩位对施工部位楼板进行加固或在其下部搭设支撑架。根据桩径的大小在原结构楼板及筏板上逐层开洞。开洞完毕后，在地下室顶板上安装加长套管钻进成孔，进行灌注桩施工。

地下室顶板上桩基施工技术在改造施工中具有以下优势：

（1）可在不允许大面积破除结构楼板的情况下进行桩基施工。改造工程由于设计功能及结构的变化，往往面临大面积拆除的情况。为保证地下结构的稳定、安全，防止结构发生侧向位移，要求在大面积拆除施工前先进行新支撑体系的施工，这就要求在不大面积拆除情况下，穿透地下室楼板进行支撑体系的桩基施工。

（2）节约时间，保证施工的顺利进行。许多拆除改造工程由于缺少原有设计及施工过程资料，需要提前进行试桩施工以直接获取数据，验证实际情况是否与设计相符，以便及时进行调整。在大面积破除施工前，穿透地下室顶板进行试桩施工为掌握原有设计及施工情况、调整设计争取了时间，同时极大程度地缩减了工期使得桩基施工提前，保证了后续施工的顺利进行。

（3）不受到净空高度的约束。当地下结构已建成，由于地下室净空高度的局限性不能满足打桩设备高度要求无法在筏板上进行桩基施工时，通过在地下室顶板上进行桩基施工有效地克服了这一条件限制。同时由于不受净空高度的限制，钢筋笼可采取较少分段，减少钢筋焊接次数。

（4）利用长套筒解决承压水突涌的问题。由于钻机与筏板之间有比较大的竖向距离，在解决了打桩设备受地下室净空高度约束问题的同时，通过利用长套筒解决了承压水突涌的问题，降低施工难度。

3. 施工组织

设备选择

1）钻机及配套的选择

由于本工程在地下室顶板上施工，由于受结构荷载的限制、选择重量较小机械设备。故采用 GPS-10 型钻机施工 φ800 工程桩。

钻机规格、性能参数见表 6.4-5。

表 6.4-5

钻机规格、性能参数

GPS-10 型钻机

型号	GPS-10
钻孔直径（m）	1.0
钻孔深度（m）	50
扭距（kN·m）	6
转速（正反转）（r/min）	50.88.158
主卷扬提升能力（单绳）（kN）	30
副卷扬提升能力（单绳）（kN）	20
钻塔额定负荷（大钩）（kN）	177
钻机有效高度（m）	10
主动钻杆（mm）	110×110×5500
钻杆（mm）	φ89×4500
钻机动力（kW）	37
钻机重量（t）	8.4
钻机外形尺寸（m）	5.0×2.85×10.3

2）钻头的选择

根据工程地层特点在正常钻孔桩钻进施工中，对本工程可选用针对性较强的刮刀切削钻头，以提高钻进效率、钻进稳定性及钻头强度。

3）泥浆泵的选择

采用正循环工艺进行钻孔施工，正循环钻进时配套选用 1 台 3PNL 泥浆泵。由于本工程地下室地板已施工完成无法挖设地下泥浆池，故利用相邻的挖好的孔位作为泥浆循环池，需要增加 1 台 86 泥浆泵为泥浆循环使用。

4）导管与混凝土储料斗的选择

导管是水下灌注的主要机具，应具有足够的强度、刚度和良好的密封性。由于本工程成孔较深，所以对导管要求较高，导管参数如下：

直径 $\phi 219$mm、壁厚 4～6mm、节长 2.5m，另配 1m 和 1.5m 短导管若干节。

导管须平直，定长偏差不超过管长的 1/200，内壁光滑平整、不变形。

导管采用丝扣密封连接，连接偏差应符合定长偏差的要求。

混凝土储料斗根据根据本工程的钻孔桩设计参数及初灌量的确定。初灌量的公式如下：

$$V \geqslant 1/4 \pi h_1 \cdot d_2 + 1/4 \pi k D_2 \cdot h_2$$

经计算初灌量为 1.6m³。

4. 施工工艺

（1）地下室顶板上桩基施工工艺流程

见图 6.4-12。

（2）施工方法

1）搭设支撑架

施工部位楼板下采用双排架四面围搭。采用碗扣式钢管支撑架，经计算立杆横纵间距均为 0.9m、步距 1.2m，须设置纵横双向扫地杆，扫地杆距楼地面 200mm。可在架体外侧周边及内部纵横向每 5～8m 由底至上设置连续竖向剪刀撑，在每排竖向剪刀撑顶部交叉点平面设置连续水平剪刀撑。立杆顶部设置 U 形托，采用截面积 50mm×100mm 木枋作为托梁，立杆底部支垫 100mm×100mm×50mmmm 木枋。

在楼板上铺设钢板，并在钢板下放置方钢管搭设于原结构主梁上，机履盘坐落的位置须保持平整。在合适位置放置泥浆箱，泥浆箱下垫设方钢管。泥浆供给量不小于试成孔时的泥浆量。钻机泥浆可重复利用，施工期间应及时清除泥浆池内钻渣。桩机移位时沿其行走道路搭设立杆横纵间距均为 0.9m，步距 1.2m 的临时满堂支撑架体（搭设宽度略宽于桩机基座宽度）。

见图 6.4-13 和图 6.4-14。

2）楼板开孔

在首层楼板进行试成孔作业。放线工作完成后，以桩中心为圆心，直径大于桩护筒直径 100mm 的圆周上用水钻分两次凿孔（图 6.4-15）。

3）清除混凝土

用钢丝绳穿过破除部位的双孔，固定于可移动式型钢固定架的横梁上，横梁上装配滑轮组，板块凿除时通过收紧钢丝绳及移动固定架转移破除下来的楼板混凝土块（图 6.4-16 和图 6.4-17）。

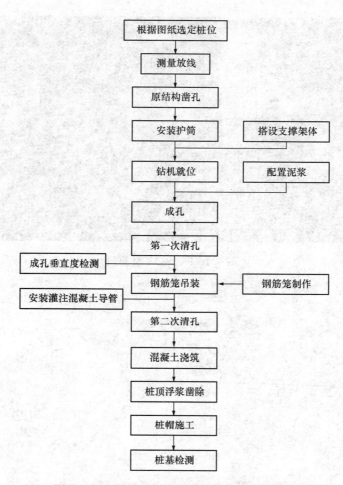

图 6.4-12　地下室顶板上桩基施工工艺流程图

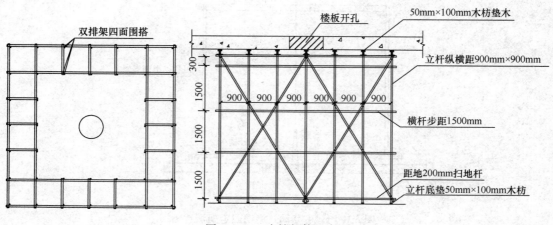

图 6.4-13　支撑架体示意图

图 6.4-14 支撑架体搭设

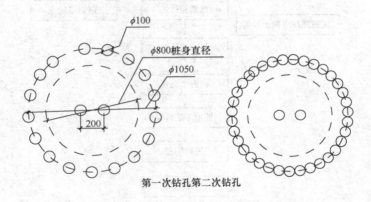

第一次钻孔第二次钻孔

图 6.4-15 楼板上开洞示意图

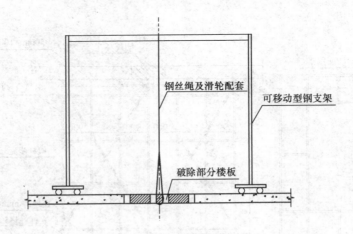

图 6.4-16 可移动式型钢固定架示意图

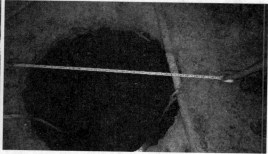

图 6.4-17　楼板上开洞完成效果

4）基础底板破除

使用水钻采取与楼板破除相同的钻孔顺序钻穿以后，用风镐逐层破除结构底板（图6.4-18）。

图 6.4-18　地下室底板开洞

5）安装护筒

根据桩位埋设护筒，护筒内径比设计桩径大150mm，其中心与桩中心埋设误差不大于20mm，保持垂直。无承压水或承压水位位于基础底板以下时，在底板处埋设套筒即可。承压水位较高时，护筒高度高于承压水头1m。通过长套筒，解决了承压水突涌的问题（图6.4-19和图6.4-20）。

6）钻进成孔

钻机套管钻进成孔，孔位偏差不大于10cm，孔径不小于设计桩径。桩身在地下水位以下，使用泥浆护壁。钻机自动监测钻孔深度，测绳复测孔深了解沉渣厚度，孔底沉渣控制在10cm以下，控制钻杆垂直度1‰。终孔前提钻应提升速度，防止坍孔（图6.4-21和图6.4-22）。

7）清孔

第一次清孔在成孔完毕后立即进行，采用钻机的掏渣筒清孔。当钻孔达到设计深度后停机往孔内填入适量黏土，使孔内悬浮颗粒沉淀后再开机冲击数分钟，使沉渣与黏土混合后再抽渣，重复几次。

第二次在下放钢筋笼和灌注混凝土导管安装完毕后采用潜水泥浆泵进行。利用导管将新鲜的泥浆压入孔内，利用泥浆循环将孔内沉渣带出孔外。

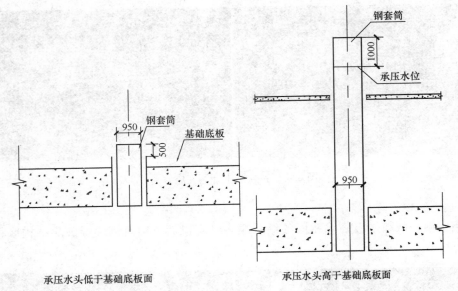

承压水头低于基础底板面　　　　　　　　　承压水头高于基础底板面

图 6.4-19　护筒与承压水位关系示意图

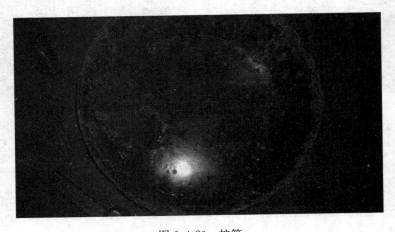

图 6.4-20　护筒

图 6.4-21　GPS-10 型钻机及桩孔

262

图 6.4-22 测试孔底沉渣厚度

　　清孔过程中观测孔底沉渣厚度。孔底沉渣厚度不大于图纸规定的厚度时即可停止清孔，并保持孔内水头高度，防止坍孔事故。清孔后及时验收，合格后立即转入下道工序（图 6.4-23）。

　　8）钢筋笼制作安装

　　钢筋笼严格按设计图纸及现行规范加工、焊接。沿钢筋笼同一截面外围均匀布置保护层垫块，每组不少于 4 块，沿钢筋笼纵向 5m 一组。采用在钢筋笼顶部两侧加焊两个吊环，便于吊装（图 6.4-24）。

图 6.4-23 潜水泥浆泵　　　　　　　　　　图 6.4-24 桩身钢筋笼

　　钢筋笼在现场分三段加工及吊装（汽车式起重机停放在地下室结构周围的临时道路上吊装钢筋笼）。在洞口设置 2 根钢筋卡住先放入的一段钢筋笼顶，将后放入的一段钢筋笼吊入孔口进行焊接。整个钢筋笼全部焊接完毕后吊入孔底。入孔时要扶稳、直顺、缓缓放入孔中，防止碰撞孔（图 6.4-25）。

　　9）混凝土浇筑

　　混凝土浇筑前导浆管安装必须加密封圈，连接坚固、不漏浆。初灌量保证在 1.0m³以上，并保证初灌埋管深度不小于 0.80m。初灌时导管底口距孔底距离控制在 0.30～0.50m 之内。灌注过程中导管埋深 2～6m，严禁导管提出混凝土面。灌注连续不断，徐徐灌入，并在混凝土初凝时间内灌完一桩。灌注将要结束时，控制好最后一次混凝土灌量，超灌浮浆层厚度 0.8m（图 6.4-26）。

5. 质量控制要点

　　符合现行国家行业标准《钢筋焊接及验收规程》JGJ 18－2012、《混凝土结构工程施

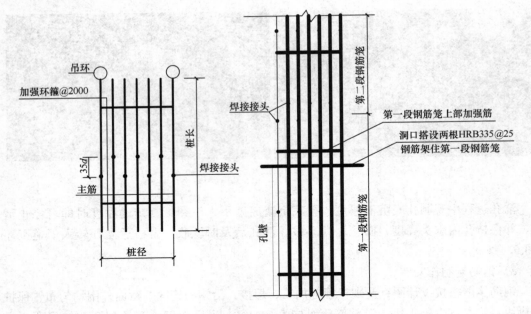

图 6.4-25　桩身钢筋笼吊装示意图

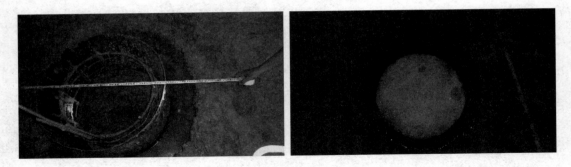

图 6.4-26　浇筑桩身混凝土

工质量验收规范》GB 50204-2002、《建筑桩基技术规范》JGJ 94-2008 的相关规定。结合本工法内容具体如下：

（1）钢筋焊接长度满足规范要求，灌注桩钢筋采用单面焊≥10d，主筋焊接根数在同一截面上不多于总数的一半。

（2）螺旋箍筋与主筋的连接可采用铁丝绑扎并间隔点焊固定或直接点焊固定；环形箍筋与主筋的连接应采用电弧焊点焊连接，确保达到设计及施工质量要求。

（3）钢筋笼在制作、运输、吊放时应采取措施，保证不产生扭曲或变形。钢筋笼的纵、横向钢筋必须用电焊焊接，接头错开一个钢筋焊接接头连接区段的长度 35d（d 为纵向受力钢筋的较大直径）且不小于 500mm。

（4）钢筋笼吊放前应检查定位的混凝土垫块安放是否妥当、牢固。在吊放下落的过程中其位置要居中、吊直扶稳、吊放速度均匀、避免碰撞孔壁，完毕后固定牢靠，采取措施保证钢筋笼的设计标高、保护层厚度、垂直位置的正确；在灌注混凝土过程中如发现有钢筋上浮现象时应及时分析原因、妥善处理，并做好整个处理过程的记录。

（5）钻孔灌注桩混凝土设计强度应符合设计要求，在浇筑水下混凝土时应按规范采用相应的施工配合比，混凝土保护层厚度满足要求。

（6）钻孔灌注桩施工前必须试成孔。

（7）各工序应连续施工。钢筋笼放入孔内应进行第二次清孔，孔底沉渣厚度不应超过100mm。

（8）混凝土灌注完毕，桩旁36h内或小于4倍桩径范围内不得开孔。

（9）钻孔时对于护壁泥浆的制备，其密度须视土层的性质而定，务求达到护壁效果良好、浮渣能力强；桩孔内泥浆液面的标高必须保持高于地下水位1m以上，且在任何情况下均应高出孔壁稳定界面；施工时注意检测观察，避免发生斜孔、弯孔、缩颈、坍孔或沿护筒周围冒浆等情况。

（10）浇筑水下混凝土时混凝土导管要畅通，接头的水密性要好；导管出口与孔底的距离一般为300mm，导管内与混凝土储料箱内的混凝土其初始存量须保证首次浇筑时能埋过管底，深度在0.8～1.30m。混凝土要连续灌注、不得中断，要求桩身一次成形；灌注混凝土前应充分做好连续供水、供电以及原材料的准备工作。待混凝土强度达到设计要求后，截去设计标高以上的浮浆层与多余混凝土，其桩顶混凝土强度应符合设计要求。

（11）导管埋入混凝土内的深度控制在2.0～4.0m之间。灌注混凝土时随灌随提，灌注过程中不得将导管反复上、下反插；提拔导管时，严禁将其提拉高出混凝土面；导管安装和拆卸时要分段进行，尽量使其中心与钢筋笼的中心重合。

（12）桩径允许偏差＋50mm，垂直度允许偏差0.5%。

（13）运到现场的混凝土发现有离析或和易性不符合要求时应退回。

（14）桩身混凝土要留出试块做强度检验，用于强度检验的试块混凝土，应直接在现场抽取，同一配合比的试块，每50m³混凝土取一组试块，且每根桩不得少于1组（即3块）进行检验。经选定的混凝土试块，存放时的温度和湿度宜尽量与桩身混凝土的自然条件相仿。

6. 安全控制要点

（1）焊工、钢筋工、电工要持证上岗。

（2）进入现场佩戴好安全帽。

（3）严格做到安全用电。电气设备装配漏电保护器，并保证接地可靠，电缆要用支架架起。

（4）升降钻具和钻机搬迁是安全生产的关键环节，钻头与钻杆的链接要勤检查，防止松动伤人。

（5）钢筋焊接时要注意远离易燃品，防止焊渣散落引起火灾，易燃易爆品按有关规定妥善存放，现场配备灭火器材。

（6）对楼板已形成的空孔应设安全围挡，避免人或工具掉入。

7. 绿色施工控制要点

（1）严格按照夜间、白天施工噪声控制标准作业，尽量减少施工过程中产生的噪声污染。

（2）施工现场采取适量淋水或覆盖的防尘措施。

（3）泥浆护壁桩基施工产生的废浆应采用密封槽罐车运出现场，避免遗洒现场。成孔过程产生的沉渣应在现场临时晾晒，临时堆渣处应使用编织袋装土密封整齐地围砌，待沉渣晾干后装车运出现场。

8. 应用效果

天津国际贸易中心由于B、C塔楼现有设计结构层数发生改变须破除已有地下室结构进行补桩，在采用本工法后完成了新支撑体系竖托桩的施工，并使得试桩施工提前，缩短了工期（缩短工期约两个月）。在保证原有结构安全稳定的同时，使得后续拆除、桩基施工得以顺利进行，得到了业主及社会好评。在未来的建筑领域发展中，拆改建工程会越来越多，此技术可为其他工程提供了经验。

6.4.4 既有建筑地下空间桩基检测技术

1. 原设计情况

原结构地下室已施工完成，由于地上结构的改变，原设计桩基不能满足承载力要求。

2. 现设计情况

现增加192根工程桩，须对新增桩的承载力进行检测。由于桩基是穿透三层楼板进行施工的，所以桩基检测按照常规方案是很难进行的，所以采用在有限空间内的桩基检测反力装置。

3. 施工组织

（1）材料

钢筋：锚筋采用直径为28mm的高强度螺纹钢筋，级别为JL540，屈服强度≥540MPa，抗拉强度≥835MPa，有出厂合格证和检验报告，复试检测结果满足要求。

植筋胶：采用喜利得结构植筋胶RE-500，性能指标符合《建筑结构加固工程施工质量验收规范》GB 50550-2010的要求，并有出厂合格证、检测报告。

应力片：采用电阻应变片作为敏感元件制造生产的能把钢筋拉力产生的力量学转换为电量的传感器，应变片灵敏度为1.5mV/V。

（2）机具设备

见表6.4-6。

机具设备表 表6.4-6

序号	机械设备名称	型号	数量	单位	备注
1	水钻		2	台	桩头部位的地下室楼板开洞
2	汽车式起重机	25t	1	台	吊装钢梁、钢框支架等
3	桩基静载测试仪	JCQ—503E	1	台	检测桩的承载力
4	油压千斤顶	5000kN	4	台	增加荷载
5	压力传感器		1	个	
6	钢梁	长度8m	6	根	受力构件
7	沉降观测系统		1	套	
8	钢筋拉杆		48	根	

4. 施工工艺

（1）关键技术原理

基于基础改造施工前需要在有限空间进行桩基检测。现有的桩基检测反力装置不能满足桩基检测的要求，需要一种新型反力装置提供桩基检测所需要的反力，为此设计了一种利用和原地下室结构相连的锚筋-钢梁组合的反力装置用于基础改造桩基检测。

目前常规提供桩基检测反力的装置有：

锚桩横梁反力装置。即由四根锚桩、主梁、次梁、油压千斤顶及测量仪表等组成提供反力的装置，该装置需要锚桩来配合完成。

压重平台反力装置。即由支墩（或垫木）、钢横梁、钢锭、油压千斤顶及测量仪表等组成的，通过堆载来提供反力的装置，该装置需要有足够的堆载空间。

锚桩压重联合反力装置。即当试桩最大加载量超过锚桩的抗拔能力时，横梁上放置或悬挂一定重物，由锚桩和重物共同承受千斤顶加压的反力，该装置需要锚桩来配合完成。

天津国际贸易中心是停缓建工程，因建筑功能改变，需要增加工程桩，由于原地下室结构已经施工完成，试桩的桩基检测需要在有限的空间内进行，试桩周围无法增加锚桩，导致常规的桩基检测提供反力的装置不能满足要求。结合原地下室结构的情况，利用地下室 2000mm 厚底板和框架柱梁，通过受力分析和计算，设计一种利用在底板上植筋和钢梁连接，形成了一种新型的锚筋-钢梁组合的反力装置提供桩基检测的反力。

锚筋-钢梁组合的反力装置是由若干千斤顶、若干锚筋、若干钢筋拉杆、若干圆盘形钢板、钢框支架、压重钢梁、主梁、应力片及测量仪表所组成（图 6.4-27），其特征在于：在桩头及需要加载承重钢梁的混凝土底板上安装若干特种螺旋钢筋（锚筋），桩头上放置一圆盘形钢板，在圆盘形钢板上安装若干千斤顶，每根特种螺旋钢筋拉杆通过一对接螺栓与一锚筋连接，每根钢筋拉杆上安装应力片（图 6.4-28），并在要安装压重钢梁位置两侧的底板上放置钢框支架，钢框架主要起支撑作用，压重钢梁安装在若干千斤顶上，主梁搭设在压重钢梁之上，钢筋拉杆与主梁之间利用螺栓扣接将压重钢梁压住，测量仪表安

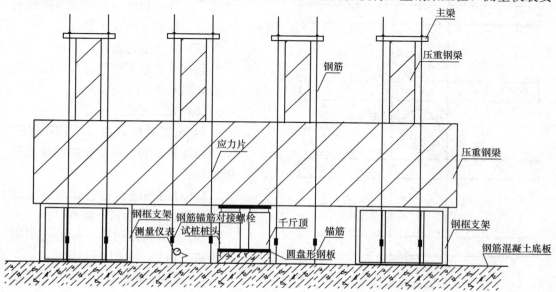

图 6.4-27 锚筋-钢梁组合反力装置的正立面图

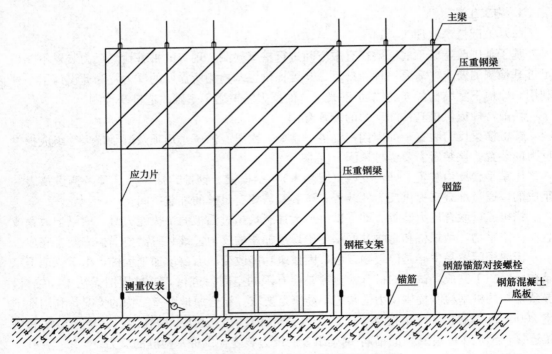

图 6.4-28 锚筋-钢梁组合反力装置的侧立面图

装在底板上，应力片主要用于测量钢筋应力，测量仪表用于测量底板变形情况，通过桩头的千斤顶加压使锚筋受力来提供桩基检测的反力。

锚筋-钢梁组合的反力装置锚筋的数量根据试验所需提供的反力值及锚筋的抗拔值来确定。根据桩位及需要加载压重钢梁的位置，在底板上确定锚筋位置进行植筋，使锚筋和地下室底板连接形成一个受力整体（图 6.4-29）。

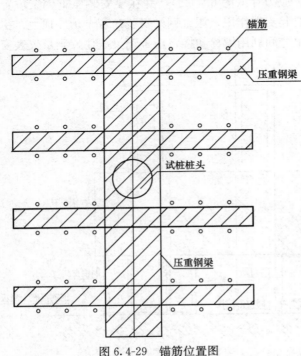

图 6.4-29 锚筋位置图

（2）施工工艺流程

既有建筑地下空间桩基检测工艺流程如图 6.4-30 所示。

（3）施工要点

1）根据单桩竖向 2 倍抗压极限承载力计算锚筋的数量、植筋深度及植筋位置。

2）对锚筋进行抗拔试验，验证单根锚筋抗拔力达到计算值。

3）根据计算结果，在桩头周围底板进行植筋，见图 6.4-31。

4）桩头两侧的底板上放置钢框支架（主要起支撑作用），见图 6.4-32。

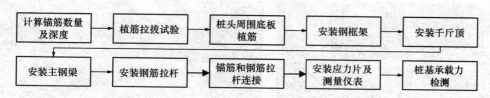

图 6.4-30　施工工艺流程

图 6.4-31　锚筋植筋平面布置

图 6.4-32　钢框支架安装

5）在桩头安装圆形钢板，在其上安装千斤顶，见图 6.4-33。

6）在钢框支架上安装主钢梁，见图 6.4-34。

图 6.4-33　桩头千斤顶安装

图 6.4-34　主钢梁安装

7）钢筋拉杆与锚筋用对接螺栓连接，拉杆通过钢夹板固定在钢梁上，见图 6.4-35。

8）安装应力片、测量仪表及检测仪器，应力片主要用于测量钢筋形变，测量仪表用于测量底板变形情况，见图 6.4-36 和图 6.4-37。

9）形成锚筋-钢梁组合反力装置，进行桩基承载力检测，见图 6.4-38。

图 6.4-35　钢梁及钢筋拉杆和锚筋连接

图 6.4-36　测量仪表安装

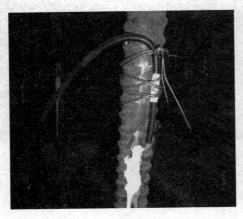

图 6.4-37　钢筋应力片安装

图 6.4-38　锚筋-钢梁组合反力装置

5. 质量控制要点

（1）锚筋采用高强度钢筋。所植钢筋采用高强度螺纹钢筋，级别为 JL540，屈服强度 ≥540MPa，抗拉强度≥835MPa，有出厂合格证和检验报告，复试检测结果满足要求。选用高强度螺纹钢筋避免锚筋在加压过程中被拉断。

（2）锚筋采用喜利得结构植筋胶 RE-500 进行植筋。植筋施工符合《建筑结构加固工程施工质量验收规范》GB 50550－2010 的要求，正式植筋前进行了植筋抗拔试验，满足计算要求。

（3）在桩基承载力检测过程中采用沉降测量系统来监测地下室底板的变形，采用应力片反映钢筋应力，实现过程中对关键部位的监测。

（4）桩基检测符合现行国家行业标准《建筑基桩检测技术规范》JGJ 106－2003 的相关规定。

6. 安全控制要点

（1）吊装工、信号工、电工持证上岗。

（2）在吊装钢梁过程中有专人指挥，施工工人必须注意安全，佩戴好安全帽。

（3）严禁非专业人员私自开动任何施工机械及接驳、拆除电线、电器。

（4）使用电动机械必须接零接地，并实行一箱、一机、一闸、一防安装漏电开关。

（5）施工现场临时使用的电线、电闸不得挂在支顶上，如确实施工需要架设的电线，必须用有效的绝缘器材进行安装。电器设备，必须有防雨、防漏电措施。施工现场使用照明灯具要遵守有关安全规定。

7. 绿色施工控制要点

（1）加强对现场施工人员的安全、文明施工的宣传教育，提高其安全文明施工及自身保护意识。凡进入现场人员统一着装，加强消防管理。

（2）车辆出场前应清扫干净，保证不污染周围环境。

（3）按照业主要求将生活垃圾等污物收集至指定地点，指定专人定期清理，保证工作环境干净整洁，服从工地规章制度管理。

（4）检测人员在作业现场对固体废弃物应集中收拢，在作业现场指定地点倾倒。

（5）对检测现场的液压设备应随手进行检查，避免液压油泄漏。

（6）对仪器、仪表的废旧电池应妥善保管、回收，不得随意丢弃。

（7）对检测现场的水源不得浪费、污染；对农田、绿地等应加以保护。

（8）在居民区进行夜间作业时，应避免出现较大的噪声。

8. 应用效果

天津国际贸易中心工程根据现场情况和现有技术条件经过反复比较和论证，采用植筋方式提供反力是进行单桩静载试验最经济、最快捷、最安全的方法，成功地利用了锚筋－钢梁组合的反力装置在地下三层有限空间范围内完成了桩基检测试验。试桩的荷载控制值分别为 8400kN 和 12000kN，其中控制值为 8400kN 的试桩为 4 根（新桩、老桩各 2 根）；控制值为 12000kN 的试桩为 2 根（新桩、老桩各 1 根），满足了设计对试桩检测的要求。

随着我国经济的发展，大型的基础改造工程在国内范围内也将越来越多，其桩基检测的难度不言而喻，而锚筋-钢梁组合的反力装置不仅解决了这方面技术上的问题，还将带来一定的经济效益。

在天津国际贸易中心工程基础改造施工中，通过研究桩基检测中提供反力的锚筋-钢梁组合的反力装置的工作原理，并在天津国际贸易中心工程的实际应用，成功地解决了在有限空间桩基检测中存在的困难，其技术的优越性、经济的效益性为我国在桩基检测范围中提供了成功的经验。

6.4.5　既有建筑地下空间改造相邻地铁变形监控技术

1. 应用概况

天津国际贸易中心工程为停缓建项目，原三层地下室结构已施工完成，由于建筑功能改变，现需要进行局部结构改造。改造部位距离地铁及地铁风道最近距离不足 10m，施工的地下室区域距离地铁正线距离为 22.51m，见图 6.4-39 和图 6.4-40。需要对地铁变形进行监测，通过监测工作的实施，掌握在地下室结构改造施工过程中地铁工程结构的变化，提供及时可靠的数据和信息。评定天津国际贸易中心地下室结构改造施工对既有线路结构和轨道的影响，为及时判断既有线路结构安全和运营安全状况提供依据，对可能发生的事故提供及时、准确的预报，使有关各方有时间做出反应，避免恶性事故的发生，确保地铁的运营安全。

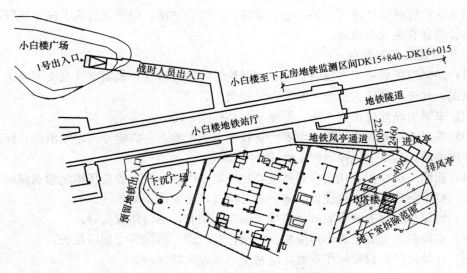

图 6.4-39　地下室局部拆除与地铁隧道位置关系

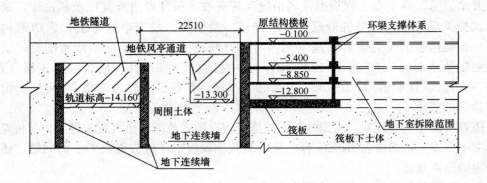

图 6.4-40　地下室结构局部拆除与地铁隧道标高关系

2. 施工组织

略。

3. 影响地铁结构稳定及安全的因素分析

（1）地质水文条件

1）各层土质参数分析

见表 4.6-7。

各层土质参数分析　　　　　　　　　　　　　　　　　表 6.4-7

名称	埋深 (m)	厚度 (m)	重度 (kN/m³)	内聚力 (kPa)	内摩擦角 (°)	m 值 (MN/m⁴)	渗透性
模拟土		1.16	0.0	0	0	0.00	
①₁ 杂填土	1.0	1.0	18.5	27.00	14.60	2.00	
①₂ 素填土	2.5	1.5	18.9	12.50	14.50	3.00	微透水

名称	埋深 (m)	厚度 (m)	重度 (kN/m³)	内聚力 (kPa)	内摩擦角 (°)	m 值 (MN/m⁴)	渗透性
②粉质黏土	4.2	1.7	18.6	14.00	14.00	3.92	不透水
③粉质黏土	5.1	0.9	19.3	11.90	17.50	5.57	不透水
④₁粉质黏土	8.9	3.8	19.0	10.20	19.00	4.50	微透水
④₂粉土	10.2	1.3	19.7	8.60	24.00	6.00	弱透水
④₃粉质黏土	14.2	4.0	19.3	11.80	18.30	6.05	微透水
⑤粉质黏土	15.1	0.9	19.8	14.00	17.60	5.84	不透水
⑥粉质黏土	19.2	4.1	19.9	14.40	18.00	6.12	不透水
⑦₁粉质黏土	28	8.8	20.1	14.00	18.00	6.08	不透水
⑦₂粉土	29.1	1.1	20.1	9.40	21.70	8.19	弱透水

2）含水层划分

根据地基土的岩性分布、室内渗透试验结果及区域水文地质条件综合分析，本场地埋深 90.00m 以上可分为四个含水层，见表 6.4-8。

四个含水层 表 6.4-8

序号	含水层	描 述
1	潜水含水层	埋深约 14.50m（标高－11.50m，标高按大沽高程计算，以下类同）以上多属微～弱透水层，可视为潜水含水层，埋深约 14.50～22.00m（标高约－11.50～－19.00m）段可视为潜水含水层相对隔水底板
2	第一微承压含水层	埋深 22.00～34.50m（标高约－19.00～－31.50m）段属弱透水层，可视为第一微承压含水层。其下埋深约 34.50～50.00m（标高约－31.50～－47.50m）段可视为第一微承压含水层的相对隔水底板
3	第二微承压含水层	埋深约 50.00～57.00m（标高约－47.00～－54.00m）段可视为第二微承压含水层，其下埋深约 57.00～70.00m（标高约－54.00～－67.00m）段可视为第二微承压含水层的相对隔水底板
4	第三微承压含水层	埋深约 70.00～88.00m（标高约－67.00～－85.00m）段可视为第三微承压含水层，其下埋深约 88.00～97.00m（标高约－85.00～－94.00m）段可视为第三微承压含水层的相对隔水底板

3）地下水位

见表 6.4-9。

地下水位 表 6.4-9

序号	含水层	描 述
1	潜水水位	初见水位埋深 1.50～3.20m，相当于标高 1.39～－0.35m；静止水位埋深 0.80～1.90m，相当于标高 2.03～0.86m。潜水主要由大气降水补给，以蒸发形式排泄，水位随季节有所变化，年变幅一般为 0.50～1.00m
2	微承压水水头	根据原详细勘察期间现场抽水试验结果，第一微承压含水层水头高度位于埋深 4.18m，相当于标高－1.18m，承压含水层顶板埋深 22.00m，承压水水头高度为 17.82m

（2）降水施工

过多的降低地下水位可能对地层产生扰动，引起基坑内外地基应力重分布，进而引发附近地铁变形或沉降，导致正在运营中的地铁轨道受到影响。因此在整个地下室结构改造施工期间，应对地下水进行严格地控制，采用合理有效的降水措施，加强地下水水位的监测工作，以保证临近地铁结构的安全和稳定。

（3）地下室结构的局部破除

由于部分结构设计改变，须对地下室结构（包括基础底板）局部进行拆除及补桩。拆除后，原有结构的整体受力体系发生了改变，可能导致周围地下连续墙传来的侧向土压力无法与支座反力有效地平衡，地下连续墙发生位移，进而引起紧邻的地铁向施工场地一侧发生倾斜、变形等破坏。针对这一情况，在原结构楼板上施工环梁，以传递周围地下连续墙传来的水平力，形成新的支撑体系后再进行结构的拆除，同时对环梁进行有效地监控。

（4）土方开挖

土方开挖可能导致已经稳定的土体受到扰动，引起应力重分布；地下水上部土体压力减小发生管涌等现象，继而引起地下结构变形或沉降等。由于地下室结构已完成，只需在B、C塔楼核心筒区域进行少量的土方开挖，且集中在B、C塔楼核心筒电梯井范围，同时在周围设置了高压旋喷桩，起到了止水和挡土作用，防止水位标高降低过大对地铁产生影响，因此土方开挖对地铁变形影响较小。

4. 基坑支护结构模拟分析

采用深基坑分析计算软件（FRWS）模拟计算地下连续墙位移。首先对原基坑开挖到坑底并利用楼板进行换撑，直到施工完首层结构楼板这一过程进行计算；然后，对改造工程施工时，在结构楼板位置先增加支撑，后顺次拆掉原楼板进行计算。两步计算结果中，第一步比第二步计算增加的位移值视为本改造工程支护体系位移值。经过计算，支护系统最大位移 2.3mm，小于规范允许值 20mm，符合要求。对基坑支护结构进行模拟分析，在理论上间接地保证了基坑支护结构对已有地铁结构的稳定不产生较大影响。

5. 相邻地铁变形的外部环境监测技术

（1）支护结构监测

1）维护结构水平位移监测：沿支撑环梁每 12～15m 左右布设一个监测点。采用全站仪测角和水平距离，计算围护结构顶位移。

2）地连墙外土体测斜：设于基坑周边 1.0m 范围内，共布置三个检测孔，测斜管深度与地连墙齐深。将测斜仪深入到测斜管内部，自下而上测量。

3）环梁应力监测：应力计焊接在钢筋笼主筋上，沿环梁布置 10 个断面，每个断面上侧与下侧各布置一个钢筋应力计，三道支撑共布设 60 个钢筋计，用频率仪监测，获得应力分布状况。

4）立柱竖向位移监测：把测点顶部布设在立柱上方的支撑结构面上，每隔 8～12m 布设一个观测点，布设 20 个点。

（2）降水监测

为了预报由于基坑降水或地下水位不正常引起的地层沉陷，判断在基坑降水过程中是否某些部位存在透水的可能性，应进行地下水水位监测。水位观测井设于基坑围护墙外 1～2m 处，沿地连墙 40m 布设一个孔，均匀布设在地连墙的外侧，观测用水准仪进行测量。所有监测结果都必须有完整监测记录。当超过报警值时，立即停止基坑排水、进行回灌，以保持压力平衡。

通过以上监测内容，确保施工区域的结构变形稳定，间接地对地铁的变形及位移进行了控制，保证了地铁结构的稳定和安全。

6. 地铁内部变形的监控技术

（1）地铁内部变形监测控制参数及使用仪器

1）地铁内部监测范围

监测范围为地铁隧道区间 DK15＋840～DK16＋015 及小白楼站东南侧风道，即基坑破除区域所对应的地铁线路里程分别向两侧各延 30m，及 B、C 塔楼拆除部位对应的地铁小白楼站东南侧通道。

2）监测仪器设备

以徕卡全站仪 TS30（精度：0.5″，0.6mm＋1ppm）为采集设备，配合相应的通信及后处理软件，以实现自动化监测。

3）监测项目

地铁运营线路的监测项目有：道床（钢轨）的沉降及水平位移监测，地铁主体结构的沉降、水平位移，地铁裂缝、渗漏监测。

4）预报警值

道床（钢轨）水平位移变化速率警戒值为 1mm/d，累计位移量不超过 4mm；道床（钢轨）沉降变化速率警戒值为 1mm/d，累计沉降量不超过 4mm；地铁主体结构水平位移变化速率警戒值为 3mm/d，累计位移量不超过 20mm；地铁主体结构沉降变化速率警戒值为 3mm/d，累计沉降量不超过 20mm。以上述数值的 80％作为（预）报警值。

（2）监测方案

1）自动监测设备的组成

为实现本项目监测的自动化，工作基点站设在车站侧壁，同时设置四个校核点以校核工作基点。安装于工作基点站的 TS30 全站仪通过无线蓝牙通信与 PDA 连接，由 PDA 控制全站仪对校核点和变形点按一定的顺序进行逐点扫描、记录、计算及自校，并将测量结果发送至 PDA 入库存储或进行整编分析。该种方法可以同时测量水平及高程变化，即测量各点三维坐标的变化量，从而生成其他需要的变化量。

2）工作基站及校核点设置

为使各点误差均匀并使全站仪容易自动寻找目标，工作基站布设于监测区中部。先制作全站仪托架，托架安装在站台侧壁或车站侧壁，离道床高度 0.8m 左右以便全站仪容易自动寻找目标。

基准点布设在远离变形区以外，最外观测断面以外 50m 左右的车站或隧道中。

3）监测断面布置

在地铁线小白楼站、小白楼至下瓦房区间及东南侧地铁通道内，共布置 23 个监测断面。见图 6.4-41。

4）监测点布设

由图 6.4-41 可以看出部分监测断面在车站，部分监测断面在区间，部分监测断面在地铁通道，车站、区间隧道及地铁通道的形状有差异，故监测点的布设位置要分别考虑。

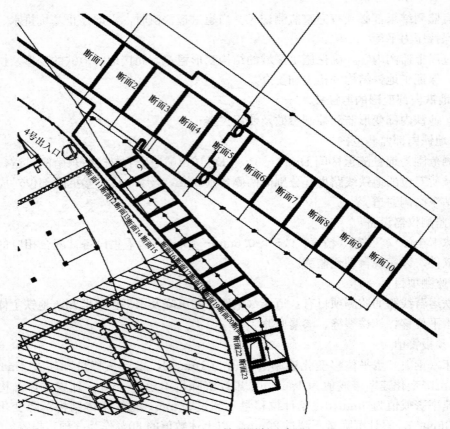

图 6.4-41 地铁监测断面布置

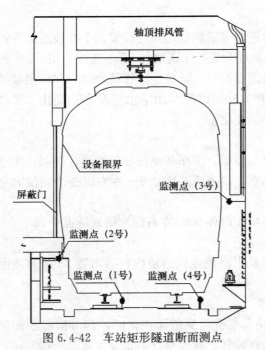

图 6.4-42 车站矩形隧道断面测点

① 既有线路结构沉降观测：隧道结构沉降监测采用静力水准仪，监测既有结构沉降及结构差异沉降。静力水准系统是一种用于测量多点相对沉降的高精密液位系统测量仪。观测区域为基坑所对应的地铁线路里程范围内。主体车站内每隔 20m 布设一个观测断面，东南侧地铁通道每隔 10m 布设一个观测断面，结构缝处断面 4 与断面 5 为车站主体与隧道沉降缝差异沉降监测点。每个监测段在侧墙壁布设静力水准系统共 12 个测点。

② 车站监测点布设：小白楼车站监测断面从断面 1~断面 4，每个断面在轨道附近的道床上布设两个监测点，中腰位置布设两个监测点。因车站断面形状的特殊性，一点布设在站台板底部，另一点布设在边墙靠近广告牌下部的位置，即每个监测断面布设 4 个监测点（图 6.4-42）。

③ 区间监测点布设：小白楼至下瓦房区间隧道为盾构区间隧道，监测断面从断面5～断面10，变形监测点按设计要求的断面布设。每个断面在轨道附近的道床上布设两个监测点，侧墙中腰位置两侧各布设一个监测点，即每个监测断面布设4个监测点。各观测点位的布设见图6.4-43。

④ 地铁通道监测点布设：地铁通道监测断面从断面12～断面23，变形监测点按设计要求的断面布设。每个断面在通道地面上布设两个监测点，侧墙中腰位置两侧各布设一个监测点，即每个监测断面布设4个监测点。各观测点位的布设见图6.4-44。

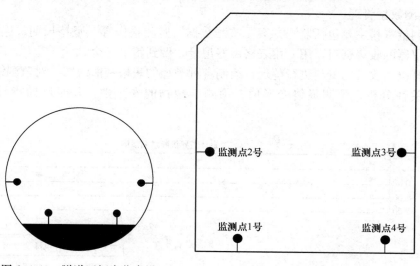

图6.4-43　隧道区间点位布设　　　　图6.4-44　通道点位布设

布设监测点应严格注意避免侵入设备限界，布设时根据现场实际情况及运营长期监测点位置进行调整。

（3）监测方法特点与优点

采用地铁结构变形自动化监测系统软件进行自动变形监测。具有自动控制及变形数据分析功能，能自动完成测量周期、评价测量成果等智能化的功能合为一体，是进行自动变形监测的理想系统。

1）可以实现自动监测。系统自动进行监测，克服了传统测量方法的不足，节约了大量的人力，为地铁提供了安全运营保障。

2）建立高精度的基准点，采用差分式测量方案，可以最大限度地消除或减弱多种误差因素，从而大幅度地提高测量结果的精度。变形监测点位三维精度优于1mm。

3）简化了设备，为系统在PDA控制下实现全自动、高可靠的变形监测，创造了有利条件。

4）进行数据处理、数据分析、报表输出等。

5）在短时间内同时求得被测点位的三维坐标，可根据设计方案的要求作全方位的预报。

6）将TCA自动化全站仪安置在隧道侧壁的强制对中托盘架上，全站仪数据通过无线蓝牙通信传输到PDA数据处理软件，同时将监测指令传输到采集设备（全站仪），实现远程自动的变形监测。

（4）信息化监测

1）监测信息化

实现监测过程的信息化，建立顺畅、快捷的信息反馈渠道，及时、准确地测定各监测项目的变化量及变化速率；及时反馈获取的与施工过程有关的监测信息，供设计、有关工程技术人员决策使用，才能最终实现信息化施工，实现顺畅、快捷地反馈监测信息的目的。

2）监测数据管理

监控测量资料主要包括监测方案、监测数据、监测报告等。坚持长期、连续、定人、定时、定仪器的收集资料，用专用表格做好记录，做到签字齐全。

用计算机对收集的资料进行整理，绘制各种类型的表格和曲线图。对监测结果进行一致性和相关性分析，预测最终变形值、预测结构物的安全性，及时反馈指导施工（图6.4-45）。

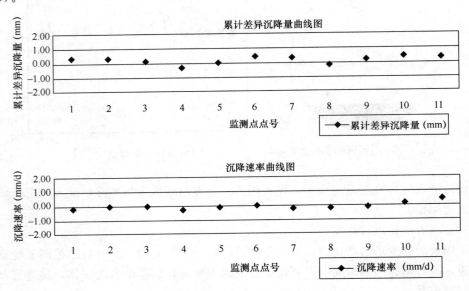

图 6.4-45　累计差异沉降量曲线图

由图 6.4-45 可以看出，地铁结构或轨道沉降变化速率及累计沉降量均未超过预警值。由此可知，现阶段地下结构改造施工对相邻地铁产生的变形影响在允许值范围之内，不会对地铁结构安全造成影响。

7. 实施效果及发展趋势

地下空间改造工程实施之前应对该地区地质及周围环境情况进行充分了解，临近地铁时，应与相关部门做好沟通，对影响地铁结构稳定及安全的因素提前进行分析，掌握过程中的重点、难点，针对实际情况对施工内容及工序进行详细规划，做好相关应急预案。在整个地下空间改造期间做好相关监测工作，并严格跟踪记录，以便及时进行调整。通过以上一系列措施，做好对改造工程的风险把控。

目前我国地下空间开发正处于快速发展时期，施工监测对于确保既有建筑或地下工程的安全至关重要。地下空间改造期间，通过对地铁变形的分析、控制及监测措施，以及对监测数据的管理，在保证地下空间改造正常施工的同时，避免了对临近地铁产生变形、沉降等影响，有效地保证了地铁结构的安全稳定以及地铁线路的正常运营。

6.5 结构改造施工

6.5.1 原设计情况

原结构已施工至±0.000。

6.5.2 现设计情况

本项目为天津国际贸易中心工程，项目建设场地位于天津市河西区小白楼附近。东起南京路，西至南昌路；南起合肥道，北至徐州道所围的区域内。本项目三层地库已施工完毕，A塔楼钢结构主体已施工至25层，裙楼及B塔楼地面以上结构尚未施工。

现对工程进行变更设计和改建续建。对于原有已建部分结构的强度及正常使用极限状态等设计标准未能达到本说明规定之情形，须对其进行局部加固、改建以确保加固改建和续建完成后的新的结构体系达到设计所规定的要求。

6.5.3 施工组织

1. 施工总体部署

本工程分三层进行施工，由地下三层至首层逐层进行加固。

2. 各阶段施工部署

加固施工部署原则是在保证结构改造工程的合理组织、科学安排、精确供应的前提下，尚应满足对后续工程的全面部署要求。

根据施工平面改造设计图纸，将施工平面划分成三个施工区域，A塔楼范围、B塔楼范围和C塔楼范围。

结构加固顺序为自下而上、逐层施工。按框架柱、新增剪力墙→框架梁→楼板进行施工。

3. 地下室加固阶段劳动力计划

见劳动力计划表6.5-1。

劳动力计划表

表6.5-1

序 号	名 称
1	加固专业工种
2	电气焊工
3	壮工

4. 主要机具设备使用计划

见表6.5-2。

序号	名　称	主要型号	功率（kW）	国　别	用　途
1	电锤	TE-76	1.3	瑞士	植筋、植化学锚栓
2	角磨机	1013	0.86	中国	基面打磨
3	钢筋调直机	GT6/12	12.6	中国	钢筋调直
4	钢筋切割机	GQ40	3.0	中国	钢筋下料
5	钢筋弯曲机	GW40	3.0	中国	钢筋加工

5. 周转材料使用计划

见表 6.5-3。

序号	名称	规格型号	用　途
1	木跳板	50×200×4000	垫板和操作板
2	消防灭火器	MFZL5 型	预防消防事故
3	密目安全网	2000 目	安全防护

6.5.4　施工工艺

1. 粘贴钢板加固施工

（1）工作原理

在被加固构件表面粘贴钢板。钢板与被加固构件之间涂刷建筑结构胶或灌注建筑结构胶，并采用锚固措施（如化学锚栓等）使钢板与被加固构件牢固的形成一体、协调变形，以达到共同受力的目的。

（2）施工特点与要求

粘贴钢板加固为传统的加固施工工法，主要适用于对钢筋混凝土受弯、大偏心受压和受拉构件的加固，其主要特点和相关要求有：

1）加固用钢材加工及表面处理工序繁多，工程量大。

2）现场运输量大，工人劳动强度高。

3）环境因素影响大，施工效率较低。

4）能充分发挥钢材性能，加固效果好。

5）结构胶固化时间短，完全固化后即可以正常受力工作。

6）本方法不适用于素混凝土构件，包括纵向受力钢筋配筋率低于现行国家标准《混凝土结构设计规范》GB 50010 规定的最小配筋率的构件加固。被加固的混凝土表面的正拉粘结强度不得低于 1.5MPa。

7）本方法加固构件使用环境温度不应高于 60℃。

（3）粘贴钢板加固施工工艺

1）施工工艺流程

混凝土表面粘贴钢板加固施工工艺流程如图 6.5-1 所示。

2）粘贴钢板加固施工方法

① 测量放线：根据设计图纸要求，施测基础底板、梁侧箍条、梁顶两侧及柱侧钢板及钢箍条的布置线。

② 钢板表面处理：对钢板粘贴面进行打磨除锈处理，然后用脱脂棉沾丙酮擦拭干净。钢板打磨除锈后效果图见图 6.5-2。

③ 混凝土基层表面处理：对原混凝土构件的粘合面进行打磨，除去 1～2mm 厚表层，然后用无油压缩空气除去粉尘或清水冲洗干净，待完全干燥后用脱脂棉沾丙酮擦拭表面即可。

④ 胶粘剂配制。使用前应进行现场质量检验，合格后方能使用。按产品使用说明书规定配制。取洁净容器（塑料或金属盆，不得有油污、水、杂质）和称重器按产品说明书配合比混合。

⑤ 涂胶和粘贴。胶粘剂配制好后，在已处理好的钢板面和混凝土表面用腻刀涂抹胶粘剂。为使胶能

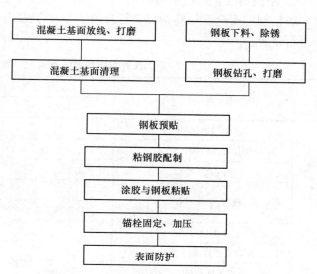

图 6.5-1　混凝土表面粘贴钢板加固施工流程图

充分浸润、渗透、扩散、粘附于结合面，宜先用少量胶于结合面来回刮抹数遍，再涂抹至所需厚度 1～3mm。中间厚、边缘薄，然后将钢板贴于预定位置。若是立面粘贴，为防止流淌，必要时候可加一层脱蜡玻璃丝布。

⑥ 固定和加压。钢板粘贴好后立即用化学锚栓固定，并适当加压，以使胶液刚从钢板边缘挤出为度。化学锚栓作为钢板的永久附加锚固措施，其埋设孔洞应与钢板一道于涂胶前配贴。框架梁粘钢后效果如图 6.5-3 所示。

图 6.5-2　钢板打磨除锈效果图

图 6.5-3　框架梁粘贴钢板

⑦ 表面防护。对粘贴到位的构件做好标示工作，提醒其他人员防止在结构胶固化的时段内对粘贴钢材扰动。

3）粘贴钢板胶粘剂的选择

① 粘钢胶粘剂设计要求

粘贴钢板用的胶粘剂采用 A 级粘钢胶。

② 粘钢用胶粘剂技术指标

胶粘剂的安全性检验指标应符合表 6.5-4 的规定。进场时，应根据规范要求对性能指标进行复验。

粘钢及外包钢用胶粘剂安全性检验合格指标 表 6.5-4

性 能 项 目		性能要求		试验方法标准
		A 级胶	B 级胶	
胶体性能	抗拉强度（MPa）	≥30	≥25	GB/T 2568
	受拉弹性模量（MPa）	≥3.5×10³（3.0×10³）		
	伸长率（%）	≥1.3	≥1.0	
	抗弯强度（MPa）	≥45	≥35	GB/T 2570
		且不得呈脆性（碎裂状）破坏		
	抗压强度（MPa）	≥65		GB/T 2569
粘结能力	钢-钢拉伸抗剪强度标准值（MPa）	≥15	≥12	GB/T 7124
	钢-钢不均匀扯离强度（kN/m）	≥16	≥12	GJB 94
	钢-钢粘结抗拉强度（MPa）	≥33	≥25	GB/T 6329
	与混凝土的正拉粘结强度（MPa）	≥2.5，且为混凝土内聚破坏		GB 50367－2006 附录 B
不挥发物含量（固体含量）（%）		≥99		GB/T 2793

注：表 6.5-4 中各项性能指标，除标有强度标准值外，均为平均值，强度标准值按相关要求计算。

③ 选择胶粘剂其他要求与规定

见表 6.5-5。

选择胶粘剂其他要求与规定 表 6.5-5

序号	内 容
1	钢筋混凝土承重结构加固用胶粘剂，其钢－钢粘结抗剪性能必须经湿热老化检验合格
2	混凝土结构加固用的胶粘剂必须通过毒性检验
3	寒冷地区加固混凝土结构使用的胶粘剂，应具有耐冻融性能试验合格证书

4）材料采购、存贮与加工

① 本工程加固用钢材材质为 Q345B，根据施工进度及现场情况制定采购计划。

② 钢材与胶粘剂的采购选用时应与我企业长期合作、信誉良好的材料供应商或代理机构，保障施工需求。

③ 钢材运输过程中应避免钢材的弯折，并对行防雨水、防晒。

④ 钢材为导电材料，存贮与加工时应远离电器设备、电源或采取可靠的防护措施。

⑤ 粘钢配套用胶粘剂的原材料应密封储存，保证不要与其他不明液体接触，防止发生化学反应致使胶粘剂失效。

⑥ 胶粘剂的存贮应远离火源，避免阳光直接照射。

⑦ 加固用钢板大部分拟现场加工制作。根据现场结构实测尺寸进行钢板的下料，不

但能满足设计要求,还能很好地满足施工精度要求。钢板的下料禁止使用气割断料,应采用等离子切割机。

⑧ U 形箍条的加工拟采用通过现场返样,加工厂制作完成。

⑨ 加固所用钢板应分类堆放,并做标识牌,标识钢板的型号规格。

⑩ 加固用钢材应储存在室内,禁止露天日晒雨林,应做好可靠的防护,防止生锈。

5)梁粘钢加固施工

本工程梁粘贴钢板加固类型如下:梁底粘钢、梁顶粘钢、U 形箍条等。连梁粘钢加固与框架梁粘钢加固施工方法基本相同。重点说明框架梁粘钢加固施工方法与技术措施。

① 框架梁粘钢加固方案

框架梁通常加固方案与节点做法如图 6.5-4 和图 6.5-5 所示。

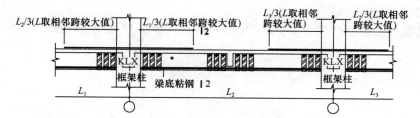

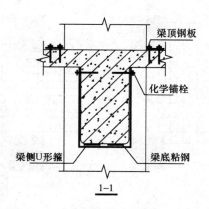

图 6.5-4 框架梁粘钢加固做法

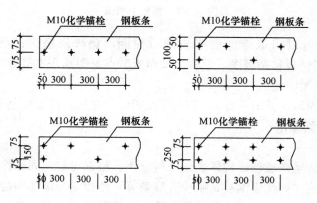

图 6.5-5 粘钢锚栓布置图

② 加固施工顺序

粘贴底板（附加化学锚栓）→粘贴 U 形箍条（附加化学锚栓）。

粘贴梁顶两侧钢板（附加化学锚栓）。

③ 施工特点与注意点

由于粘钢各钢板有交叉布置（如底板与箍条），所以控制粘钢胶层厚度不至于过厚，保证粘结质量是重点之一；可以采取局部深度打磨混凝土和钢板的煨弯进行控制节点图见图6.5-6。

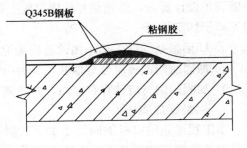

图 6.5-6　钢板煨弯节点

6）楼板粘钢加固施工

楼板粘钢加固类型较统一，均为板上下粘钢，钢板规格为－5mm。加固形式如图6.5-7 所示。

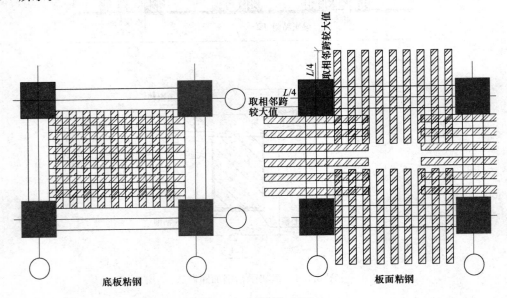

图 6.5-7　楼板加固图

保证粘结质量可以采取增加钢垫块进行控制，垫块规格为：钢板粘贴宽度减少10mm，垫块厚度同钢板粘贴厚度，钢板交叉布置节点见图6.5-7 和图6.5-8。

7）剪力墙粘钢加固施工

剪力墙粘钢加固形式见图6.5-9，粘钢交叉部位增加垫块同楼板粘钢。

2. 外包型钢加固技术

（1）工作原理

外包型钢加固法是在被加固构件表面外包型钢。型钢与被加固构件之间灌注建筑结构胶，并采用锚固措施（如化学锚栓、胀栓、箍条等）使型钢与被加固构件共同受力、协调变形。依靠结构胶良好的正粘结力和抗剪切性能，使型钢与混凝土粘结牢固形成一体以达到加固补强的作用。适用于承受静力作用的一般受弯及受拉构件。

284

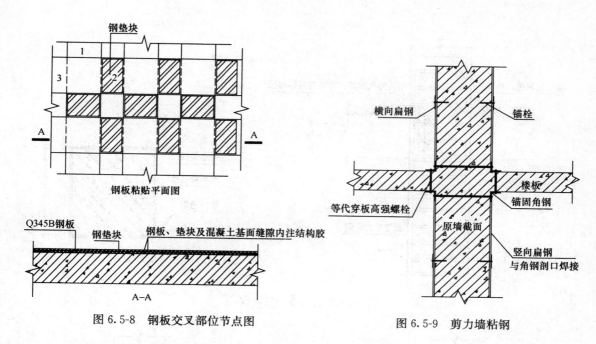

图 6.5-8　钢板交叉部位节点图

图 6.5-9　剪力墙粘钢

（2）施工特点与要求

外包型钢加固技术亦为传统的加固施工工法，主要使用于对钢筋混凝土受弯、大偏心受压和受拉构件的加固。其主要施工特点与要求同"粘贴钢板加固法"，见本章"粘贴钢板加固工程"中"粘贴钢板加固技术介绍"的内容。

（3）梁、柱外包角钢加固工艺流程

框架柱及梁外包角钢加固施工工艺流程如图 6.5-10 所示。

（4）柱、梁外包角钢加固施工

以框架柱、梁外包角钢节点为例，加固方案如图 6.5-11～图 6.5-13所示。

根据本工程框架柱、梁外包角钢加固施工特点，施工过程中应特别注意如下施工工序与方法的把握。

1）施工准备与安全防护

熟读图纸和相关技术文件，熟悉包钢加固施工工艺及质量、安全等技术要点。仔细勘察现场，了解施工操作难点与重点。做好技术保障措施，进行班前技术交底。

做好保温、控尘降尘和防火等安全防护措施，搭设牢固可靠的操作平台。

2）混凝土柱、梁基面处理

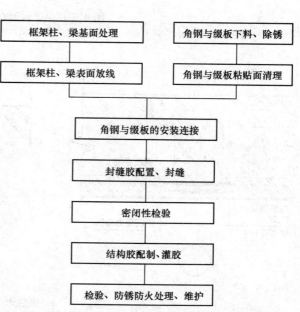

图 6.5-10　混凝土表面粘贴钢板加固施工流程图

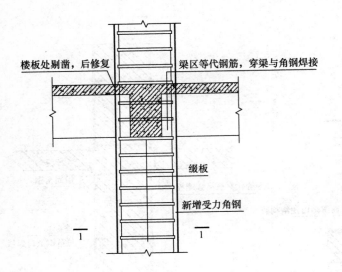

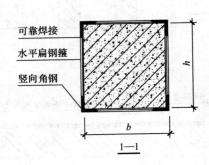

图 6.5-11　框架柱包钢

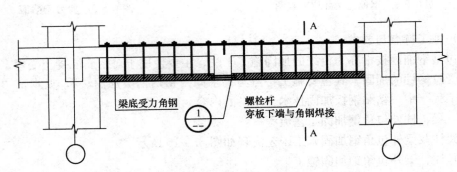

图 6.5-12　梁包钢立面图

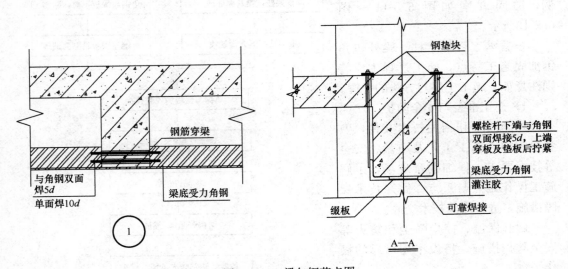

图 6.5-13　梁包钢节点图

根据设计图纸进行初步放线打磨粘合面，除去 1~3mm 厚表层结构。

3）角钢与缀板下料

下料前复核柱、梁的尺寸，在柱、梁上放出加固尺寸线。角钢与缀板下料在固定加工地点按统一规格加工。缀板根据各层柱尺寸下料，并保证有与角钢的焊缝连接长度不小于 $5t$，其中 t 为缀板厚度。

4）角钢与缀板粘贴面清理

用钢丝轮刷将角钢与缀板粘贴面进行打磨除锈处理，并用脱脂棉蘸丙酮擦拭清洗干净。

5）角钢与缀板的预贴与安装

预贴主要是检验框架柱、梁是否打磨平直或角钢本身是否有翘曲等变形。角钢安装时，用夹具夹紧固定；然后用缀板点焊连接角钢；待缀板点焊完毕，方可松开夹具。缀板与角钢的连接为三面围焊，焊缝高度不应小于缀板和角钢的最小厚度且满足设计要求。

6）封缝及灌胶

按产品说明书要求配置封缝胶粘剂。封缝时，角钢应每隔 400~500mm 安设灌胶嘴与出气嘴，并应在角钢与缀板连接处安设有胶嘴。封缝完成后连接灌胶装置进行密闭性检验。

灌注结构胶应自下而上进行，并保证每段角钢灌注作业时胶体供应及时、灌注连续。灌注结构胶为本工程质量控制的关键工序，必须确保不间断地一次性完成。灌注时自标高较低的灌胶嘴进胶，待相邻出气嘴出胶后立即将出气嘴作为灌胶嘴，并及时用铁丝封死原有注胶嘴，如此连续作业。在灌胶过程中，如出现局部跑胶漏胶现象应用封堵材料及时封堵。框架柱、梁外包角钢后效果见图 6.5-14 和图 6.5-15。

图 6.5-14　柱外包钢加固效果　　　　　　图 6.5-15　梁外包钢加固效果

3. 后锚固施工

（1）工作原理

植筋是一项对混凝土结构较简捷、有效的连接与锚固的技术；可植入普通钢筋，也可植入螺栓式锚筋；钢筋或螺栓通过高强度的结构胶粘剂（有机、无机粘结剂），使其与基材牢固粘结形成共同作用，从而能够承受足够的拉应力和剪应力，满足结构加固和补强的需要。

（2）施工特点

1）施工方便、改动和加固方式灵活、适用范围广。可以满足不同结构要求下的锚固、加固、补强需要。

2）粘结剂粘结强度高、收缩性小、固化时间可以调整、耐久性好且材料是无毒或低毒。

3）锚固钢筋的拉拔力大。利用胶粘剂将钢筋植入混凝土内，胶粘剂固化后钢筋与混凝土产生握裹力，即使钢筋受力达到屈服强度，结构胶也不会破坏。

4）拉拔力主要由基材强度、锚固深度和钢筋的强度决定。在混凝土中植筋可以达到具有整体现浇同样的效果。

5）抗振动、抗疲劳、耐老化性能好。

6）胶粘剂完全固化后可以承载受力，固化时间与基材温度有关。完全固化时间一般在 0.5～72h。

（3）适用范围

1）适用于结构增层；悬挑结构墙悬拉筋；新增梁、柱、板、基础钢筋生根。

2）化学锚栓广泛用于钢结构中柱、梁、牛腿等连接板与混凝土的生根连接。

3）设备基础安装中地脚螺栓的定位与安装。

4）各种悬挂构件的生根锚固。

5）适用基材：各种混凝土、砖、岩石、木材、塑料等。

6）使用环境：根据胶粘剂的性能确定，一般环氧树脂结构胶适用于环境温度 5～60℃，相对湿度不大于 70% 的环境；改性混合树脂类、无机类胶粘剂，耐低温、耐热、适合潮湿环境下作业；不同的胶粘剂具有不同的化学稳定性，在化学腐蚀的条件下，应采取适当防腐措施。

（4）本工程中应用的范围

框架柱、梁、剪力墙增大截面，新增梁、新增楼板、新旧混凝土接触面增加抗剪钢筋的植筋，新增钢梁中螺杆植筋。

（5）植筋胶的选择

1）植筋胶粘剂设计要求

本工程植筋胶粘剂采用 A 级植筋胶。

2）锚固用胶粘剂安全性能指标

见表 6.5-6。

锚固用胶粘剂安全性能指标 表 6.5-6

性能项目		性能要求	
		A 级胶	B 级胶
胶体性能	劈裂抗拉强度（MPa）	≥8.5	≥7.0
	抗弯强度（MPa）	≥50	≥40
	抗压强度（MPa）	≥60	

性能项目		性能要求	
		A 级胶	B 级胶
粘结能力	钢-钢（钢套筒法）拉伸抗剪强度标准值（MPa）	≥16	≥13
	约束拉拔条件下带肋钢筋与混凝土的粘结强度（MPa） C30 Φ25 L=150mm	≥11.0	≥8.5
	约束拉拔条件下带肋钢筋与混凝土的粘结强度（MPa） C60 Φ25 L=125mm	≥17.0	≥14.0
不挥发物含量（固体含量）（%）		≥99	

（6）植筋加固技术工艺流程

1）施工工艺流程框图

见图 6.5-16。

2）施工前准备

① 应对所使用的钢筋、胶粘剂、机具等做好施工前的准备工作。

② 检查被植筋位置混凝土表面是否完好，如存在混凝土缺陷则应将缺陷修复后方可植筋。

③ 用钢筋探测仪探测普查原有结构的钢筋分布情况，并用红油漆标出。植筋时应避让原钢筋位置，防止伤及原钢筋。

④ 应认真阅读设计施工图，按设计图纸在植筋部位准确放线定位。

3）钻孔

① 根据钢筋直径、钢筋锚固深度要求选定钻头和机械设备。钻孔直径根据工艺要求一般为钢筋直径 d＋（4～8mm）或由设计选定。深度满足设计图纸要求。钻孔应避开原钢筋。

② 植筋位置应避开接缝等部位，避开距离满足植筋间距大于 $2.5d$ 的要求。

③ 钻孔过程中若未达到设计孔深而碰到结构主筋，不可打断或破坏，应在附近另行选孔位。原孔位以相当原混凝土强度的无收缩水泥混凝土填实。

④ 按施工顺序每钻孔成一定批量后，请甲方、监理方验收孔径孔深等，合格后方可进行下一步施工。竖向孔要立即用木塞等将孔堵上临时封闭，以防异物掉入孔内。

4）清孔

① 清除孔内集水、异物等，可采用空压机或手动气筒吹净孔内碎渣和粉尘。

② 用棉丝擦去孔内粉尘，用丙酮清洗孔壁，并保持孔道干燥。

5）注胶

注胶时应将注胶器插入到孔的底部开始注胶，逐渐向外移动，直至注满孔体积的 2/3

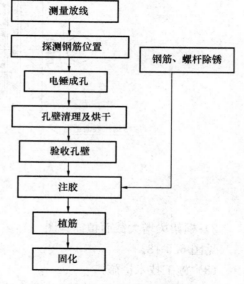

图 6.5-16 工艺流程图

即可。

　　6）植筋

　　钢筋植入部位必须除锈。将处理好的钢筋插入孔中，放入时缓慢转动钢筋，胶体充实、无气泡、无孔洞，孔与钢筋全面粘合，以胶体从孔内溢出为准。放入钢筋时要防止气泡发生。

　　7）养护固化

　　在常温下自然养护，养护期间不应扰动，参照植筋胶使用说明严格控制固化时间。

　　（7）植筋节点详图

　　1）框架柱增大截面植筋详图

　　见图6.5-17。

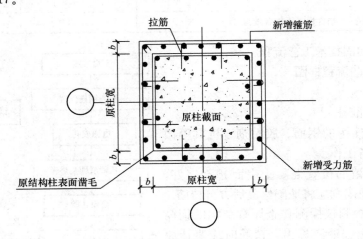

图 6.5-17　柱加大截面植筋节点图

　　2）框架梁增大截面植筋详图

　　见图6.5-18。

　　（8）施工技术措施

　　1）植筋锚固的关键是清孔。孔内清理不干净或孔内潮湿均会对胶与混凝土的粘结产生不利影响，使其无法达到设计的粘结强度，影响锚固质量。因此在清孔时不仅要采用吹气筒、气泵等工具，同时必须采用毛刷清除附着在孔壁上的灰尘。

　　2）钻孔位置的混凝土表面应完好。如存在劣质混凝土则应将其整理至坚实的结构层，钢筋的植入深度则应从坚实面算起。

　　3）按照图纸要求，根据植筋的直径对应相应的孔径与孔深进行成孔。钻孔时应控制电锤的成孔角度，确保钻孔的孔位、孔深、垂直度偏差满足设计要求。

　　4）胶体配制时计量必须准确，否则胶体凝结的时间不好控制，甚至会造成胶体凝结固化后收缩，粘结强度降低；胶体配制好后应立即放入孔内。

　　5）注胶量要掌握准确，不能过多也不能过少。过多，插入钢筋时漏出，造成浪费或污染；过少，则胶体不够满，造成粘结强度不够。

　　6）插入钢筋时要注意向一个方向旋转，且要边旋转边插入以使胶体与钢筋充分粘结。

　　7）植筋胶固化期间禁止扰动钢筋。

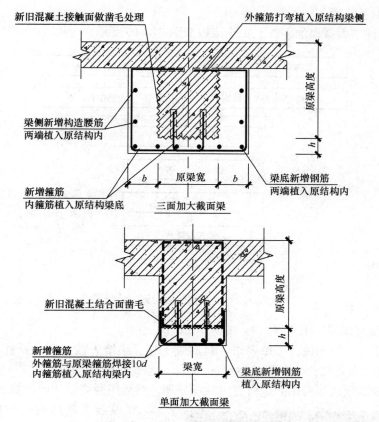

图 6.5-18　梁加大截面植筋节点图

8）待植筋胶完全固化后方可进行钢筋的焊接。焊接时在近胶处其焊接点应距基材表面大于 $15d$，且应采用冰水浸渍的毛巾包裹在植筋外露部分的根部，减少高温的传递。

9）施工完毕后，抽样进行拉拔试验。

4. 增大截面加固技术

（1）工作原理

增大截面加固法是一种传统的加固方法。通过增大原结构构件的截面尺寸并增配计算所需的钢筋与原结构共同受力，提高构件的强度和刚度，适用于梁、板、墙、柱构件的加固。

（2）施工特点与要求

此方法主要适用于梁的刚度、抗弯或抗剪承载力不足且相差较大的情况或原柱的强度或刚度不足的加固。其主要特点和相关要求有：

1）加固用钢材加工及表面处理工序繁多，工程量大。

2）现场运输量大，湿作业工作量大，工人劳动强度高。

3）能充分发挥钢材和混凝土整体工作性能，加固效果好。

4）混凝土硬化时间长，需长期养护。

5）本方法不适用于素混凝土构件，原构件混凝土强度等级不应低于 C10。

（3）增大截面加固施工工艺

1）施工工艺流程

混凝土构件增大截面加固施工工艺流程如图 6.5-19 所示。

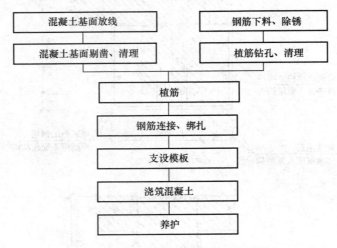

图 6.5-19　增大截面加固施工流程图

2）增大截面加固施工主要内容

① 测量放线：根据设计图纸要求，对混凝土柱、梁增大截面尺寸及柱、梁上植筋位置、主筋位置的布置线。

② 钢筋表面处理：对钢筋进行打磨除锈处理，然后用脱脂棉沾丙酮擦拭干净。

图 6.5-20　混凝土基层表面处理

③ 混凝土基层表面处理：对原混凝土构件的新旧结合面进行凿毛，然后用无油压缩空气除去粉尘，或清水冲洗干净。表面处理效果见图 6.5-20。

④ 钻孔植筋：按新纵向钢筋位置定位后用电锤钻孔，清孔处理后注入植筋胶并插入钢筋，锚入深度严格按照设计图纸要求；箍筋、拉结钢筋的植筋同纵向受力钢筋。

⑤ 钢筋连接、绑扎参见钢筋工程内容。

见图 6.5-21。

⑥ 支设模板参见模板工程内容。

见图 6.5-22。

（4）材料采购、存贮与加工

1）本工程加固用钢筋材质为 HPB235、HRB335、HRB400，应根据施工进度情况制定采购计划。

2）在钢材运输过程中应避免钢材的弯折，并使钢材防雨、防水、防晒。

3）钢材为导电材料，存贮与加工时应远离电器设备、电源或采取可靠的防护措施。

图 6.5-21　增大截面加固钢筋绑扎

图 6.5-22　增大截面加固模板支设

4）加固用钢材现场加工制作。根据设计尺寸结合现场结构实际情况进行钢材的下料，不但能满足设计要求，又能很好地满足施工精度要求。

5）加固所用钢材应分类堆放，并做标识牌标识钢材的型号规格。

6）加固用钢材应储存在室内，禁止露天日晒雨淋，应做好可靠的防护，防止生锈。

（5）剪力墙增大截面加固施工

剪力墙增大截面加固节点详见图 6.5-23。

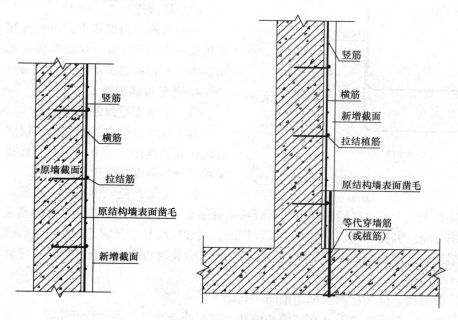

图 6.5-23　墙体加固图

6.5.5　钢筋施工

钢筋工程的重点是钢筋的定位和连接、制作绑扎以及新增结构与原有结构的锚固。

1. 钢筋采购

钢筋入场必须附有出厂证明（试验报告）、钢筋标志，并根据标志批号及直径分批检验和做见证取样。

特别注意的是结构纵向钢筋应保证：钢筋的抗拉强度实测值与屈服强度的比例不得小于1.25；钢筋的屈服强度实测值与钢筋的强度标准值不得大于1.3；预埋件的锚筋和吊钩严禁使用冷加工钢筋。

入场钢筋分类码放并做好标识。存放钢筋场地为现浇混凝土地坪，并设有排水坡度。堆放时钢筋下面要铺设垫木，离地面不宜少于20cm以防钢筋锈蚀和污染。

2. 钢筋加工与运输

本工程的钢筋均在场内加工成型，加工好的成品钢筋严格按照分部位、分型号、分流水段分类堆放。钢筋加工前由技术部门做出钢筋配料单，由项目总工程师审批后进行下料加工，现场以施工外用电梯作为垂直运输工具。特殊部位与较长的钢筋采用卷扬机通过楼梯井口进行垂直运输。

3. 钢筋连接

本工程钢筋连接优先采用机械连接，可采用绑扎搭接和焊接。

（1）绑扎搭接接头

钢筋绑扎接头的搭接长度及接头位置应符合结构设计说明和规范规定。钢筋搭接长度的末端距钢筋弯折处不得小于钢筋直径的10倍，接头不宜位于构件最大弯矩处；钢筋搭接处应在中心和两端用铁丝扎牢；各受力钢筋之间的绑扎接头位置应相互错开。

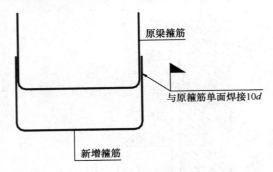

图6.5-24　增大截面梁箍筋与原梁箍筋焊接

（2）焊接连接

新旧箍筋采用焊接方式进行连接，单面焊接长度不小于$10d$，双面焊接长度不小于$5d$。本工程焊接方式如图6.5-24所示。

4. 各部位钢筋施工

（1）梁增大截面钢筋施工

施工顺序：梁主筋端部植筋锚固→梁主筋制作安装连接→放梁定位箍→楼板开洞穿梁箍筋→高强度混凝土垫块固定。

施工方法：验收模板施工质量，符合要求后定位并固定主筋。在梁四角主筋上画箍筋分隔线，对接头进行连接，将四角主筋穿上箍筋，按分隔线绑扎牢固，然后绑扎其他钢筋。梁加密区长度及箍筋间距均应符合设计要求，梁端第一道箍筋设置在距柱节点边缘50mm。梁板钢筋接头底筋在墙柱支座处，上筋在跨中1/3净跨范围内。

（2）剪力墙、框架柱增大截面钢筋绑扎施工

施工顺序：原表面凿毛→立柱筋和植筋→套箍筋→连接柱筋→画箍筋间距→放定位筋→绑扎钢筋→塑料垫块。

施工方法：用粉笔划好箍筋间距，箍筋面与主筋垂直绑扎并保证箍筋弯钩在柱上四角之间布置。为防止柱筋在浇筑时偏位，在柱筋根部以及上、中、下部增设钢筋定位卡。柱钢筋接头按照50％错开相应距离；柱箍筋绑扎时开口方向间隔错开。其中柱接头分别留

置在距板面上 500mm 和 900mm 处。

（3）钢筋安装质量标准

1）钢筋的加工、安装符合现行国家标准《混凝土结构工程施工质量验收规范》GB 50204 的要求。钢筋的机械连接符合现行行业标准《钢筋机械连接技术规程》JGJ 107。

2）钢筋安装允许偏差及检查方法。

见表 6.5-7。

钢筋工程安装允许偏差及检查方法　　　　表 6.5-7

项次	项　　目		允许偏差值（mm）国家规范标准	检查方法
1	绑扎骨架	宽、高	±5	尺量
		长	±10	
2	受力主筋	间距	±10	尺量
		排距	±5	
		弯起点位置	20	
3	箍筋、横向筋焊接网片	间距	±20	尺量连续 5 个间距
		网格尺寸	±20	
4	保护层厚度	基础	±10	尺量
		柱、梁	±5	

5. 钢筋的后锚固施工

详见后锚固工程相关章节。

6. 钢筋工程质量控制要点

（1）作为电气接地引下线的竖向钢筋必须标识清楚。焊接不但要满足导电要求，更要符合钢筋焊接质量要求。

（2）在对所有竖向钢筋接头按规范检验合格并做好标识后方可开始绑扎钢筋。绑扎时要求所有受力筋与箍筋或水平筋绑牢，柱子角部主筋与角部箍筋绑牢。

（3）保证拉结筋埋设数量及位置准确以满足结构抗震设防要求。

（4）按照结构设计总说明中所规定的布筋原则及规范进行钢筋施工，确保钢筋工程的施工质量，为工程的结构安全奠定基础。

6.5.6　模板施工

1. 模板体系设计选型

各部位模板体系设计选型如下：

（1）框架梁增大截面及新增梁：采用 12mm 厚的木胶合模板，龙骨选用 50mm× 100mm 木枋。

（2）剪力墙、柱增大截面模板：模板面板均采用 12mm 厚的木胶合模板，50mm× 100mm 木枋作为次龙骨，100mm×100mm 木枋作为主龙骨，支撑体系选用斜撑管支撑架。

2. 材料的加工、堆放及运输

在现场设木工加工棚和模板拼装场地，部分构件须场外加工完成。模板材料加工、堆放区按照业主单位施工总平面图统一规划，尽量减少模板倒运次数及运输距离缩短。模板分类堆放并设标示牌，堆放高度、场容等须符合安全文明施工要求。

3. 模板安装前准备工作

（1）模板的堆放场地设置在施工区域范围内，便于直接调运。

（2）技术交底：编制详细的施工方案，对施工班组进行技术交底。

（3）测量放线：柱模板安装之前，在楼层上依次弹出梁、柱轴线，模板安装位置线。轴线引测后测量员复验。

（4）刷脱模剂：刷脱模剂对于保护模板、延长模板寿命、保持混凝土表面的洁净和光滑，均起着重要作用。

（5）柱模板安装之前，柱钢筋安装及绑扎完毕且验收合格。

（6）已做好施工缝的处理。

4. 各构件模板安装施工

（1）剪力墙、柱增大截面模板安装

1）工艺流程

安装前准备→安装左右侧限位块→左右侧窄模板吊装就位→安装面侧限位块→清扫柱内外杂物→安装就位面侧较宽封口模板→调整模板位置→与相邻模板连接。

2）施工方法与技术要点

① 支设前模板底部板面应平整，沿墙体边线向外 3～5mm 贴好海绵条，检查墙体模板编号，检查模板是否清理干净。

② 安装左右侧限位块，在柱筋上绑焊短头钢筋限制增大截面尺寸。

③ 将一侧窄模板按位置线吊装就位。

④ 以同样的方法就位另一侧窄模板，然后调整两块模板的位置和垂直度。

⑤ 采用同样的方法安装面侧较宽模板，并与相邻模板拼装连接。模板安装完毕后，全面检查扣件、螺栓是否紧固、稳定，模板拼缝及下口是否严密。

3）增大截面模板支设

模板支设图见图 6.5-25。

（2）新增梁和框架梁增大截面模板

1）新增梁模板施工流程

弹 1.5m 线→搭设脚手架（底部垫木枋）→调整梁底钢管标高→安装梁底模板→安装顶撑并调整→安装梁侧模板→梁板间木枋（贴密封条）就位→支撑架加固→安装楼板上梁侧模板。

2）框架梁增大截面模板施工流程

弹 1.5m 线→搭设脚手架（底部垫木枋）→调整梁底钢管标高→安装梁底模板→钢管顶紧→安装梁侧限位钢筋→安装梁侧模板→梁板间木枋（贴密封条）就位→支撑钢管加固→安装楼板上梁侧模板。

3）梁模板支设

框架梁增大截面模板支设见图 6.5-26。

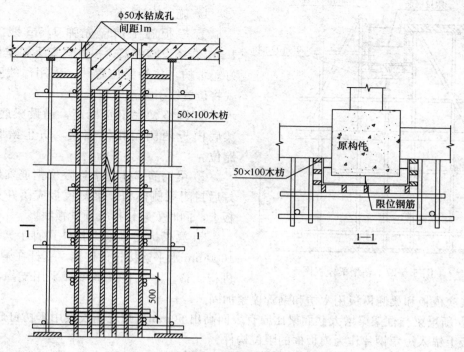

图 6.5-25 框架柱增大截面模板安装示意图

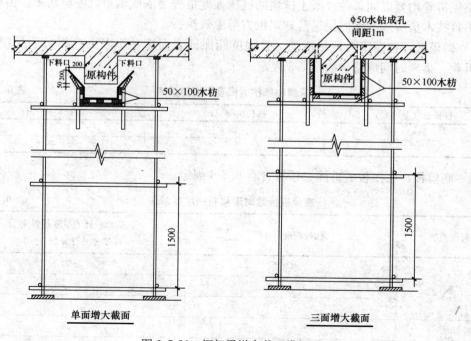

单面增大截面   三面增大截面

图 6.5-26 框架梁增大截面模板图

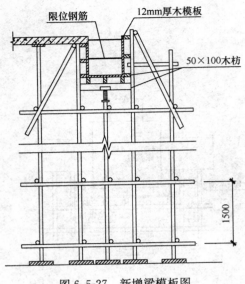

限位钢筋　　12mm厚木模板

50×100木枋

1500

图 6.5-27　新增梁模板图

新增梁模板支设见图 6.5-27。

4）施工方法

① 模板施工前应先弹 1.5m 线，根据 1.5m 线搭设脚手架；扣件式脚手架立杆下垫好短木枋，放好梁位置线，采用吊线坠的方式将位置线引至钢管架上。

② 调整梁底钢管标高，铺设梁底模板；梁底模板两侧用扣件锁紧，防止梁底模板跑位。

③ 梁钢筋绑扎完毕且限位钢筋安装焊接好后封闭梁侧模板，梁侧模板应落在梁底模板上，同时安装快拆头顶紧板底。

④ 梁模板支撑采用扣件式脚手架，间距 1000mm 水平连接杆件连接，立杆在梁的位置进行调整。本工程梁侧模板采用支撑支顶加固，梁底模板和梁侧模板用木枋和钢管顶紧加固。

⑤ 新增梁与框架梁增大截面梁比原有表面高出 50mm，此处侧模板用木枋钉成模框，在楼板上锚入短角钢片作为模板框的限位构件。

5.模板的拆除

（1）模板拆除规定

模板拆除均要以同条件混凝土试块的抗压强度报告为依据填写拆模申请单，由项目工长和项目技术负责人签字后报送监理审批方可生效执行。

1）侧模板：在灌浆料硬化成型，且强度能保证表面棱角不因拆除模板而受损坏后，方可拆除。拆模时间应符合表 6.5-8 规定。

拆模和养护时间及环境温度表　　　　表 6.5-8

日最低气温（℃）	拆模时间（h）	养护时间（d）
5～15	48	7
≥15	24	7

2）底模板：底模板的拆除必须符合表 6.5-9 规定。

底模板拆除时灌浆料强度要求表　　　　表 6.5-9

构件类型	构件跨度（m）	达到设计的灌浆料强度标准值的百分数（%）
板	≤2	≥50
	>2，≤8	≥75
	>8	≥100
梁	≤8	≥75
	>8	≥100
悬臂构件	—	≥100

298

（2）模板拆除方法

1）模板拆除顺序与安装顺序相反：先支后拆，后支先拆；先拆非承重模板，后拆承重模板；先拆纵墙模板，后拆横墙模板；先拆外墙模板，再拆内墙模板。

2）板模拆除方法为：将旋转可调支撑向下退100mm使龙骨与模板脱离。先拆主龙骨，再拆次龙骨，最后拆顶板模板。拆除时人站在扣件脚手架下，待顶板上木料拆完后，再拆钢管架。

3）拆模时不要用力过猛，拆下来的材料要及时运走。

4）拆除时要注意成品保护，拆下后的模板及时清理干净，按规格分类放置整齐。

6. 模板安装质量标准

（1）模板及其支架必须具有足够的强度、刚度和稳定性。模板支撑部分要有足够的支撑面积。

（2）使用自然风干的方木，含水率不得大于18％。木龙骨使用前必须压刨，保证规格一致、平整，平直度控制在1/1000以内。

（3）模板面板的分割，必须有一定的规律。尽量使用整板制作模板，模板接缝必须水平、垂直，有一定的装饰性。

（4）模板裁板必须使用80齿以上的合金锯片，使用带导轨的锯边机；不规则的几何形状，使用转速不低于4000r/min的高速手提电锯。整个木模板的加工和安装，按照细木工活的工艺标准执行和验收。

（5）模板裁切、打孔后必须用专用封边漆封闭切口以防模板吸水变形。所有龙骨与面板之间的连接为反向钉钉。

（6）脱模剂：本工程中必须使用同一类型和品牌的脱模剂（事先得到建筑师和工程师的认可），要均匀地、自上而下然后水平地涂刷在模板表面，用量要确保脱模干净利落，不能对已成型的混凝土面造成污染。

（7）板上钉钉、打孔时必须在板下垫木枋，防止悬空造成背面出现劈裂。模板使用时防止金属锐角划伤、碰伤、摔伤，确保模板表面质量。

（8）模板施工过程中必须做好模板的保护工作，吊装模板必须轻起轻放，严禁碰撞。

（9）当梁跨度大于4m时，梁按1/1000mm起拱，楼板随梁。悬臂梁自由端上拱4/1000mm。

（10）拆模后要立即用较宽的刮刀彻底清除模板表面，刷好脱模剂以利周转使用，并放于干燥处保存。

（11）在各方面积极采取有效的工艺技术和组织管理措施，建立健全各项质量、技术管理制度，完善各级管理人员的岗位责任制。

（12）各参加施工的队伍，要组织有关人员进行培训，充分了解设计意图、结构类型特点和模架设计总体思路。并在此基础上搞好各单位所承担施工任务区域的施工组织及方法的编审工作，做到施工组织、施工方法交底齐全、及时、合理并且有针对性和实用性。

（13）针对工程的实际情况进行工前培训。

（14）模板从加工制作到安装，建立模板验收程序管理规定，各施工班组必须严格遵照执行。每一道工序都要安排专人进行检查，签认验收结果，如发现存在质量问题，任何人不得放行。专职质量员要对每一道工序的质量把关，对最终的质量负责。

（15）模板安装和预埋件、预留孔洞的允许偏差见表 6.5-10。

模板安装允许偏差及检查方法 表 6.5-10

项次	项　　目		允许偏差（mm）国家范围标准	检查方法
1	轴线位移	柱、墙、梁	5	尺量
2	底模上表面标高		±5	水准仪或拉线尺量
3	截面模内尺寸	柱、墙、梁	±4、-5	尺量
4	层高垂直度	层高不大于 5m	6	经纬仪或吊线尺量
		大于 5m	8	
5	相邻两板表面高低差		2	尺量
6	表面平整度		5	靠尺、塞尺
7	阴阳角	方正	—	方尺、塞尺
		顺直	—	线尺
8	预埋铁件中心线位移		3	拉线尺量
9	预埋管、螺栓	中心线位移	3	拉线尺量
		螺栓外露长度	+10、0	
10	预留孔洞	中心线位移	+10	拉线尺量
		尺寸	+10、0	
11	插筋	中心线位移	5	尺量
		外露长度	+10、0	

7. 模板支撑脚手架

（1）支撑脚手架的搭设

根据设计计算确定并画出具体部位的搭设大样图，确保脚手架搭设的安全。在施工过程中严格按照确认后的方案要求进行搭设，立杆间距、横杆步距及位置均要符合计算要求。架杆及 U 形托材质要经检验合格，搭设时应保证在架杆下部垫设垫木，增大受力面积。立杆与横杆之间的连接要牢靠。架杆搭设时须控制好 U 形托顶部的标高，保证模板支设时标高的正确。

（2）支撑脚手架的拆除

所有支撑用脚手架的拆除要以混凝土是否达到拆模时间为依据。在混凝土未达到拆模要求强度前严禁拆除任何杆件。见本节"模板的拆除"相关规定。

（3）脚手架的验收

支撑架必须由专业工种严格按规范及审批过的施工方案进行搭设，搭设前必须进行安全、技术交底，所用材质应验收合格。每段支撑架搭设完毕后必须经过验收合格后方可投入使用。

8. 模板管理与维护

（1）模板的管理

1）墙、柱大模板及梁侧、梁底模板等预先制作的模板，应进行编号管理；模板宜分类堆放、便于使用。

2）加工好的模板不得随意在上面开洞，如确需开洞必须经过主管工长同意。

3）木模板根据尺寸不同分类堆放，需用何种模板直接拿取，不得将大张模板锯成小块模板使用。

4）拆下的模板应及时清理，如发现翘曲、变形应及时修理，损坏的板面应及时进行修补。

5）水平结构模板支设后刷水溶性脱模剂。竖向结构采用覆膜竹胶板模板，使用前应刷水溶性脱模剂；定型可调钢模支设时，使用前刷油性脱模剂。

（2）模板的维护

1）模板应放在室内或干燥通风处，露天堆放时要加以覆盖。模板底层应设垫木，使空气流通，防止受潮。

2）拆除后的模板应将表面上的混凝土清理干净，将留在上面的钉子起出，并分类堆放整齐。

3）暂时不用的零件应入库保存，分类管理以备更换。

6.5.7 无收缩灌浆料工程

1. 浇筑方式的选择

本工程加大截面施工中由于截面增大较小，因此采用无收缩灌浆料进行浇筑，该材料流动度大、不泌水、无离析，现场只需要加水搅拌即可使用；施工时无须振捣，因此采用人工浇筑进行施工。

2. 材料要求

（1）早强、高强。

（2）高自流性：流动度大、不泌水、不离析，现场只须加水搅拌即可使用。

（3）微膨胀性：确保原结构与灌浆料紧密接触，形成一体。

3. 灌浆料的施工

（1）施工准备

灌浆料拌合的加水量以材料出厂报告提供的加水量为准，现场台秤 3 个、水桶 5 个、水应进行称量后加入灌浆料中进行拌合。

（2）人工搅拌

使用拌板搅拌，搅拌过程中要边翻倒、边插捣，使之彻底均匀并增大流动性。搅拌时间一般在 5min 以上。

使用手电钻搅拌器搅拌，搅拌 1～2min 为宜。

（3）灌浆料的浇筑

浇筑前检查基面处理情况。基面应清理干净，不得有油污、浮灰、粘贴物、碎石等杂物。

通过人工浇筑的方式从上次楼板剔凿的灌浆孔处进行浇筑，直至浇满为止。

（4）养护

灌浆后构件 24h 内不得受到振动。

日最低气温 5℃ 以上时，进行 7d 洒水养护，浇水次数以保持灌浆料表面处于湿润状态为准。

6.5.8 粘贴碳纤维布工程

1. 碳纤维施工工艺流程

碳纤维施工工艺流程见图 6.5-28。

2. 施工顺序

(1) 表面处理

1) 清除劣化混凝土，露出混凝土结构层，并用环氧树脂砂浆将表面修复平整。

2) 被粘贴混凝土表面用角磨机打磨平整，除去表层浮浆、油污等杂质直至完全露出混凝土结构新面。梁体的转角粘贴处要进行导角处理并打磨成圆弧状，圆弧半径不小于20mm（图 6.5-29）。

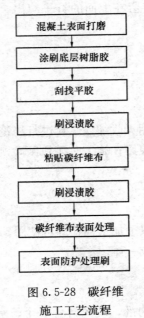

图 6.5-28 碳纤维
施工工艺流程

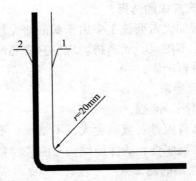

图 6.5-29 构件转角处粘贴示意图
1—构件结构层；2—碳纤维布

3) 混凝土表面必须平整、坚实、无杂质，表面干燥。

(2) 涂刷底层树脂胶

1) 应按产品供应商提供的工艺规定配制底层树脂胶。

2) 应用滚筒刷将底层树脂胶均匀涂抹于混凝土表面。

(3) 找平处理

1) 按设计要求对出现混凝土碳化，以及梁体缺楞掉角的部位进行处理。

2) 按产品供应商提供的工艺规定配制找平材料。

3) 应对混凝土表面凹陷部位依据设计要求用找平材料填补平整，且不应有棱角。

4) 转角处应用找平材料修复并利用角磨机将其打磨成光滑的圆弧，半径应不小于20mm。

5) 在找平材料表面指触干燥后立即进行下一步工序施工。

（4）粘贴碳纤维布

1）按照设计要求的尺寸裁剪碳纤维布。

2）调胶：按粘结面积计算好用量，准确称取材料，按厂家说明书中的比例配制，并在清洁容器中充分搅拌均匀。

3）用硬毛刷将配好的胶粘剂均匀地涂刷到粘结面，胶量必须充足、饱满。

4）将剪好的碳纤维布贴于混凝土粘贴面，用专用的滚筒顺纤维方向多次滚压，促使碳纤维布平直、延展，胶粘剂充分渗透。滚压时不得损伤碳纤维布。

5）在碳纤维布表面涂刷部分胶粘剂，继续往复刮涂碾压、赶出气泡，并使胶粘剂均匀覆盖碳纤维布。

6）置 1～2h 至指干，重复碾压消除因纤维浮起和错动可能引起的气泡、粘结不实等现象。

7）多层粘贴重复上述步骤，应在纤维表面浸渍树脂胶，在指触干燥后立即进行下一层的粘贴。

8）在最后一层碳纤维布的表面均匀涂抹浸渍树脂胶。

9）梁、柱碳纤维加固见图 6.5-30。

（5）检验与验收

1）在开始施工之前应确认碳纤维片、布及配套树脂粘结材料的产品合格证、产品质量出厂检验报告，各项性能指标应符合《碳纤维片材加固混凝土结构技术规程》CECS 146 规定的要求。

2）采用碳纤维片材及配套树脂类粘结材料对混凝土结构进行加固修复时，应严格进行各工序隐蔽工程检验与验收。

3）每一道工序结束后均应按工艺要求进行检验。

4）碳纤维片材与混凝土之间的粘结质量可用小锤轻轻敲击或手压碳纤维片、布表面的方法来检查，总有效粘贴面积不应低于 95％。当碳纤维布的空鼓面积小于 10000mm² 时，可采用针管注胶的方式进行补救；空鼓面积大于 10000mm² 时，宜将空鼓处的碳纤维片材切除，重新搭接贴上等量的碳纤维片材，搭接长度不小于 150mm。

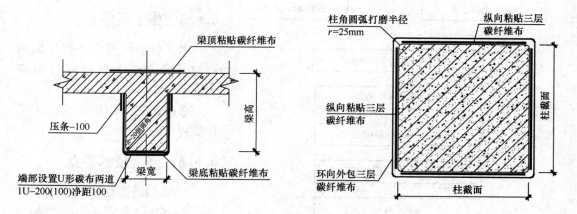

图 6.5-30　梁、柱碳纤维加固

6.6 墙体开洞灌胶湿式外包钢工程

6.6.1 工作原理

灌胶湿式外包钢加固是在混凝土构件表面用专门配置的改性环氧树脂类胶粘剂粘结钢板，依靠该粘结剂良好的正粘结力和抗剪切性能使钢板与混凝土牢固地形成一体，以达到加固补强作用。

6.6.2 施工特点

（1）施工简便、快捷，被加固件断面尺寸和重量相对较小。

（2）环氧树脂类胶粘剂将钢板（型钢）与混凝土紧密粘结，将加固件与被加固体结合为一体。该胶粘剂固化时间短，完全固化后即可以正常受力工作。

6.6.3 适用范围

（1）本加固方法适用于承受静力作用的一般受弯及受拉构件及剪力墙的开洞加固，环境温度不大于60℃，相对湿度不大于70%及无化学腐蚀的条件，否则应采取有效防护措施。

（2）当构件混凝土强度等级低于C15时，不宜采用本方法进行加固。

（3）加固用钢板采用Q345-B等级钢板，厚度5～10mm为宜或视设计要求而定。钢板、连接钢板及焊接的强度的设计值，按施工设计图纸及现行国家标准《钢结构设计规范》GB 50017。

6.6.4 技术标准

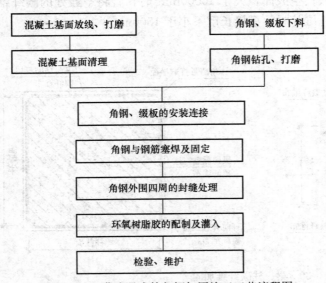

门洞包钢用的胶粘剂采用A级粘钢胶（灌注型）。

6.6.5 施工工序

本工程灌胶湿式外包钢加固项目，剪力墙上新开洞口包钢加固。

灌胶湿式外包钢项目施工工序流程见图6.6-1。

图6.6-1 灌胶湿式外包钢加固施工工艺流程图

6.6.6 施工技术要点

1. 角钢表面处理

角钢粘结面须进行除锈和粗糙处理。如角钢未生锈或轻微锈蚀，可用喷砂、砂布或平砂轮打磨，直至出现金属光泽。打磨粗糙度越大越好，打磨纹路应与钢板受力方向垂直，其后用棉丝沾丙酮擦拭干净。

2. 基层表面处理

混凝土构件表面，应按下列方法进行处理。

（1）混凝土表面如出现剥落、蜂窝、腐蚀等劣化现象的部位应予剔除，对于较大面积的劣质层在剔除后应用聚合物水泥砂浆进行修复，有较大凹陷处用找平胶修补平整；打磨完毕须吹净浮尘，最后拭净表面，待粘贴面完全干燥后备用。

（2）对原混凝土构件的粘结面，可用硬毛刷粘拭洗涤剂。刷除表面油垢污物后用水冲洗，再对粘结面进行打磨，除去2～3mm厚表层，四角磨出小圆角，用压缩空气除去粉尘或清水冲洗干净，待完全干燥后用棉丝沾丙酮擦拭表面即可。

（3）对于新混凝土粘结面，先用钢丝刷将松散浮渣刷去，再用硬毛刷沾洗涤剂刷表面，用有压冷水冲洗，待完全干后进行下道工序。

（4）对于龄期在3个月以内或湿度较大的混凝土构件，尚须进行人工干燥处理。

3. 现场配胶

粘结剂作在使用前应进行现场质量检查，合格后方能使用。要严格按产品使用说明书规定配比混合，并用搅拌器搅拌约5～10min至色泽均匀为止。注意搅拌时应按同一方向搅拌，尽量避免雨水及空气混入容器。容器内不得有油污且配置场所应通风良好，一次配胶量不宜过多，应根据现场施工的需要以40～50min用完为宜。

4. 钢材固定

（1）按照施工图纸对洞口四周需要植栓位置植栓，具体详见植筋施工工艺。

（2）植栓工序按要求结束后在角钢上按照钢筋的位置打孔，将角钢上的孔与钢筋对准安装到位后，立即对钢筋与钢板塞焊。

5. 钢板外围四周的封缝处理

角钢与钢筋安装完毕后用环氧胶泥将钢板周围封闭，留出排气孔，并在有利灌浆处留置灌浆嘴（一般在较底处设置），间距视现场加固钢板长度而定（一般为200mm＜间距＜2500mm）。

6. 环氧树脂胶的灌入

待灌浆嘴留置牢固且角钢四周环氧胶泥完全固化后，通气试压。以0.2～0.4MPa的压力将环氧树脂浆从灌浆嘴位置通气压入，待排气孔出现浆液后停止加压；以环氧胶泥堵孔，再以较底压力维持10min以上方可停止灌浆。灌浆后不应再对角钢进行锤击、移动、焊接，具体详见图6.6-2。

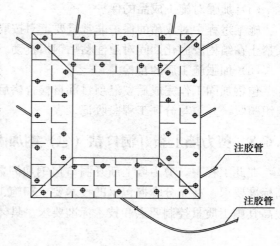

注胶管

注胶管

图6.6-2 环氧树脂胶的灌入

7. 检验、维护

（1）检验时应用小锤轻击灌注粘贴钢板，从声响判断粘贴效果，也可用超声仪检测。若锚固区有效粘结面积少于90%，非锚固区有效粘结面积少于 70%，应剥离钢板，重新灌注，对构件的检验需要符合现行相关规范或规程的规定。

（2）维护：灌注粘贴的角钢表面应进行防锈蚀处理，表面防锈蚀材料对钢板及胶粘剂应无任何危害；成品保护对粘贴到位的构件做好标示工作，提醒其他人员防止在结构胶固化时间内对钢材扰动。

6.6.7　技术保障措施

包钢加固是在混凝土构件表面与钢板或型钢间灌注改性环氧树脂胶。依靠改性环氧树脂胶良好的正粘结力和抗剪切性能，使钢板后型钢与混凝土牢固地形成一体以达到加固补强作用。本工程包钢项目主要集中在 A 塔楼部分，其施工质量是相当重要，同时也是本工程中施工的重点及难点。为确保施工质量高标准有效地控制，施工过程中必须采取如下有效技术保障措施：

（1）工序段质量的把关

待环氧树脂胶灌注前一定严格检查前一工序角钢与钢筋的安装质量，认真按照施工图纸及相关规范操作，坚决杜绝在环氧树脂胶灌注过程中及灌注完毕后再对角钢任何部位进行施焊。

（2）选择优质的改性环氧树脂胶

严格按照设计要求选用优质的改性环氧树脂胶。使用过程中严格审查材料质量检验报告及产品出厂合格证，其各项指标应达到规范设计要求，坚决杜绝不合格产品进入施工现场。

（3）搭设合理的施工操作平台

根据包钢位置和施工现场具体情况合理搭设便于施工操作的活动工作平台，减少施工辅助时间提高施工效率。

（4）加强施工过程中重要作业环节的操作

在具体施工过程中一定要对粘结面的处理、灌注胶的灌注及钢筋与角钢的塞焊等重要施工环节进行严格的施工质量过程控制，并严格按照包钢施工工序和工艺操作施工。

（5）加强对施工成品的保护

施工过程中对成品的保护非常重要，对按要求施工完毕的构件做好标示工作，提醒他人禁止在结构胶固化期间对灌注粘贴钢板扰动。

（6）加强施工后的自检

包钢加固工作完成后，经项目部自检合格后，报请甲方、设计方、监理方及总承包方组织验收，并填写分项工程验收记录表。

6.6.8　剪力墙上新开洞口粘（包）钢加固

在此工程中，剪力墙上新开洞口包钢加固数量集中在 A 塔楼，对其工程质量必须有高标准要求。在充分掌握包钢的技术要求和施工工法的基础上，进一步根据本工程特点，提高其施工质量控制要点和技术标准要求。具体见剪力墙开洞加固示意图 6.6-3。

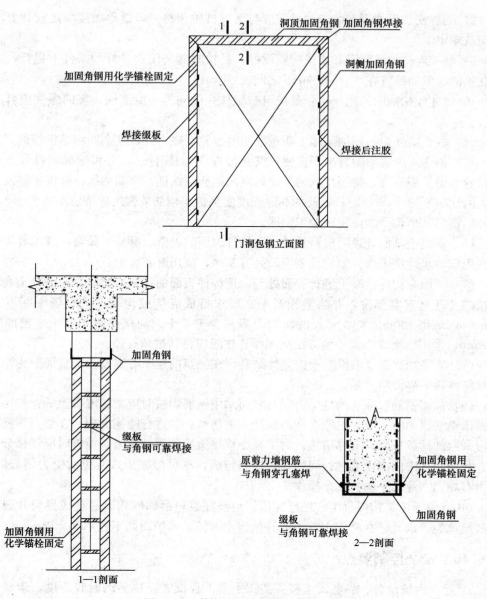

图 6.6-3 剪力墙开洞加固示意图

6.6.9 质量控制要点

（1）角钢骨架及钢套箍的部件应在现场按被加固构件的实际外围尺寸进行制作。其部件上的预钻孔洞和切口的位置、尺寸和数量应符合设计图纸要求。

（2）角钢骨架各肢的安装应采用专门的卡具以及钢箍和垫片等箍紧、顶紧，安装后的角钢骨架与柱表面应紧贴，钢骨架无松动和晃动。

（3）钢骨架安装与灌胶过程中应满足以下要求：

1）钢材安装过程中尚应采取有效的措施，控制钢材与混凝土的间隙在 4mm 以内，最佳为 1～3mm。

2）钢材安装后的焊接。焊丝材质应与钢材材质相符，焊缝等级应满足设计要求和相关规范规定。

3）灌胶应待封灌浆嘴和出气嘴安设好，且检验缝密闭性良好的条件下进行；灌浆与出气嘴的布设间距宜在 300～800mm 之间。

4）灌注胶粘剂时，同一水平处应自框架柱一侧向另一侧灌注；竖向灌注应自下而上进行。

（4）柱、梁外包角钢加固施工质量控制要点除上述之外，其余同粘贴钢板加固法。

（5）钢筋入场必须附有出厂证明（试验报告）、钢筋标志，并根据标志批号及直径分批检验和做见证取样。特别注意的是结构纵向钢筋应保证：钢筋的抗拉强度实测值与屈服强度的比例不得小于 1.25；钢筋的屈服强度实测值与钢筋的强度标准值不得大于 1.3；预埋件的锚筋和吊钩严禁使用冷加工钢筋。

（6）混凝土基面处理时应清除被加固构件表面的剥落、酥松、蜂窝、腐蚀等劣化混凝土并用压力水冲洗干净，如构件表面凹处有积水，应用麻布吸去。

（7）对原有构件混凝土进行表面处理。把构件表面的抹灰层铲除，对混凝土表面存在的缺陷清理至密实部位，并将表面凿毛，要求打成麻坑或沟槽。坑和槽深度不宜小于6mm，麻坑每 100mm×100mm 的面积内不宜少于 5 个；沟槽间距不宜大于箍筋间距或200mm，采用三面或四面外包方法加固梁、柱时应将其棱角打掉。

（8）为了加强新、旧混凝土的整体结合，在浇筑前在原混凝土结合面上先涂刷一层高粘结性能的界面结合剂。

（9）加固钢筋和原有构件受力钢筋之间采用钢筋焊接时应凿除混凝土的保护层并至少裸露出钢筋截面的一半，对原有和新加受力钢筋都必须进行除锈处理，在受力钢筋上施焊前应采取卸荷载或临时支撑措施。为了减小焊接造成的附加应力，施焊时应逐根分区、分段、分层和从中间向两端进行焊接，焊缝要饱满，尽可能减少或避免对受力钢筋的损伤，应由有相当专业水平的技工来操作。

（10）由于原结构混凝土收缩已完成，后浇灌浆料凝固收缩时易造成界面开裂或板面后浇层龟裂。因此，在浇筑 12h 内就开始泡水养护，养护周期不宜小于 2 周。

6.6.10 安全控制要点

1. 建立机械设备、临电设施和各类脚手架工程设置完成后的验收制度，未经过验收和验收不合格的严禁使用。

2. 进入施工现场的人员必须按规定戴安全帽，并系下颌带；不系者视同违章。

3. 凡从事高度 2m 以上无法采用可靠的防护设施的高处作业人员必须系安全带。安全带应高挂低用，操作中应防止摆动碰撞，避免意外事故发生。

4. 砂轮机应使用单向开关。砂轮必须装设不小于 180°的防护罩和牢固的工托架，严禁使用不圆、有裂纹和磨损剩余部分不足 25mm 的砂轮。

5. 高台作业必须注意台边作业的安全，用密目安全立网全封闭，作业层另加两边防护栏杆和 18cm 高踢脚板。

6. 氧气瓶不得暴晒、倒置、平放使用，瓶口处禁止沾油。氧气瓶和乙炔瓶工作间距不得小于 5m，两气瓶同焊距间的距离不得小于 10m。未安装减压器的氧气瓶严禁使用，施工现场内严禁使用浮桶式乙炔发生器。如采用二氧化碳气体保护焊接，应严格执行各项有关安全规定；应保持良好的通风，并不得在密闭场所施工，施工人员与焊接点应保持在安全距离。

6.6.11 绿色施工控制要点

1. 加强环保的自控自检，现场设环保监督监测员，每天对现场的环保工作进行监督检查。采用专用仪器每天检测现场，重点控制因施工造成噪声、粉尘和垃圾清理、清运情况。

2. 工程废水和生活污水不应排放进入街道、供饮水用水源和河道。应遵守业主单位的管理规定，排放至指定地点。

3. 施工中严格控制噪声污染，对噪声较大的工序安排在昼间施工，并在工地四周临界处按要求设置噪声监控点，定期进行噪声测试。

4. 对现场施工管理人员和操作人员进行消防培训，增强消防意识。对油库、化学品仓库（如油漆库）等一律配备符合规定的灭火器。严格落实各项消防规章及防火管理规定。

5. 为贯彻上级"控制扬尘污染"的要求，本企业根据《环境管理体系　要求及使用指出》GB/T 24001、《环境管理标准》idt ISO 14001：1996 和本企业编制的《环境管理手册》，对施工现场进行严格的管理和监控。确保场内无烟尘，场外无渣土。主要措施有：

（1）装运渣土、垃圾等一切产生粉尘、扬尘的车辆，必须覆盖封闭。

（2）施工道路应及时进行洒水或其他降尘措施，根据天气状况确定洒水频率，一般以场地不起尘为标准；非雨日每天洒水 4～7 次，使之不出现明显的扬尘。

（3）施工过程中需要采用除尘设备的，要制定除尘设备的使用、维护和检修制度，将除尘设备的操作规程纳入作业人员工作手册中；要加强除尘设备的维修、保养，使除尘设备始终处于良好的工作状态，维持除尘器的效率；相应作业人员应配备劳保防护用品。

（4）严禁在施工区焚烧会产生有毒或恶臭气体的物质。

6. 按国家对劳动保护的有关要求，做好现场施工作业人员的劳动保护工作：提供有益于职工身心健康和安全保障的生产条件，配备足够的防护用品。如施工人员在进入强噪声环境中作业时（如凿岩、钻孔、开挖、机械检修工等），应佩戴耳塞、耳罩或者防声头盔；在进入高粉尘区应配备口罩等。

6.6.12 实施效果

经过结构改造后各构件均能满足使用要求，整体结构符合设计要求，整体效果满足建筑设计要求，总体效果良好。

6.7　改造效果分析

在 B、C 塔楼基础改造施工过程中，须对地铁及周围的道路、构筑物、管线进行保护。本地铁保护施工的主要内容是东南角地铁与地下室外墙处的土体变形监测与沉降观测，在施工期间支护结构的变形满足地铁轨道交通运营要求；地铁相关构筑物的沉降与水平位移不大于 5mm，轨道竖向变形小于 4mm。

本工程在施工过程中坚持探索精神，依托科技进步，通过大力推广应用新技术、新工艺、新材料、新设备对工程的难点和重点进行技术攻关，向科技要质量，向科技要效益。工程成功实施推广住房和城乡建设部颁发的"10 项新技术"中的 9 大项 27 小项，推广应用其他新技术 4 项。

本工程严格按照合同要求按计划完成工期，本工程严格按照此工期策划实施，并将节点工期提前完成，如表 6.7-1 所示。

合同工期和实际工期及计划工期对比表　　　　　　　　表 6.7-1

项目名称	合同工期	实际工期及计划工期	备注
A 塔楼改造加固	2011 年 12 月 30 日	2011 年 12 月 20 日	提前 10d
B、C 塔楼基坑支护、拆除、补桩	2012 年 5 月 30 日	2012 年 4 月 10 日	提前 60d
A 塔楼结构封顶	2012 年 6 月 30 日	2012 年 6 月 30 日	
B、C 塔楼出±0.000	2012 年 9 月 30 日	2012 年 7 月 30 日	提前 60d
B、C 塔楼结构封顶	2013 年 8 月 30 日	2013 年 7 月 30 日	提前 30d
A 塔楼及裙房整体完工	2013 年 10 月 30 日	2013 年 10 月 30 日	
B、C 塔楼整体完工	2014 年 8 月 30 日	2014 年 8 月 30 日	

本工程在施工过程中质量达到设计及规范要求，通过积极推广应用新技术，消除了以往工程施工中的质量通病，使工程的整体质量迈上一个新台阶。在整个施工期间未出现一起重大质量事故。并按合同要求，取得了各种质量奖项。

施工质量获得了业主和监理的一致好评，2013 年获得了天津市质量管理的最高奖项——结构海河杯奖、获得全国优秀焊接工程。

7 隔震图书馆建筑改扩建工程施工

在现代改扩建工程中，部分建筑由于现有的使用功能无法满足人们日益上升的使用需求，例如图书馆、医院这样的公共建筑，因为公共建筑的特殊性，越来越多的此类建筑采用隔震设计。对于隔震建筑的改扩建工程，施工难度大、施工经验少、改扩建设计及施工时既要保证原有结构的稳定，还要满足整个建筑隔震体系的完整，形成隔震建筑改扩建工程施工。

7.1 改扩建情况介绍

我国于 20 世纪 60 年代开始对基础隔震理论进行研究，20 世纪 80 年代后期隔震逐渐受到重视。目前，我国房屋隔震技术的研究、开发和实际应用已取得长足的进步，目前已建成隔震建筑数百座。

2014 年 2 月 21 日中华人民共和国住房和城乡建设部关于房屋建筑工程推广应用减隔震技术的若干意见（暂行）提出：1）位于抗震设防烈度 8 度（含 8 度）以上地震高烈度区、地震重点监视防御区或地震灾后重建阶段的新建 3 层（含 3 层）以上学校、幼儿园、医院等人员密集公共建筑，应优先采用减隔震技术进行设计。2）鼓励重点设防类、特殊设防类建筑和位于抗震设防烈度 8 度（含 8 度）以上地震高烈度区的建筑采用减隔震技术。对抗震安全性或使用功能有较高需求的标准设防类建筑提倡采用减隔震技术。

原太原市图书馆 1992 年设计并立项，1996 年重新立项，1997 年开工建设，2002 年10 月竣工向社会全面开放。该馆馆舍占地 30 亩，总建筑面积 17209m² （不含架空层），地上六层，平面设计采用同柱网、同层高、同载荷，结构上采用橡胶隔震支座技术。原太原市图书馆建设标准较低，没有节能保温措施、屋顶漏雨严重，多年来没有进行过大的修缮；图书馆的建设规模、设施设备、数字服务水平等也不符合《公共图书馆建设标准》、《公共图书馆建设用地指标》和公共图书馆评估标准。为进一步改善公共文化服务设施，保障人民群众文化权益，为市民提供环境更加优美舒适、功能更加齐备便捷的公共图书馆服务，现对现有图书馆进行维修改造及扩建（图 7.1-1）。

太原市图书馆改扩建在原有图书馆基础上进行。改建施工内容包括：结构拆除施工、结构加固施工、隔震支座置换施工等；扩建施工是在原结构四周扩建一跨，跨度 7.5～12m 不等，并在南侧新建一主体结构；扩建部分与新建部分之间由连桥连接。原有结构地下一层改扩建施工后，原结构及扩建部分仍为地下一层，新建部分为地下二层。

具体施工内容如下：

（1）拆除施工：拆除施工包括室外幕墙拆除、装饰装修拆除、机电管道拆除、二次结构拆除、结构拆除等。

图 7.1-1　改造前太原市图书馆

（2）加固施工：加固施工包括地基基础加固、柱包钢加固、梁粘钢加固、预应力钢绞线加固等。

（3）隔震支座置换施工：将原有隔震支座全部置换，保证结构隔震体系完整。

改造后效果图见图 7.1-2。

图 7.1-2　改造后效果图

7.2　工程总体施工组织

7.2.1　施工部署

根据本工程特点、施工范围及合同有关要求，施工部署将统筹安排；既考虑各专业工序的衔接、各分部分项工程的工期搭接、分包工程的合理穿插、专业分包工程有足够的施工时间，又保证资源配备与进度安排相协调，此外还考虑配合业主制定设备采购计划、专业分包进场时间计划，做好分包管理、协调与服务。

7.2.2 施工流程

1. 总体施工区段划分

根据拆改工程的特点，为保证施工进度且便于现场管理，在进行结构施工时将本工程划分为新建和改建部分进行组织施工，同时将新建部分划分为车库和塔楼两个区域。

对于改建部分由于隔震支座置换所需工期不明确（由于没有施工先例），为保证整体施工工期，扩建部分施工与原结构连接处做沉降缝处理。

2. 地下室施工区域划分

地下室施工阶段划分为主楼新建区、地下车库两个区域和主楼扩建区域。主楼新建区域划分为两个流水段（即Ⅰ-1、Ⅰ-2流水段），车库区域划分为4个流水段（即Ⅱ-1、Ⅱ-2、Ⅱ-3、Ⅱ-4流水段），主楼扩建区域为Ⅲ区（图7.2-1）。

施工安排：安排三个班组，三个区域同时进行施工。

施工顺序：主楼新建区域为：Ⅰ-1→Ⅰ-2。

车库区域为：Ⅱ-1→Ⅱ-2→Ⅱ-3→Ⅱ-4。

3. 地上施工区域划分

地上结构施工阶段划分为三个区域进行施工：主楼新建区域为Ⅰ区，主楼扩建区域为Ⅲ区，原建筑加固改造区域为Ⅳ区。

Ⅰ区划分为两个流水段，Ⅲ区整体施工，Ⅳ区划分为两个流水段（图7.2-2）。

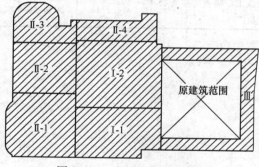

图7.2-1 地下室分区示意图

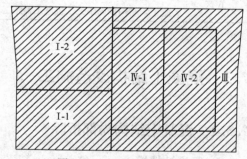

图7.2-2 地上分区示意图

4. 施工流程

根据各区施工内容的不同，其施工流程略有不同：其中Ⅰ区、Ⅱ区均为新建，施工流程与一般工程相同，仅Ⅰ区在地下二层与地下一层间的夹层处设置隔震支座；Ⅲ区为扩建部分，扩建结构须与原有结构连接；Ⅳ区为改建部分，主要为原有结构的拆除加固改造。

Ⅲ区施工流程见图7.2-3。

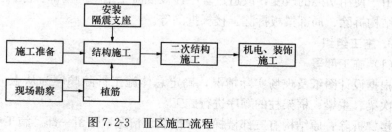

图7.2-3 Ⅲ区施工流程

Ⅳ区施工流程见图7.2-4。

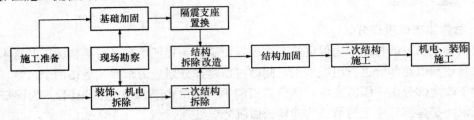

图7.2-4　Ⅳ区施工流程

7.2.3　施工计划

根据合同要求及现场实际情况，合理科学地编制详细施工进度计划、设置阶段控制点、逐级分解工期目标，主要施工节点见表7.2-1。

主要施工节点　　　　　　　　　　　　　　　　　　表7.2-1

部位	施工内容	开始时间	完成时间
Ⅰ区	新建结构施工，隔震支座安装，机电工程施工，装饰施工	2014.6.01	2016.10.30
Ⅱ区	新建结构施工，机电工程施工，装饰施工	2014.6.20	2016.7.30
Ⅲ区	新建结构施工（与原有结构植筋连接），隔震支座安装，机电工程施工，装饰施工	2014.7.15	2016.10.30
Ⅳ区	幕墙拆除施工，结构拆除施工，基础加固施工，隔震支座置换施工，结构加固施工，机电工程施工，装饰施工	2014.4.15	2016.10.30

7.3　混凝土结构改造施工

7.3.1　混凝土结构局部拆除

1. 原设计情况

太原市图书馆原结构为框架结构，建筑四周及中庭有部分悬挑结构，地下一层为地下车库，地上为办公区、阅览区及书库等。

2. 现设计情况

为适应现代图书馆需求对整个建筑进行改造。地下一层由于增加拉梁（在隔震支座下部增设）不再使用，地上部分改动较大，功能布置及防火分区重新划分。

由于使用功能的改变，改造过程中涉及混凝土结构的局部拆除，主要包括四周及中庭悬挑结构拆除、局部梁板拆除、楼梯拆除等。

3. 施工组织

（1）施工部署

根据设计图纸及现场实际情况，确定总体施工拆除顺序为从上向下拆除，必须按楼板、次梁、主梁、框架柱的顺序进行施工。

楼梯拆除：原结构有三部楼梯，根据设计情况，保留一部。施工中，在新建及扩建结构完成前，保留的楼梯做为主要上下通道。

悬挑结构拆除：按照设计要求进行放线，建筑四周搭设外架，由上至下按照东、北、西、南的顺序拆除悬挑结构。

梁板拆除：按照设计要求进行放线，并在拆除部位下层四周设置围挡；重要部位或大面积开洞。为保证结构的稳定性，对所拆除楼板四周进行临时支撑，待加固作业完成后再进行拆除。

（2）施工准备

技术准备：进场后立即组织项目有关人员认真阅读熟悉图纸、领会设计意图、熟悉原结构竣工图、详细勘察现场实际情况、核实图纸与实际结构尺寸确保拆除位置的准确。编制详细的拆除施工方案及各部位拆除深化设计图。

现场准备：在工作开始前做好临水、临电的交接以及室外垃圾堆放等平面布置的安排。

（3）劳动力计划

见表 7.3-1。

混凝土结构拆除施工劳动力计划表　　　　　　　表 7.3-1

序号	名称	人数	备注
1	机操工	40	
2	气焊工	10	
3	架子工	8	
4	电工	3	
5	杂工	10	渣土清运
6	总人数	71	

（4）进度计划

根据施工计划，尽快申报各拆除部位深化设计图，根据拆除内容，合理地组织流水施工，划分不同拆除小组，分别对各分区域进行拆除，合理地安排劳动力，以保证在规定工期内完成拆除施工。深化设计方案报审时间与各部位拆除施工时间如表 7.3-2 所示。

施工区域　　　　　　　　表 7.3-2

施工区域	申报深化方案时间	施工开始日期	施工完成时间
四周悬挑结构	2014.4.20	2014.4.30	2014.5.30
中庭悬挑结构	2014.5.10	2014.5.20	2014.6.20
楼梯拆除	2014.5.10	2014.5.20	2014.6.10

4. 施工工艺

与前述工艺类似，不再赘述。

7.3.2　混凝土结构加固

1. 原设计情况

太原市图书馆原结构为框架结构，建筑四周及中庭有部分悬挑结构，地下一层为地下车库，地上为办公区、阅览区及书库等。

2. 现设计情况

为适应现代图书馆需求，对整个建筑进行改造，地下一层由于增加拉梁不再使用，地上部分改动较大，功能布置及防火分区重新划分。

由于使用功能的改变，建筑荷载分布出现变化，需要对原结构进行加固。根据加固部位的不同及荷载分布情况，本工程主要采用的加固方法包括柱增大截面加固、柱包钢加固、梁粘钢加固等加固方式。

3. 施工组织

（1）施工部署

结构加固顺序为自下而上、逐层施工。

（2）施工准备

技术准备：进场后立即组织项目有关人员认真阅读熟悉图纸、领会设计意图、掌握工程建筑和结构的形式和特点、详细勘察现场实际情况、编制详细的加固施工方案及各部位加固深化设计图。

现场准备：在工作开始前做好临水、临电的交接以及室外垃圾堆放等平面布置的安排。

（3）劳动力计划

混凝土结构加固施工劳动力计划见表 7.3-3。

混凝土结构加固施工劳动力计划表　　　　　表 7.3-3

序号	名称	人数	序号	名称	人数
1	架子工	5	4	电焊工	10
2	加固专业工种	25	5	总人数	42
3	电工	2			

（4）材料使用计划

根据预算提出材料供应计划编制施工使用计划，落实主要材料，并根据施工进度控制计划安排，制定主要材料、半成品及设备进场时间计划（表 7.3-4）。

材料使用计划　　　　　表 7.3-4

序号	名　称	型号	单位	数量	用途	进场时间
1	钢板	6mm、10mm	t	45	梁、柱粘贴钢板	加固工作开始前3d进场
2	植筋胶	喜利得	kg	800	植筋	
3	粘钢胶	韩日 SSG-15S	kg	500	梁、柱粘贴钢板	
4	无收缩灌浆料	Sika Grout214 或相同表现的无收缩灌浆料	t	100	梁增大截面	

（5）主要机具设备使用计划

见表 7.3-5。

（6）深化设计计划

认真阅读熟悉图纸，结合现场情况考虑施工的可实施性。提出现场与设计图纸不相符的地方，积极配合设计单位提供现场结构准确数据，进行图纸深化设计。具体报审时间如表 7.3-6 所示。

机具设备使用计划　　　　　　　　　　　　　表 7.3-5

序号	名　称	主要型号	单位	数量	功率（kW）	用途
1	电锤	TE-76	台	10	1.3	植筋、植化学锚栓
2	钢筋探测仪	FS10	台	2	—	钢筋探测
3	钢筋拉拔仪	—	台	2	—	植筋质量检测
4	注胶器	—	个	40	—	压力注胶
5	角磨机	—	台	5	0.88	基面打磨处理
6	鼓风机	—	台	3	0.68	表面清理
7	台秤	—	台	1	—	结构胶配制称量

具体报审时间　　　　　　　　　　　　　表 7.3-6

层　次	申报深化设计时间	开始施工时间	完成施工时间
首层至六层	2014.12.15	2015.4.1	2015.6.30

4. 施工工艺

与前述工艺类似，不再赘述。

7.3.3　实施效果

本工程中这几种混凝土拆除方式均使用到，且均可满足拆除要求。既有建筑混凝土结构保护性拆除，能够在拆除施工中最大程度的保护既有混凝土结构，降低其受到的影响、减少破坏。但是无论采取何种技术，仍不能完全消除对结构的影响。尤其对于大型建筑，任何一个轻微的影响都可能被放大而造成严重后果，因此需要不断地通过技术创新，在现有技术的基础上改进施工工艺、施工设备，在施工中采取技术措施将影响降至最低。

随着改造工程的不断增多，既有建筑混凝土保护性拆除技术将得到越来越多的运用，并且会产生新的施工工艺，具有极高的发展前景。

7.4　桩基础改造

7.4.1　原设计情况

原建筑地基处理采用水泥粉煤灰碎石桩（简称 CFG 桩）正方形布置，桩径 400mm，桩距 1200mm，有效桩长 15m，一共打桩 1341 根。褥垫层采用级配砂石，30％粗砂、70％碎石，要求碎石粒径小于 3cm，褥垫层厚度 30cm，铺设范围为基础边缘外扩 300mm。

7.4.2　现设计情况

由于上部结构或建筑功能的改变，使得上部荷载大于地基承载力，因此须对地基基础进行处理。改建后对原结构地基基础进行加强处理，加强措施为在原结构部分承台四周新增高压旋喷桩。现场实际操作空间有限、施工工期短、补桩数量多、安全要求高、施工难度大。在这样施工环境下，需要采取特殊的施工工艺和施工方法才能保证工作内容安全有效地完成。

7.4.3 施工组织

原图书馆老楼外侧需要扩建一跨，老楼原地基处理承载力不足，须在老楼地下室及外扩一跨区域新增高压旋喷桩。老楼地下一层层高2.9m，有限空间内传统高压旋喷桩施工所需大型机械无法进入。

根据现场实际情况采用XL50履带钻机。工作时的钻机高度为4566mm，而地下室净高为2500mm，因此施工时钻机的钻杆无法正常立直。要对钻机进行有效改装，将注浆管由原来的3000mm改为1000mm，并对相应动力参数进行调整，且将施工地方的地面下挖到原基础承台底，这样就保证了钻机在有限空间下的正常作业。

施工前查看施工场地，了解周边环境、进场路线，确定临设搭建场所。对施工现场地下管线、构筑物及障碍物等，尽量详细了解，并请业主提供可靠资料，以便有针对性地制定相应措施和应急方案。由于场地条件限制，两个泥浆池均需设置在地下室内。

7.4.4 施工工艺

见图7.4-1。

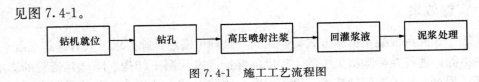

图7.4-1　施工工艺流程图

1. 钻机就位

钻机就位是喷射注浆的第一道工序。钻机应安置在设计的孔位上，使钻头对准孔位的中心。同时为保证钻孔后达到设计要求的垂直度，钻机就位后必须做水平校正，使其钻杆垂直对准钻孔中心位置。为防止施工窜浆，施工时应由四周向中央间隔对称进行，最少间隔时间不少于24h。

根据现场实际情况选择履带钻机（XL50），具体参数见表7.4-1。

履带钻机具体参数　　　　　　　　表7.4-1

钻孔深度	50m
钻杆直径	Φ42mm、Φ50mm
钻孔倾角	左右±3°，前倾10°、后倾90°
动力头转速	高0~240r/min；低0~80r/min
动力头最大行程	3500mm
动力头额定提升力	30kN
动力头允许加压力	12kN
动力头提升/加压速度	旋喷精细调节速度0.06~0.9/1.8/min
动力头快速升降	0~22/0~28m/min
主泵系统压力	20MPa
副泵系统压力	20MPa
电机功率	20kW
外形尺寸	（工作时）2768×1800×4566
	（运输时）4500×1800×1800
整机质量	2500kg

2. 钻孔

启动钻机使其沿导向架下沉，根据土层情况确定下沉速度。

在钻进过程中应精心操作、精神集中，合理地掌握钻进参数、合理地掌握钻进速度，防止埋钻、卡钻等各种孔内事故。一旦发生孔内事故应争取一切时间尽快处理，并备齐必要的事故打捞工具。若无法取出钻杆时要在其旁边位置重新钻孔，并将原来的废孔用水泥浆填堵。

为避免钻孔倾斜，在钻机就位和钻孔过程中要随时注意校核钻杆的垂直度，发现倾斜及时纠正，以确保钻孔倾斜度在设计允许的范围内；钻速要打慢档，并采用导正装置防止孔斜。

此过程操作同正常施工一样，但须保证足够的照明，增加对钻杆垂直度的检查次数。

3. 制浆

喷射孔与高压注浆泵的距离不宜大于 50m。由于高压旋喷桩施工是在结构地下室内进行，而泥浆机地点距离施工地有 150m 左右，制浆机设置在材料堆放方便的地方，浆液从制浆机出来后通过输浆管到达施工地点的泥浆池，由高压泵配合钻机进行施工。

采用设计强度等级水泥，控制进浆比重为 0.8～1.2，按通过试桩确定的水灰比、外加剂种类与添加量使用搅拌机拌制水泥浆液。

制浆时应注意：

（1）制浆材料采用重量或体积称量法，其误差不大于 5%。

（2）高速搅拌时间不少于 60s，普通搅拌不少于 90s。

（3）浆液温度宜控制在 5～40℃之间。从制备到用完的时间应少于 4h，超过时间应废弃。

4. 高压喷射注浆

将钻机钻到预定位置后，通过高压泵向钻杆内送浆，在孔底定喷数秒。调整泵压至设计值并在孔口返浆正常后开始边旋转边提升，按试验确定的各项高喷参数进行施工。高喷过程中经常测试水泥浆液进浆比重，当其达不到设计要求时，立即暂停喷杆提升并调整水灰比/比重，然后迅速恢复喷浆作业。施工过程中，按要求随时检验并记录提升速度、喷浆压力与流量、进浆和回浆比重等；每孔须作制浆与耗浆（水泥量）统计和记录。

5. 回灌浆液

高压喷灌结束后，在孔内水泥浆液固结过程中因体积收缩，同时孔内浆液仍向孔壁四周范围有一定渗漏。孔内浆液将出现一段时间的下降，应不间断地将浆液回灌到已喷孔内，并保持压浆作用，直至孔内浆液面不再下沉为止。

6. 泥浆处理

由于地下室的空间有限且地面处于同一标高，注浆施工过程中溢出的泥浆需要单独设置泥浆回收池，并将回收的泥浆用泥浆泵抽出地下室，保证地下操作空间的安全性。

7.4.5 质量控制要点

1. 严格按施工程序组织管理施工。工程开工前做好图纸资料准备，组织好设计交底，图纸自审、会审工作，编制好施工组织设计，在施工中按照国家的施工技术标准和设计施工规范组织好三级技术交底。

2. 各类原材料必须有出厂合格证及复试报告，否则不得使用。

3. 搞好现场工程测量网点的测设和管理。施工放线要由专职人员负责，办理放线测量记录，对轴线、标高控制桩采取保护措施并定期复核。

4. 对机械设备要设专人维修、保养，对主要机具要有备用，保证施工的连续进行。

5. 成孔时要校核桩位。钻机就位后，必须平整、稳固，确保在施工中不发生倾斜、移动。钻进时应注意钻进速度，应根据不同的土层结构调整钻进、密切注意软硬交接层的修孔工作，以避免孔走偏。

7.4.6　安全控制要点

1. 在钻机安装、移位过程中，注意上部有无方梁。

2. 管理人员主操作人员应了解成孔工艺、施工方法、操作要求以及可能出现的事故和应采取的预防处理措施。

3. 各种机械应遵守安全技术操作规程，由专人操作并加强维修。

4. 每台用电设备专用的开关箱，实行"一机一闸、一箱、一锁、一漏电"保护制度。严禁用同一开关电器直接控制两台及两台以上的用电设备（含插座），并按规定正确使用漏电开关。

5. 现场的机械设备要经常检查保养，发现严重情况应及时停机调换。

6. 管理人员、主操作人员应了解成孔工艺、施工方法、操作要求以及可能出现的事故和应采取的预防处理措施。

7. 各种机械应遵守安全技术操作规程，由专人操作并加强维修。

8. 室内泥浆回收池深度不可过大，回收的泥浆用泥浆泵及时抽出地下室，以保证施工安全。

7.4.7　绿色施工控制要点

1. 施工中形成的废水、污水、废油等有毒有害物应排至专排点处理。

2. 油类物品必须存放在密封容器内。

3. 尽量选用低噪声机具设备，必要时在声源处安装消声器。

4. 成桩过程中产生的水泥浆，经与干土拌合后可外运。

5. 水泥浆土运输过程中应进行覆盖处理，防止在路上抛撒。

6. 尽量减少泥浆池数量。现场布设 3 个泥浆池，同时避免为以后的工程桩施工带来不必要的麻烦。

7. 泥浆池和泥浆通道应勤掏勤排，防止因泥渣沉积导致泥浆外流。掏出的渣土应及时外运出场。

7.4.8　实施效果

在对施工设备进行局部改造后，本工程成功在 2500mm 的有限高度范围内实施高压旋喷桩施工；完成了设计对地基加固的目的。

在改扩建工程中，基础加固施工所在的作业面往往是在结构的最下面基础部分，上部有相应的结构，操作空间往往有限，设备的选型与进出就成了重点。本方法为以后同类型的桩基础加固改造施工提供参考和借鉴。

7.5 隔震体系改造

减隔震技术在我国房屋建筑领域应用有近 20 年的时间，为了减轻地震灾害造成的影响，减隔震技术被一些地区大力推广。但随着技术的发展及规范的完善，最早一批应用的减隔震结构及隔震支座材料不能满足现有规范要求。为了保证结构安全，原有结构的隔震支座就需要更换。目前房屋建筑领域尚未形成成熟的整体置换方法，本工程通过努力尝试、不断探索以及反复的试验和论证，最终找到了一种行之有效的施工工艺和施工方法。

7.5.1 原设计情况

原有结构隔震支座位于地下一层柱顶，规格有 V300、V400、V500、VA500、V600、VA600 6 种规格，共 135 个，数量如表 7.5-1 所示。

隔震支座实际照片见图 7.5-1。

隔震支座规格数量表   表 7.5-1

规格	数量	备注	规格	数量	备注
V300	5	无铅芯	VA500	54	有铅芯
V400	6	无铅芯	V600	54	无铅芯
V500	12	无铅芯	VA600	4	有铅芯

图 7.5-1 单墩支座和双墩支座

7.5.2 现设计情况

根据新规范标准要求，保证结构整体隔震效果，原有的隔震支座需要全部置换。对于原有 135 个隔震支座，保留 120 个隔震支座进行置换施工，其余 15 个根据施工图纸直接拆除。置换后隔震支座数量如表 7.5-2 所示。

置换后隔震支座数量   表 7.5-2

规格	数量	备注	规格	数量	备注	规格	数量	备注
GZP600	44	无铅芯	GZY600	72	有铅芯	GZY700	4	有铅芯

隔震支座并非按照型号对应进行置换，而是考虑整个结构的情况。原有结构为对称框架结构，改扩建后改变了原有的对称形式，隔震支座布置需要重新考虑。

检测标准：根据规范、标准的要求隔震橡胶支座的性能参数应由试验确定，安装前应进行抽样检测。对一般建筑每种规格的产品抽样数量应不少于总数的 20%。若有不合格的，应重新抽取总数的 30%；若仍有不合格，则应 100% 检测。一般情况下，每项工程抽样总数不少于 20 件，每种规格的产品抽样数量不少于 4 件。隔震支座检验的主要内容和试验结果必须符合《橡胶支座 第 3 部分：建筑隔震橡胶支座》GB 20688.3—2006、《建筑隔震橡胶支座》JG 118—2000 及项目设计文件的相关要求。

7.5.3 施工组织

1. 施工重难点分析

（1）顶升位移的控制

隔震层以上为 6 层钢筋混凝土框架结构，隔震支座更换时必须考虑对上部结构的影响，特别是对支座上部托梁和楼板的影响，必须确保安全可靠、避免对上部结构造成破坏。由于钢筋混凝土梁在加载过程中的破坏一般会经过三个阶段：第一阶段是弹性变形阶段（未裂）、第二阶段是开裂阶段、第三阶段是破坏阶段。在正式更换旧支座之前，顶升工作需克服主体结构在正常使用阶段已形成的变形以及支座已形成的变形。为保证结构安全，顶升上部结构位移量应该尽量小，顶升过程必须保证梁处于完全弹性阶段，避免框架梁在节点处的顶升过程中造成破坏。本次顶升最大变形允许值的控制：结构设计规范中正常使用阶段框架梁的变形挠度允许值为跨度的 1/400，以跨度 7.5m 为例，控制顶升值不得大于 1.0cm。由于本工程采用高压水射流技术破除隔震支座下方的混凝土，为保证托换过程柱竖向名义零位移，故在支座下方混凝土破碎前须利用钢支撑跟千斤顶给支座上部结构施加一部分预应力，使其将支座上部荷载托换至基础。顶升施加的预应力为该支座上部框架结构自重的 30% 即可，无须进一步顶升。

（2）连接孔精确定位

原结构隔震支座有单墩单垫和单墩多垫两种布置方式。由于在上部结构荷载作用下，隔震支座为钢板和橡胶的叠层构造，在竖向压力下会发生一定的压缩变形，原有隔震支座已形成 2~5mm 的竖向压缩变形。根据现场测量部分隔震支座的水平变形已达到 10mm，更换新的隔震支座必须考虑这些变形，否则新的隔震支座必将无法安装。本次工程采取的措施是在支座生产加工前，首先进行现场测量，精准测量上连接板孔洞的位置，做出深化设计图，按照深化图纸进行施工。

（3）支座高度可调

在实际施工中还可能存在这样的问题：由于原结构在施工中的时间差和不均衡性，建筑在不同区域的荷载不一样，造成了不同区域的隔震支座的不均匀沉降。而实践中完全做到荷载的空间和时间上的一致是不可能的，加之地基可能出现的不均匀沉降等问题，这不可避免会对主体结构造成一定的影响。本项目为改扩建工程，新旧两部分在改造完成后必然会存在差异沉降现象，因此隔震支座在预埋件部位应该考虑设置能够调整高度的构造措施。本项目采用高度可调隔震支座解决地基沉陷或其他原因产生的不均匀沉降。

（4）原结构隔震支座上、下混凝土结构剔凿困难，工作量大对于更改型号后需要重新更换安装上、下预埋件的隔震支座，由于上预埋件处于梁柱节点处，混凝土剔凿、新预埋件定位、后灌浆施工，按照本项目提供的施工图及隔震支座布置图，设计所采用的新支座预埋件尺寸要完成置换安装，原有隔震支座下部混凝土结构剔凿范围较大，以实际经验判断混凝土剔凿难度和工作量极大，拟采用高压水射流技术，方便、快捷且能仅破除混凝土保留钢筋。

（5）每个节点均不相同须现场逐个放样和深化设计

地下一层部分柱结构需要加大截面，原隔震支座高度和尺寸不相同，造成每个节点上下混凝土结构位置埋板、螺栓间距和高压水射流破除混凝土高度都不相同，需要现场技术人员结合原设计图纸，复核现场柱、梁实际尺寸及标高并结合加固图纸进行逐个放样和深化设计，以满足厂家对隔震支座和预埋板的加工。进行每个节点的深化设计以满足施工精度及进度要求，安排专门的技术人员负责深化设计工作。

（6）隔震支座上、下混凝土结构螺栓预理位置与原结构钢筋冲突

型号为 600、700 的支座预埋螺栓间距分别为 550mm、650mm，这个距离会与原上、下支墩柱主筋的位置冲突。根据现场实测采用加大需要更换支座及其预埋件的钢板尺寸，使预埋螺栓避开纵筋。上预埋件采用节点增大方式进行施工，将原上支墩的5cm 混凝土剔凿，进行上支墩加大截面钢筋绑扎，安装上埋板和螺栓后支模浇筑灌浆料，形成增大柱帽；下支墩采用高压水射流技术，将下支墩部分混凝土清除保留钢筋，进行下支墩的预埋板和螺栓安装或增大埋板和螺栓间距，将预埋螺栓放置在柱加大截面范围内（图 7.5-2）。

图 7.5-2　原结构隔震支座节点钢筋分布

（7）隔震支座更换过程中对原结构抗震性能的保证至关重要

为保证施工过程中原结构的抗震功能及结构受力和变形均衡，支座更换要严格按照支座更换的批次顺序进行施工，更换原则详见具体施工方案。

（8）原结构 2 号楼梯处顶升位移困难

原结构 8/G 及 8/G1 轴线之间为保留楼梯。楼梯间框架梁与楼层存在高差，各临时钢柱支撑不在同一平面上，须根据现场情况加工专用支撑。楼梯间框架梁长度仅为3.6m，极限变形值相应减小，顶升过程中需与检测单位积极配合，确保保留楼梯的结构安全。

2. 施工方案比选

（1）整体置换

此方案将整个建筑全部顶升后进行隔震支座置换施工，全部 62 根柱子同时顶升。整体顶升时，原建筑上部荷载全部由临时钢柱支撑和千斤顶组合装置承担。从安全上考虑若某一个临时支撑出现问题，会使结构整体出现不可控因素，而且在施工过程中出现地震等非人为灾害，整个建筑可能会全部倒塌，造成重大人员伤亡。因此综合考虑安全、施工成

本等条件，不采用整体置换施工方法。

（2）分批对称置换

此方案将隔震支座按照对称的位置进行分批置换施工，置换批次如图 7.5-3 所示。这种置换方式能够避免整体置换的弊端，安全性较为可靠，同时对原结构的影响也较小（原结构为对称结构，置换时也按照对称的方式进行置换）。

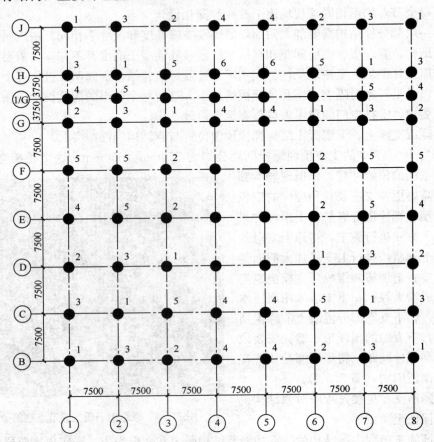

图 7.5-3　隔震支座更换顺序示意图

3. 施工思路分析

置换原有隔震支座，需要将各支座周围结构托起，使既有建筑荷载传递至设置的托起构件，托起构件可采用千斤顶或现浇混凝土。由于地下室空间狭小、浇筑混凝土方式效率极低且施工成本较高，因此采用临时钢柱支撑加千斤顶的组合装置将结构托起，布置形式如表 7.5-3 所示。钢柱支撑尽可能贴近隔震支座所处的柱结构，降低原结构在托起后受到的剪力。

4. 三维模拟分析计算

将既有建筑进行建模，分析计算每一个隔震支座处的内力情况，包括柱结构的轴力、弯矩、剪力。计算结果如图 7.5-4～图 7.5-6 所示。其中 V_x 表示 X 方向所受剪力，单位 kN；V_y 表示 Y 方向所受剪力，单位 kN；N 表示压力，单位 kN；M_x 表示 X 方向弯矩，单位 kN·m；M_y 表示 Y 方向弯矩，单位 kN·m。

柱位置	临时钢柱支撑及千斤顶受力情况	计算模型
中柱恒荷载 F_1	$F_1' = F_1/4$	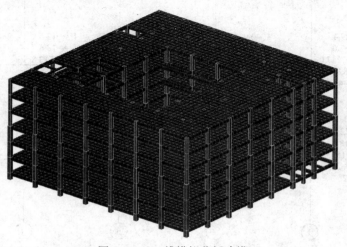
边柱恒荷载 F_2	$F_2' = F_2/3$	
角柱恒荷载 F_3	$F_3' = F_3/2$	

图 7.5-4　三维模拟分析建模

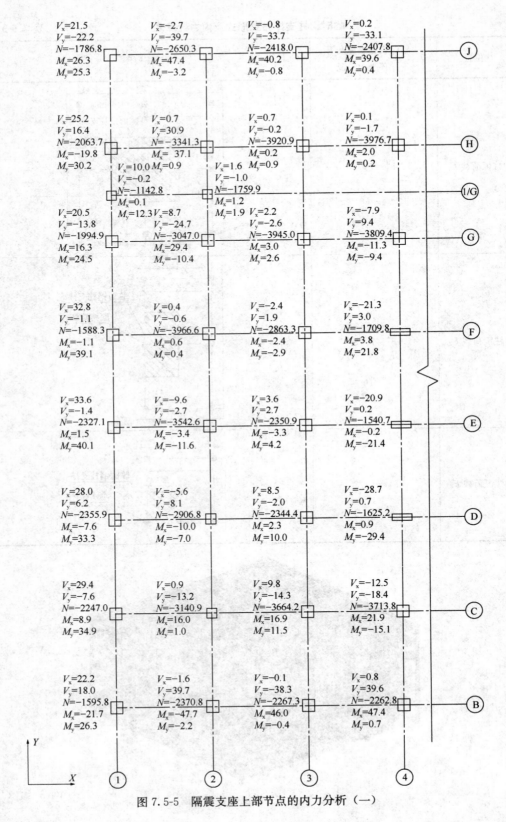

图 7.5-5　隔震支座上部节点的内力分析（一）

326

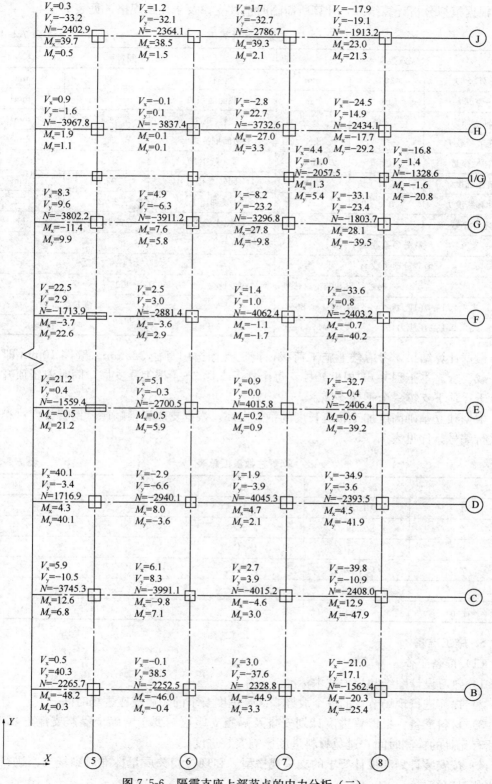

图 7.5-6 隔震支座上部节点的内力分析（二）

根据模拟分析计算结果，计算所需临时钢柱支撑及千斤顶规格，见表 7.5-4。

支撑钢管计算表 表 7.5-4

输入数据			中间过程		
外径 D	300	mm	内径 d	280	mm
壁厚 t	10	mm	截面面积 A	9110.62	mm^2
轴心压力	1500	kN	惯性矩 I_x	9.59×10^7	mm^4
施工荷载 P	5	kN	毛截面抵抗矩 W_{rx}	6.39×10^5	mm^3
弹性模量	210000	MPa	最大弯矩 M_x	5.30	kN·m
抗压强度 f	215	MPa	回转半径 i_x	102.59	mm
计算跨度 L	3.0	m	长细比 λ	29.24	
稳定性系数 Ψ	0.966		欧拉临界力 N'	2089.11	kN
恒载分项系数 γ_a			1		
恒载分项系数 γ_b			1		
最终结果和结论（依据《钢结构设计规范》GB 50017—2003）					
式 5.2.1 的压应力 σ_1	171.86	MPa	满足强度要求		
式 5.2.1 的压应力 σ_2	187.39	MPa	满足稳定性要求		

根据计算结果，考虑楼上施工荷载，钢柱支撑选用直径 325mm、壁厚 10mm 即可满足承载要求。本工程共 62 根框架柱，每个柱子支撑 2~4 根钢柱支撑，同时液压顶升系统每个千斤顶下支撑一个钢柱支撑。

根据独立基础高度加工相应长度的钢管支撑，根据支座置换顺序、钢管长度对相应钢管进行编号，详见表 7.5-5。

钢管柱数量汇总表 表 7.5-5

序　号	编　号	长度（m）	数量（根）	备　注
1	A01-A04	0.3	4	
2	B01-B03	0.5	3	
3	C01-C12	1.4	12	
4	D01-D26	2.3	26	
5	E01-D24	2.6	24	
合计			69	

5. 施工准备

（1）准备工作

1）熟习设计图纸和相关技术标准。

2）提前进行现场节点的逐个放样，满足进度要求的隔震支座进场时间。

3）材料准备：根据总进度计划安排及隔震支座检测要求，确定隔震支座进场时间，保证有充足的检测时间，避免材料进度影响安装进度。

4）按安装计划和设计要求的支座规格型号和现行相关质量标准对到场支座进行检查验收和对应编号。

5）安装施工前应对施工人员进行全面的技术要求、操作规范和安全技术交底，确保施工过程的工程质量和作业安全。

6）现场精准测量旧隔震支座的实际高度和上下连接板的水平位置，以确定支座的压缩量和水平变形量。

7）根据旧隔震支座的荷载，确定托换需要的钢支撑大小，并准备支撑上所需的钢垫板。

8）备好吨位、尺寸适当，数量充足的千斤顶。

9）预先安装位移计、百分表，并对其进行标定。

10）在顶升作业时须对整楼变形进行观测，需准备水准仪、经纬仪。

11）各种其他设备仪器就位。

12）现场水电接驳提前做好准备。

13）承台加大、柱子增大截面、框架梁加固等材料提前准备。

（2）千斤顶准备

1）千斤顶可选择液压同步顶升系统，如图 7.5-7 所示，配合沉降监测系统。若采用液压顶升系统，施工准备前须进行高压油泵和液压千斤顶的安装和调试准备。初步考虑每次由外至内均匀、对称顶升 12 根柱，工作千斤顶至少 12×4＝48 只，另加 4 只备用，共计 52 只千斤顶。根据竖向荷载的大小选取千斤顶的吨位为 200t 机械自锁千斤顶，需液压控制系统两套。

2）将千斤顶放在指定位置，确保千斤顶中心、钢管中心、框架梁中心在同一轴线。

3）用高压油管将千斤顶与液压控制阀连通，液压控制阀通过高压油管与高压油泵连通。电动油泵应先接好外接电源线，检查线路正确无误后再通电试机，打开电动机开关，检查油泵是否正常运转。

4）待油泵运转正常且储油箱内有充足的备用油后，打开电动机开关使油管内充满液压油，并在预留油管接口处见到漏油后拧紧该油管接口。

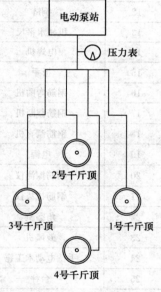

图 7.5-7 液压同步顶升示意图

5）正式实施加载工作，加载量可由油压表读数控制。同时与监测单位的监测数值相对应，确保加载量在允许范围内。

6）顶升过程中突然停电时，应检查止通阀是否锁紧，以保证荷载维持稳定。

（3）主要施工机械、设备和材料计划

见表 7.5-6。

（4）劳动力计划

合理调配劳动力是提高劳动效率的关键。根据总工期进度计划对所需劳动力进行统一调配，需要时马上调配至工作面配合施工，避免出现施工关键阶段因特殊原因造成现场劳动力短缺的情况，以保障关键工序的顺利完成。本工程日平均投入人数约 62 人，工期 60 天（表 7.5-7）。

主要机械设备用量表   表 7.5-6

序号	名称	单位	数量	用　途
1	千斤顶	套	52	结构卸载、支顶
2	液压控制系统	套	2	顶升控制
3	高压泵站	台	2	提供水力破除高压水
4	手提枪	把	4	破除混凝土（钢筋保留）
5	经纬仪	台	1	变形观测
6	水准仪	台	1	变形观测
7	百分表	套	12	上下支墩位移测量
8	位移传感器	套	24	上下支墩位移测量
9	数据采集仪	套	2	位移监测
10	钢支撑	套	69	结构荷载托换
11	电动叉车	台	1	搬运隔震支座
12	捯链	套	4	移除隔震支座
13	机械水平尺	把	2	支座水平校核
14	电焊机	套	1	钢板焊接
15	扳手	个	若干	松紧螺栓
16	钢筋弯曲机	台	1	钢筋加工
17	钢筋截断机	台	1	钢筋加工
18	钢筋调直机	台	1	钢筋加工
19	电锤	台	20	植筋、剔凿
20	钢筋探测仪	台	2	钢筋探测
21	钢筋拉拔仪	台	2	植筋质量检测
22	角磨机	台	10	打磨钢筋、基面打磨
23	鼓风机	台	4	清孔
24	手持电动木工锯	台	3	模板加工
25	台秤	台	4	计量
26	智能控制机器人	台	1	高压水破除混凝土

劳动力汇总表   表 7.5-7

序号	工种	人数	工作任务
1	加固专业工人	50	承台加大、柱增大截面、框架梁加固
2	水力破除技术工人	12	水力破除施工
3	钢管支撑工人	12	搬运钢管、顶升千斤顶
4	电工	2	负责施工现场的用电保障及安全
5	电焊工	1	负责支座预埋板的焊接固定
6	叉车司机	1	负责运输隔震支座及钢支撑
合计		78人	

（5）进度计划

以工程总控计划为依据，制定分阶段工期控制目标：原支座拆除、支墩加固和新支座安装项目完工时间等控制点，通过控制分段计划来确保总工期。根据总控计划、分段计划以及业主方、总承包方不同时期对工程工期的要求，制定更加详细的月度计划、周计划，每周检查、对比、分析，找出关键问题，当月计划必须当月完成。

拆除工程施工进度计划包括采购、建造、移交等内容。整个工程的施工进度计划由总进度计划、月计划和周计划三级计划形成，各计划的编制均以上一级计划为依据，逐级展开。

7.5.4 施工工艺

1. 施工流程

见图 7.5-8。

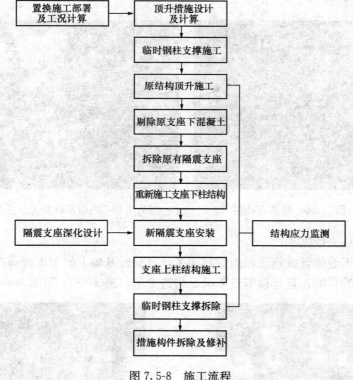

图 7.5-8 施工流程

2. 顶升措施设计及计算

（1）确定顶升装置位置

在保证置换施工操作空间的前提下，临时钢柱支撑和千斤顶组合装置的布置位置原则上应尽量靠近原结构梁支座，使该装置能够在原结构梁的箍筋加密区范围内，保证施工时上部荷载对梁产生的剪切力作用于梁最大抗剪承载力截面处。

（2）临时钢柱支撑设计及千斤顶选型

根据计算得出反力。设计临时钢柱支撑及选择千斤顶规格，对钢柱的稳定性、承载力进行验算，宜采用无缝钢管或箱型截面管材，同时考虑原有结构形式设计组合装置临时基础，并验算其承载力。

（3）原支座处结构梁承载力分析

原混凝土结构设计强度须根据实测强度等级校核，依据《混凝土结构设计规范》GB 50010—2010 第6.3条的规定，计算原支座处结构梁各截面极限抗剪承载力。若梁所受回顶剪切应力大于梁极限抗剪承载力，则需要对梁采取加固措施增加梁的抗剪能力，施工中可采用在梁上方增加反梁或梁粘钢加固的方式进行处理。反梁遵循《混凝土结构设计规范》GB 50010—2010 第6.3条进行设计，粘钢加固遵循《混凝土结构加固设计规范》GB 50367—2013 第9.2条进行设计。

3. 临时钢柱支撑施工

（1）临时钢柱支撑基础施工

根据临时钢柱支撑基础设计结果，进行临时基础施工，基础宜采用高强度灌浆料进行浇筑（图7.5-9、图7.5-10）。

图 7.5-9　灌浆料原材　　　　　　图 7.5-10　临时基础施工示意图

（2）临时钢柱支撑施工

钢支撑采用无缝钢管或箱型截面管材加工，与临时基础上的预埋板焊接达到与临时基础形成刚性连接的目的，且连接节点需满足构造要求（图7.5-11和图7.5-12）。

图 7.5-11　临时钢柱支撑垂直度测量　　　　图 7.5-12　临时钢柱支撑施工完成示意图

4. 原结构顶升施工

顶升过程中需要详细了解梁柱节点处梁底部、侧面、梁上部反梁以及不同方向相邻节点处梁底的应力变化值和混凝土开裂情况，因此顶升托换前在 8 个节点控制处贴应变片。开始顶升后，对梁底部所有千斤顶采用同步逐级加载的方式进行，每次加载量为 10kN。每次加载后，仔细观察各控制点的应力变化曲线，当电脑显示的所有应力曲线变化稳定后，再进行下一步加载，反复上述步骤，直到加载至荷载允许值（图 7.5-13、图 7.5-14）。

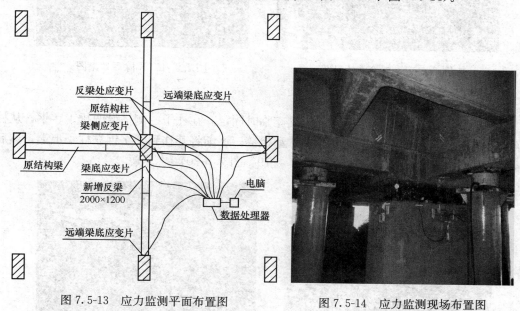

图 7.5-13　应力监测平面布置图　　　　　　图 7.5-14　应力监测现场布置图

5. 剔除原支座下混凝土

原支座下混凝土剔除采用高压水射流无损切除技术，施工设备采用先进的智能机器人无损剔除设备。采用该施工技术可以将原结构钢筋保留，达到减少损坏原结构的目的。若施工中需要切割原结构钢筋或钢板时，可在水中加入磨砂等硬体微粒，形成磨料水射流（图 7.5-15～图 7.5-18）。

图 7.5-15　高压水泵　　　　　　　　　　图 7.5-16　智能机器人

图 7.5-17　剔除前效果图　　　　　图 7.5-18　剔除后效果图

6. 拆除原有隔震支座

混凝土剔除完成后，用捯链将隔震支座临时固定。在柱子一侧搭设两排工字钢，从柱顶斜向地面，松开隔震支座上部螺栓、拉动捯链，逐渐将其移到工字钢靠柱子上端，然后顺着工字钢慢慢滑到地面将其移走（图 7.5-19、图 7.5-20）。

图 7.5-19　拆卸下的原隔震支座　　　图 7.5-20　拆除后效果图

7. 重新施工支座下柱结构

按照测量放线、钢筋绑扎、模板支设、埋件安装、高强度灌浆料浇筑及养护的顺序重新施工支座下柱结构。

8. 新隔震支座安装

新隔震支座外形体积及重量较大，在安装前必须保证重新施工的支座下混凝土灌浆料达到设计强度的 70%。避免安装隔震支座时对下预埋板及其预埋套筒造成扰动，影响施工质量。安装新隔震支座之前，须把下预埋板表面清理干净以免影响新隔震支座的水平度及与下预埋板的紧密接触。新隔震支座用捯链提升，将隔震支座放置在下预埋板上，再对孔将高强度螺栓拧紧。此时，新隔震支座已完全固定到下预埋板。

9. 支座上柱结构施工

（1）上预埋板安装

新隔震支座安装就位后进行上预埋板施工。由于上预埋套筒处于梁柱节点处，如图7.5-21、图 7.5-22 所示，混凝土剔除、预埋件安装及灌浆料浇筑难度大、质量不易保证，故采取增大柱截面的方式解决了预埋板安装施工难度大的问题。

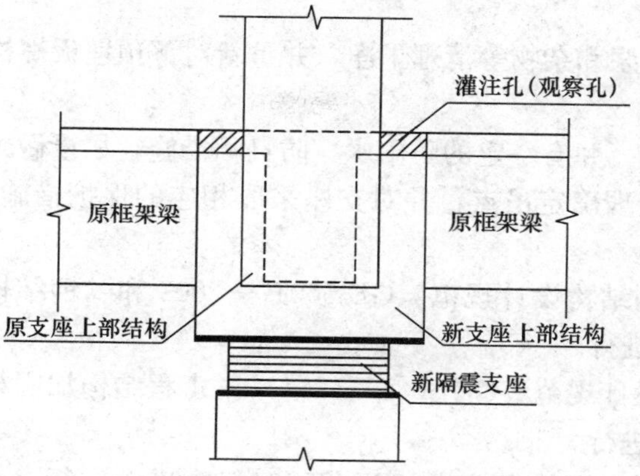
灌注孔(观察孔)
原框架梁
原框架梁
原支座上部结构
新支座上部结构
新隔震支座
图 7.5-21 梁柱节点示意图

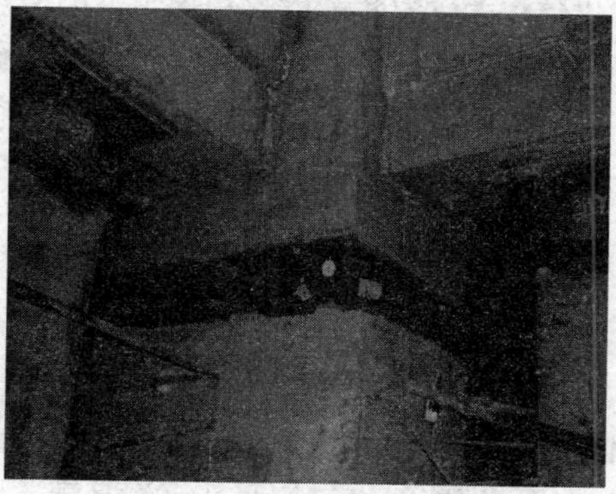
图 7.5-22 支座上部结构施工完成图

(2) 支座上柱灌浆料浇筑

支座上柱灌浆料的浇筑，须在隔震支座上部临近的四块楼板上分别开设一个灌浆孔，孔径 200mm；模板支设完成后通过其中对角的两个孔进行浇筑，其余两个孔进行观察，若观察孔有灌浆料溢出，则浇筑完成。

10. 临时钢柱支撑拆除

待支座上柱结构试块强度达到 100%后方可拆除临时钢柱支撑。拆除时将油泵与千斤顶重新连接、增压回顶，将自锁螺母拧到顶端；配合监测设备逐级卸载，最后将临时钢柱支撑拆除。

11. 措施构件拆除及修补

(1) 钢支撑临时基础拆除

临时钢柱支撑的基础在置换完成后将其破除，使其标高与结构设计标高相同。

(2) 反梁拆除

为增加原结构梁抗剪承载力而施工的反梁，在隔震支座置换完成后需要将其全部拆除。采取粘钢加固措施的，此步骤可省略。

(3) 楼板施工开凿洞口封堵

在楼板上开设的灌浆孔及观察孔，在施工完成后将洞口表面浮渣剔除，用比楼板高一强度等级的微膨胀灌浆料处理平整。

7.5.5 质量控制要点

(1) 预埋板板面标高与设计标高的误差不应大于 5mm，预埋板本身水平误差不应大于 0.2%，支座中心的平面位置与设计位置偏差≤5mm，标高和轴线定位规范允许偏差为≤5mm。在混凝土初凝之前再对套筒地脚螺栓再校正 1 次，用水平仪修正定位钢板的水平度与设计标高误差不超过 3mm。

(2) 预埋板安装前应对预埋板上的螺栓套筒等部件进行防锈处理。预埋板安装完后在混凝土浇筑前还应对下预埋板螺栓及其周边与套筒的缝隙进行包裹和封堵，防止在混凝土浇筑过程中混凝土浆对地脚螺栓和套筒的污染和渗透，以利于混凝土浇筑后螺栓能够轻松拆卸。

（3）支座安装前应将预埋板上的混凝土浆和杂物等清理干净，并重新对下预埋板螺栓进行防锈处理。

（4）施工现场应设置临时堆放点或仓库，并有一定的防雨水、防日晒措施，尽量做到分规格型号统一整齐堆码；支座吊装前应合理确定吊点，并对支座采取相应的保护措施，以免起吊钢绳对支座造成损伤。

（5）临时钢柱支撑设计及施工按照《钢结构设计规范》GB 50017—2003 和《钢结构工程施工质量验收规范》GB 50205—2001 进行。

（6）植筋施工按照《混凝土结构加固设计规范》GB 50367—2013、《工程结构加固材料安全性鉴定技术规范》GB 50728—2011 进行。

（7）灌浆料浇筑按照《水泥基灌浆材料应用技术规范》GB/T 50448—2015 进行。严格控制灌浆料强度及浇筑完成后的表面平整度，保证下道工序的顺利进行。施工完成后须淋水养护，冬期施工时涂刷养护剂。

7.5.6 安全控制要点

（1）施工作业前组织相关人员学习有关技术方案，对作业人员进行技术方案交底。施工中要遵守国家的法律、法规及相应的安全操作规程施工。

（2）作业人员必须经过培训考核合格，设备操作工和电工要持证上岗；进入施工现场必须戴安全帽，高空作业时要系好安全带、穿防滑鞋。

（3）作业人员岗位明确，作业职责清楚，自觉遵守安全操作规程及安全技术措施规定。

（4）各种电器、电动工具除采取接地、接零措施外，一律安装触电保护器，进行双重保护。

（5）编制施工应急预案，应对施工过程中的突发状况。

（6）操作千斤顶和油泵的人员应站在千斤顶侧面操作，严格遵守操作规程。油泵开动过程中不得擅自离开岗位。如要离开，必须把油阀门全部松开或切断电路。

（7）顶升过程中突然停电时，应检查止通阀是否锁紧，以保证荷载维持稳定。

（8）高压水射流剔除混凝土时，水压力极大，必须做好周边防护工作。防护采用彩钢板，同楼层高度，与施工无关人员不能靠近。

（9）施工过程中须实时监测结构应力变化，应力突然改变时及时上报相关部门，做出相应对策。

（10）严禁酒后作业。

（11）使用的工具、卸卡及零件必须放稳妥，严禁抛扔。

7.5.7 绿色施工控制要点

（1）所有的钢构件须规划出固定的堆放场地，对拆卸下来的构件进行集中堆放、统一管理。

（2）钢筋、模板加工后的废料、拆除后材料应及时回收堆放、集中回收处理。

（3）现场焊接过程中，在焊接部位采用帆布搭设防风棚，降低焊接过程中的光污染对周围环境的影响。周围不能放置易燃物，避免引起火灾事故。

（4）应尽量避免使用大锤敲击构件以降低噪声污染。

（5）高压水射流施工及静力切割施工要注意对施工用水的收集及处理。

（6）对废电器、废机油、废油手套、废配件等固体废物应回收利用，不具备回收利用条件的应集中处理，不得随意弃置和倾倒。

7.5.8 实施效果

在施工中从原结构应力监测、高压水射流剔除混凝土、钢筋绑扎、新隔震支座安装、模板制作安装、灌浆料浇筑施工等方面分阶段进行控制，制定施工方案和控制措施。施工顺序采取分批、对称置换措施，使结构受到的影响降至最低。

采用分阶段控制措施将一个复杂的施工与质量控制过程进行技术上的分解。原结构应力监测采用应变片和计算机数据监测系统，保证顶升过程中原结构不被破坏；高压水射流剔除混凝土能够保留原结构钢筋且对原结构钢筋无损伤，使施工完成后的受力情况更好；钢筋绑扎、模板制作安装、灌浆料浇筑严格按照方案进行质量控制；新隔震支座安装从标高、轴线位置、安装平整度、水平度、预埋套筒防锈等方面进行质量控制。通过分阶段的质量控制，隔震支座置换的施工质量得到了有效保证。

7.6 机电系统改造施工

7.6.1 既有机电管线的拆除

本工程原有机电管线所在位置及用途均与设计无关联，因此需要全部拆除。

机电管线拆除准备

（1）工具准备：梯子、操作平台、切割机、氧气乙炔、管钳、扳手等。

（2）堆放库房：现场指定一个库房作为拆除材料集中存放场所，按材料类型、形式堆码整齐。

（3）断电作业：任何电气工程的管线、设备拆除必须先断掉其电源，保证无电操作。

（4）管路泄水：在管道拆除之前必须将管道系统中的水排放。排水点选择在管路系统的低点，打开系统排水阀，用软皮管将水引入到附近的积水坑、排水沟、地漏。原管线未设置排水阀的部位可利用设备附近的压力表、温度计接口进行泄水，卸下压力表、温度计从该部位接临时水管至设备机房排水点。地沟部分管道避免在沟内进行泄水，须在管道接入地沟之前进行，避免水泄入管沟无法排走。

（5）成品保护：对于回收再利用的材料设备应保护好，移交给业主或专业安装部门；其他材料设备清理出施工现场进行处理；未拆除的材料设备清理干净，用薄膜、胶带等覆盖以防水、防尘、防机械损伤并应远离易燃、易爆、易腐蚀场所。

7.6.2 机电管线拆除方法

1. 通风空调系统拆除

（1）拆除风管

1）拆除方法

①明确拆除内容和拆除时间后，先使用绳索或捯链将要拆除的风管固定。

②拆除风管法兰处的保护层和保温材料。接口处保温层切割：采用美工刀在距接口两侧10cm处，绕风管一圈切透保温层，并拆除之间的保温材料。

③从法兰处开始拆除风管，用扳手松开连接螺栓后拆除。螺栓锈蚀或螺栓过多不好拆除时，也可用便携式切割机切开铁皮进行拆除。

④拆除的风管与原风管完全脱离后，松掉支吊架螺栓，使用绳索或捯链拽住拆下的风管，缓慢放至地上。禁止直接割掉支吊架使风管自由落下。

⑤拆除风阀时，捆绑牢靠后才可拆除法兰连接螺栓，防止风阀坠落伤人或砸坏地面。

⑥上方没有人员作业时，地面人员才能将拆除的风管搬离并清理现场。

2）拆除顺序

拆除风管时先从末端支管开始，逐渐拆向主管道。先拆与其他专业不交叉的风管，最后拆除存在专业交叉风管。走廊等多层管线拆除时应先拆下层管线。拆除过程中先拆除体积小的、易操作的管线，然后再拆大风管。

3）拆除后的搬运、处理

①风管搬离现场后，在临时处理位置将风管保温材料离心玻璃棉全部拆除。离心玻璃棉不可回收且对人员皮肤和呼吸系统有害，故离心玻璃棉拆除时要轻拿轻放，防止玻璃棉脱落和扬尘产生。拆除和搬运离心玻璃棉时要穿好工作服、戴好口罩。

②如业主没有指定别的用途可将风管法兰切下堆放整齐，并将镀锌钢板展开堆好，尽量少占空间。

③所有可回收和不可回收的建筑垃圾都要及时进行处理。

（2）拆除空调机组

空调机组拆除时先拆除机组的电气配线，使机组拆除在不带电的状态下进行。然后拆除与设备相连风管、帆布软接头、风阀及水管、水阀等。吊顶式空调机组一般体积较小，可整体进行拆除。组合式空调机组按分段进行拆除，拆除机组下方的地脚螺栓，然后松开组合段间的连接螺栓。机组可按风机段、表冷段、混合段、回风段进行合理拆分，然后分段进行运输。

（3）拆除风机盘管

风机盘管拆除时先将风机盘管中余水排尽。先拆除机组的电气配线，然后拆除与风机盘管相连的风管、帆布软接头、风阀及水管水阀等，接着拆除风机盘管吊杆螺栓，小心地运输至仓库保存。

（4）拆除水泵

水泵拆除时先拆除泵体的配线，再拆除水泵的软接头、阀门、管道等，然后用三角架将水泵上方挂住，拆除水泵下方的减振器、连接板、地脚螺栓等。

2. 给排水系统拆除

（1）拆除流程

现场勘察→制定方案→关断阀门→拆除保温层→管路泄水→管路附件拆除→管道拆除→支架拆除→废料清运。

（2）拆除原则

根据现场调查的基本情况确定管道拆除的方法、顺序以及与其他专业之间的衔接关系。制定拆除方案时，应考虑以下原则：

1）管道拆除时先拆除支管、与设备连接的附件，再拆除主管道；先拆除小管道再拆除大管道；先拆除上部管道再拆除下部管道。

2）拆除管道过程中先拆除空调水、采暖、给水系统的管道，后拆除排水系统及潜污泵排水系统，以便于其他系统拆除工程中的余水排走。

3）在走廊吊顶管道拆除时应充分考虑与其他专业的配合作业，如管道下方有风管、灯具时，须先拆除下方障碍后再实施管道的拆除。

4）在对拆除计划安排时，应与结构专业进行充分协调，同一部位的拆除必须避开上、下交叉作业，事先错开拆除时间。

（3）关断阀门

找到给水、消防、采暖、冷冻水等水源，关断连接管道的阀门并加设堵板，切断室内与外管网的联系，防止室内管道拆除影响室外管网的正常运行。

（4）拆除保温层

拆除管道外面的保温层、保护层，对于管道外缠玻璃丝布可用刀片、锯条进行割除。对于聚氨酯保温管壳，拆掉管壳的绑扎带后即可自然脱落。对于玻璃棉保温层，直接撕掉原有粘结胶带，辅以锯条切割。对于橡塑保温管壳，可用刀片沿管道方向划开一条缝，再将保温管壳沿剖缝处分开。

在拆除玻璃丝布、玻璃棉时为防止玻璃纤维对操作工人身体健康产生危害，操作时须带胶皮手套、口罩、防护衣并及时清理拆除后的玻璃棉。

（5）拆除管路附件

设备接口处的管路拆除时先拆卸软接头，再拆除管路阀门、过滤器、温度计、压力表。法兰阀门拆除时用扳手卸掉法兰两端螺栓，丝扣阀门拆除时用管钳拧松丝扣。蝶阀拆除时先将蝶阀处于关闭状态，防止蝶阀阀板卡在管段法兰处。大型闸阀、过滤器拆除时在阀门上方用绳栓住阀体，避免阀门拆卸过程中突然摔下造成安全事故。

（6）拆除管道

对于法兰连接钢管直接从法兰处拆卸；对于焊接或丝扣连接钢管，则用气焊切割。钢管拆除主要使用气割进行，$DN200$ 以下的钢管拆除时，辅助绳索对拆卸管道进行降落。对于 $\geq DN200$ 的钢管采用门字架下落，用捯链捆绑于要拆卸钢管的合适位置，管道切割后放下捯链。拆卸的钢管长度，对于法兰连接、弯管段，根据实际情况确定；对于直管段，以 4m 为一节。钢管两端断开后，缓慢放下捯链，在下落过程中，应保持其重心的平衡。

拆除穿楼板管道时沿管道周围用扁钻将楼板后浇洞剔凿，然后将管道从后浇洞中取出。拆除卫生间暗埋管道时应与装修专业配合，在卫生间瓷砖拆后剔槽取出。管沟管道拆除时应从通道口附近开始进行，逐步拆向内部。并根据管井运输通道的大小，选择适当截断长度，以便于管道运输。

（7）拆除支架

支吊架的拆除在管道拆后进行，主要采用气割、钢锯等工具进行。但对于原结构预埋钢板或与钢结构相连的支架，视情况予以保留。

3. 电气系统拆除

（1）拆除流程

电气工程拆除应该按照从末端到始端的顺序来执行，具体流程如下：

开关插座灯具等末端拆除→明装管线拆除→母线拆除→电缆拆除→桥架拆除→配电箱柜等始末端设备拆除。

（2）拆除原则

电气工程由于有其本身安装的专业特点、因此拆除时必须遵守其施工的特点进行，主要原则如下：

1）拆除时必须断电作业：任何电气工程的管线、设备拆除，必须先断掉其电源，保证无电操作。

2）由于电气安装工程的实体连接固定大部分都采用螺栓连接且按照一定的流程进行施工，因此拆除时按照安装流程的反向工序拆除螺栓即可。

（3）拆除灯具

本工程需要拆除的灯具主要为嵌入式格栅灯、筒灯、吊链日光灯等。

灯具拆除的流程如下：

灯罩及灯管拆除→电源接线拆除→灯体拆除→电源管拆除→管路泄水灯具支架拆除→灯具搬运。

灯罩及灯管拆除：大部分灯罩采用卡式固定，因此用一字改锥即可拆除。灯管是靠灯体内的弹簧端子固定，手握住灯管，向弹簧端子一边用力即可拆除灯管。灯管拆除须轻拿轻放，防止灯管碰坏。

电源接线拆除：灯具内的电源线一般采用螺栓压接固定，松开螺栓便可拆下电源线。

灯体拆除：灯罩及灯管、电源接线拆除后，便可拆除灯体。格栅灯安装时一般要采取四根圆钢做支架固定，并通过螺帽连接，拆除时松开螺帽、取下吊杆。

电源管拆除：电源管须在吊顶的龙骨及吊顶板安装后才能进行，具体见后面描述。

灯具支架拆除：如果采用的是内膨胀螺栓固定的支架吊杆，须在吊杆安装时在相反的方向用力旋转即可拆除吊杆；如果采用的是外膨胀螺栓固定的吊杆，那么松开螺帽取下吊杆。

灯具搬运：灯具拆除后必须尽快搬运离开现场，以保证现场的秩序及保护好拆下来的灯具。

（4）拆除明装管线

明装管线拆除的流程如下：

电源连接线拆除→管线拆除→明配管支架拆除。

明配管线拆除以前先拆除其电源线及接线盒内的接线线头，然后松开明配管的固定螺栓，分段拆卸电管。支架的拆除方法与吊顶吊杆拆除方法一样。

（5）拆除母线

首先对需拆除的母线切断电源，确认无电后再进行放电，放电时间不少于 60s；对相对应的已切断的回路挂牌，如"线路有人工作，禁止合闸"等警示标志，为了安全，首先拆除各 10kV 变电站应急母线开关的母线搭接接头，使应急母线与电力系统断开，保证施工人员人身安全。

（6）拆除电缆

电缆拆除的工作流程如下：

切除电源→电缆头拆除→电缆拆除→电缆搬运。

电缆拆除专项方案制定：由于电缆比较复杂，因此拆除前必须制定专项的拆除方案。制定方案前须熟悉原建筑的电气施工图、了解电缆的来龙去脉、安排好电缆拆除的顺序、准备好拆除用的工具、选择是手工拆除还是机械拆除、安排好人力与物力。

切除电源：在电缆拆除之前保证所有要拆除的电缆没有电。

电缆头拆除：电缆头均采用螺栓固定、松开螺帽、取下电缆头。

电缆拆除：拆除电缆时按先小后大、先短后长的原则进行；排列在顶层的先敷设、排在底层的后敷设。小电缆采用人力拆除，大电缆采用机械牵引拆除。

电缆搬运：电缆拆除后必须尽快搬运离开现场，保证现场的秩序及防止拆除后的电缆被盗。

（7）拆除桥架

桥架拆除的工作流程如下：

桥架盖板拆除→桥架内线缆拆除→桥架槽体拆除→桥架支架拆除。

桥架盖板拆除：桥架的盖板采用桥架槽体上的扣件固定。拆除时松开扣件，即可取下桥架的盖板。

桥架内电缆线的拆除：桥架盖板拆除之后进行其内电缆线的拆除，主要拆除方法见上面的介绍。

桥架槽体的拆除：桥架槽体之间采用连接片螺栓连接。拆除时松开螺栓，拆下连接片，然后取下槽体。拆除搭设平台或梯子放置槽体，防止拆除过程中槽体掉下。

桥架支架拆除：如果采用的是内膨胀螺栓固定的支架吊杆，须在吊杆安装时在相反的方向用力旋转即可拆除吊杆；如果采用的是外膨胀螺栓固定的吊杆，那么松开螺帽取下吊杆。

（8）拆除配电箱柜

本工程需要拆除的配电箱柜主要有挂墙明装、落地明装、嵌入式安装等几种安装方式，主要以落地明装箱为例来介绍配电箱的安装方法。拆除的流程如下：

配电箱电源接线拆除→配电箱与管或桥架的连接处拆除→配电箱拆除→支架拆除→膨胀螺栓拆除→配电箱搬运。

配电箱电源接线拆除：配电箱的进线与出线与配电箱通常采用螺栓压接，拆除时卸掉连接的螺栓即可。

配电箱与管或桥架的连接处拆除：如果配电箱与管道连接，那么拆除时先卸掉螺母，再拆除明管与其支架。

配电箱拆除：配电箱采用膨胀螺栓固定，先拆除配电箱的螺帽，再卸下配电箱体即可。

支架拆除：如果采用的是内膨胀螺栓固定的支架吊杆，须在吊杆安装时在相反的方向用力旋转即可拆除吊杆；如果采用的是外膨胀螺栓固定的吊杆，那么松开螺帽取下吊杆。

膨胀螺栓拆除：由于膨胀螺栓无法完全拔出，因此露出墙体太多会影响装饰。拆除箱体后，用手动磨光机将墙体上的螺栓磨光。

配电箱搬运：配电箱拆除后必须尽快搬运离开现场，保证现场的秩序及保护好拆下来的配电箱。

7.7　改造效果分析

太原市图书馆改扩建工程做为太原市政府重点工程，受到社会各界的广泛关注。其工程施工难度大、专业多、工序穿插多，通过项目部前期精心策划，施工过程中对重难点部位有效控制，取得了良好的施工效果。拆除施工、加固施工中采用大量新技术、新工艺，能够有效地提高施工效率、节约施工成本；隔震支座置换施工在没有施工先例的条件下，由项目部积极探索、形成了一套完整的施工流程，为今后同类施工奠定基础。工程施工期间受到政府单位、业主单位及监理单位等多次考察，均得到了极高的评价。

8 工程案例

8.1 京广中心装修改造工程

京广中心装修改造工程位于北京市朝阳区朝阳门外大街1号，主塔楼已建高度208m，地下3层、地上53层。24层以下为酒店区域，24层以上为办公楼及公寓楼。本次改造为24层以下酒店部分及副楼，涉及混凝土结构及钢结构拆除改造、机电系统改造、幕墙改造及精装修改造，改造过程中需要对正在使用的设施及设备进行保护，各系统改造采取保护性施工，保证办公楼及公寓楼安全性及使用功能的完整，同时减少施工对办公楼及公寓楼住户的影响（图8.1-1）。

图8.1-1 改造前后对比

8.2 天津国际贸易中心工程

天津国际贸易中心工程坐落于天津市河西区南京路和马场道交汇处的小白楼中心商业区。本项目已建部分原为欧加华国贸中心大厦建筑项目，于1996年4月开始施工，并在2000年7月停工，A塔楼主要结构已完成至25层。地下三层结构已全部完成，由于结构形式不变，只需在底板上进行局部加固，各楼层板局部改造。B、C塔楼楼座部位，因结构层数变化需补桩，B、C塔楼两个近椭圆形范围内底板及各层楼板均须拆除（图8.2-1和图8.2-2）。

图 8.2-1 改造前实景 　　　　　　　　　　　　　图 8.2-2 改造后效果

8.3 太原图书馆改扩建工程

原太原市图书馆 1997 年开工建设，2002 年 10 月竣工并向社会全面开放。馆舍占地 30 亩，总建筑面积 17209m² （不含架空层），地上六层，平面设计采用同柱网、同层高、同载荷，结构上采用橡胶隔震支座技术。本次在原有图书馆基础上进行改扩建，改建施工内容包括结构拆除施工、结构加固施工、隔震支座置换施工等；扩建施工是在原结构四周扩建一跨，跨度 7.5～12m 不等，并在南侧新建一主体结构，扩建部分与新建部分之间由连桥连接。原有结构地下一层，改扩建施工后，原结构及扩建部分仍为地下一层，新建部分为地下二层（图 8.3-1 和图 8.3-2）。

图 8.3-1 改造前实景

图 8.3-2　改扩建后效果